电解锰渣无害化与稳定化技术

舒建成 等 著

科学出版社

北京

内 容 简 介

本书从电解锰渣来源、性质及危害出发,分析了国内外电解锰渣无害化处理和资源化利用技术现状,介绍了电解锰渣堆存过程中锰和氨氮的迁移转化规律,阐明了电动力修复电解锰渣中锰和氨氮机理,揭示了磷镁基、钙基碱性物料和碳酸盐稳定固化电解锰渣机理,形成了电解锰渣无害化和稳定化技术。

本书可作为从事资源环境化工,特别是从事湿法冶金固废污染治理、重金属稳定固化、资源循环利用工程技术人员的参考书,也可作为高等学校环境科学与工程、化学工程与技术等专业学生学习的辅助图书。

图书在版编目(CIP)数据

电解锰渣无害化与稳定化技术 / 舒建成等著. —北京:科学出版社,
2023.9

ISBN 978-7-03-074925-3

Ⅰ. ①电… Ⅱ. ①舒… Ⅲ. ①电解锰－锰渣－废物处理

Ⅳ. ①X756.05

中国国家版本馆 CIP 数据核字(2023)第 030032 号

责任编辑:刘 琳 / 责任校对:彭 映

责任印制:罗 科 / 封面设计:星创文化

科 学 出 版 社 出版
北京东黄城根北街 16 号
邮政编码:100717
http://www.sciencep.com

成都锦瑞印刷有限责任公司印刷
科学出版社发行 各地新华书店经销

*

2023 年 9 月第 一 版 开本:787×1092 1/16
2023 年 9 月第一次印刷 印张:11 3/4
字数:280 000

定价:128.00 元
(如有印装质量问题,我社负责调换)

前　言

　　电解锰渣是电解金属锰生产过程中锰矿浸出后产生的一种高含水率工业固体废弃物。截至 2022 年我国电解锰渣堆存量已突破 1.5 亿 t，大量堆存的电解锰渣严重制约我国电解锰行业的可持续发展。电解锰渣具有含水率高（25%～30%）、颗粒细小（40～250μm）、迁移性和流动性好的特点，其中含有大量的可溶性锰、氨氮和重金属，极易污染环境。因此，电解锰渣的处理处置已成为电解锰行业亟待解决的难题。目前，国内外学者在电解锰渣处置方面做了大量研究工作，也积累了一定研究基础，但相关稳定化与无害化的技术介绍并不完善。为此，在总结国内外电解锰渣无害化处理研究基础上，结合编者所在团队多年积累的成果而编写此书。

　　本书从电解锰渣来源、性质及危害出发，分析了国内外电解锰渣无害化处理和资源化利用技术现状，介绍了电解锰渣堆存过程中锰和氨氮的迁移转化规律，阐明了电动力修复电解锰渣中锰和氨氮机理，揭示了磷镁基、钙基碱性物料和碳酸盐稳定固化电解锰渣机理，形成了电解锰渣无害化和稳定化技术。全书共 7 章，主要内容包括：电解锰渣理化特性随堆存时间的变化规律、不同淋溶条件下电解锰渣中锰和氨氮的迁移转化规律、电动力修复电解锰渣中锰和氨氮、磷镁基/钙基碱性物料/碳酸盐稳定固化电解锰渣等。本书结合工程实践应用，深入浅出地介绍了电解锰渣中锰和氨氮迁移转化规律、不同碱性物料稳定固化电解锰渣新成果，以供读者更好地理解电解锰渣无害化和稳定化新技术。

　　本专著的研究工作是在国家重点研发计划子课题（2018YFC1903503）、国家自然科学基金（21806132）、四川省国际科技创新合作（2021YFH0058）项目支持下完成。

　　全书由舒建成统筹撰写，刘仁龙、刘作华、陈梦君、徐中慧、陈红亮、杨勇老师为本书的结构、撰写思路提供了宝贵的参考意见，并对全文稿件进行了细致的审阅。何德军、邓亚玲、孙小龙、罗正刚、曾一凡为电解锰渣中锰与氨氮迁移规律、无害化处理等实验验证方面做出了贡献。感谢赵志胜、曹文星、胡玲、曾祥菲、陈绍勤、李子寒、杨慧敏、廖书书、林凡等在资料整理工作中付出的辛勤劳动。同时，本书参考了大量国内外相关研究成果，吸取了大量专家和同仁的宝贵经验，在此向他们深表谢意！特别感谢科学出版社编辑部为本书出版做出的工作！

　　鉴于著者的水平有限，本专著中若有不严谨之处，恳请各位同行和读者批评指正。

著　者

2022 年

目　　录

第1章 概 述

1.1 电解金属锰

1.1.1 金属锰的性质和用途

1) 金属锰的性质

1771 年瑞典化学家舍勒（Scheele）在鉴定软锰矿时发现新元素——锰；1774 年瑞典矿物学家卡恩（Gahn）和伯格曼（Bergman）几乎同时各自用碳还原软锰矿的方法制得金属锰；同年，由舍勒和伯格曼确认命名。锰元素以化合物的形式广泛存在于自然界中，地壳内锰的平均含量约为 0.1%，在所有的元素中位于第 15 位，在重金属元素中仅次于铁而居于第 2 位。锰是一种重要的过渡元素，位于元素周期表中的VIIB 族，化学元素符号是 Mn，原子序数是 25。金属锰表面呈银白色，硬而脆，密度为 7.44g/cm^3。锰是活泼金属，其电子构型为 $3d^54s^2$，可以主要形成 +2、+3、+4、+6 和 +7 五种价态的化合物。

2) 金属锰的用途

锰是我国重要的战略资源之一，素有"无锰不成钢"之说，我国 90%以上的锰用于钢铁行业；另外，约 10%的锰运用于有色冶金、电子技术、化学工业、环境保护、食品卫生、电焊条业、航天工业等各个领域。锰可以提升钢的强度，因为在钢液中硫含量过高会降低钢的机械性能（宋正平等，2018；蔡大为，2009），因此，在炼钢过程中加入锰后，硫和锰结合生成 MnS 进入炉渣中，从而达到脱硫的目的（吴建锋等，2014；车丽诗和雷鸣，2016）。钢中氧的含量也不能超过 0.02%，锰也可以与钢液中的氧化铁反应生成氧化锰，从而实现钢中氧的达标；此外，锰氧化物可以在铜、锌、镉、铀等有色金属的湿法冶炼过程中作为除铁剂。

1.1.2 电解金属锰发展现状

（1）国际电解金属锰行业发展现状

1920 年，英国的奥尔曼德（Allmand）和坎贝尔（Campbell）采用陶瓷隔膜槽制备高纯电解金属锰。

1935 年，美国矿业局 R.S.Dean 等采用碳酸锰矿石加硫酸制取硫酸锰，在硫酸锰溶液中添加 0.1g/L SO$_2$，用帆布制成隔膜，铁棒作阴极，铅板作阳极，长时间连续电解获得成功，从此确立了电解锰的工业制造方法。

1938 年，日本京都大学西村秀熊和西元清廉教授研究用硫酸浸出菱锰矿制取电解高纯金属锰。1941 年工业化生产电解金属锰 100t，同年松下电器在高知县进行产能为 4800t 的工厂建设。

1939 年，美国矿业局采用硫酸加电解浸出锰的方法，在内华达州建设了世界上第一座小型电解锰试验工厂，1941 年美国电解锰的工业生产能力为 1t/d，1962 年达 10t/d，1976 年新锐工厂建设，当年生产电解锰能力达到 2.27×10^4t。

1956 年，南非共和国利用铀生产废液中的锰生产电解金属锰，1959 年生产 2400t 电解金属锰，后数次扩建后达到 4.3×10^4t/a（MMC）。

2000 年以来，由于产业政策调整，环境保护要求日益严格，发达国家如美国、日本等纷纷关闭了国内的电解金属锰生产企业，国外生产电解锰的企业仅剩下南非 MMC 公司，年产 5 万 t 电解锰。

（2）中国电解金属锰锰行业发展现状

我国对电解金属锰的研究较西方国家晚。1956 年，上海冶炼厂建成了我国第一条电解锰生产线。此后，我国电解锰行业稳步发展，电解锰生产企业逐渐增多，产能和产量也随之增多。1992 年中国电解锰生产能力仅为 4×10^4t/a，实际产量为 3.5×10^4t/a，到 2003 年中国的电解锰生产能力达到了 45×10^4t/a。

由于市场对于电解锰需求量的增大，以及国内锰矿资源不断被发现，中国电解锰工业得到了迅猛发展，市场竞争能力得到了很大的提高。到 2018 年，我国电解锰产量为 139.5 万 t，2019 年产量为 152.5 万 t，2020 年中国电解金属锰产量达到 150.13 万 t，占全球总产量的 96.5%。我国电解锰企业分布在湖南、广西、重庆、贵州、湖北、宁夏和四川等 11 个省（自治区、直辖市），主要集中在云南、重庆、贵州三省市交界地区（简称"锰三角"），广西、宁夏近几年产能也增长迅速。2021 年全国电解金属锰企业有 49 家，合计产量 130.1 万 t，企业开工率仅 51.8%，产能严重过剩；截至 2022 年 2 月能正常生产的电解锰企业减少至 37 家，其中重庆市 9 家整体全部关停，湖南花垣关停 4 家，贵州松桃关停 6 家。这 37 家除宁夏天元锰业集团、广西南方锰业集团企业规模超过 10 万 t 外，其余年产均在 6 万 t 以下，其中 3 万 t 以下有 12 家。

事实上，电解金属锰生产属于高能耗、高物耗、高污染的"三高"行业，我国每生产 1t 电解锰消耗电量 5700～6200kW·h，排放 8～12t 电解锰渣、50～150kg 阳极泥、含铬锰废水以及 CO_2 1.2～1.5t。虽然我国是全球最大的电解锰生产国、消费国和出口国，但我国锰矿资源仅占全球锰矿资源的 6.67%，锰矿石特点为品位低、贫矿多、地域分布不均匀。低品位锰矿的储量已占到全国锰矿总储量的 93.6%，平均品位仅为 21%。此外，随着"双碳"目标的提出，电解锰企业环保和碳减排压力剧增，外加煤炭价格上涨，部分企业因缺电而停产。2021 年四部委颁布《关于加强锰污染治理和推动锰产业结构调整的通知》，文件明确严控新建锰渣库、解决锰渣污染问题。2022 年八部门印发的《关于加快推动工业资源综合利用的实施方案》明确指出需加快推动锰渣综合利用。因此，降低电解金属锰生产能耗、处理处置电解锰渣是我国电解锰行业急需解决的问题。

1.1.3　电解金属锰工艺流程

金属锰有火法和湿法两种生产工艺。火法工艺主要包括电硅热法和铝热法，在金属锰生产早期，使用硅、铝或碳还原的火法冶炼。火法在美国、苏联、日本、中国等都有应用，它的优点是成本低，缺点是锰矿品位要求高，产品金属锰纯度不高。目前金属锰几乎是由湿法电解法生产，湿法优点是可使用低品位锰矿，产品纯度高（Mn 含量达 99.9%以上），生产成本低。湿法电解金属锰生产主要包括浸矿、除杂和电解三个工艺流程（图 1-1）。

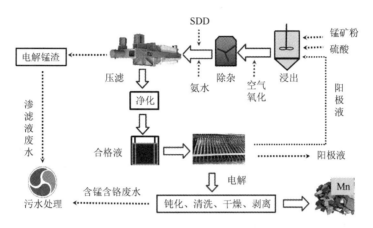

图 1-1　电解金属锰生产工艺流程

（1）锰矿浸矿阶段

锰矿浸出阶段是指用硫酸和锰矿反应制取硫酸锰溶液的过程。首先，测定电解锰阳极液含锰、硫酸量和锰矿粉的品位，计算出所投放的锰矿粉[式（1-1）]、硫酸用量[式（1-2）]。

$$投放锰矿粉量 = \frac{所需含锰量×体积-阳极液含锰量×体积}{浸出率×矿粉品位} \quad (1\text{-}1)$$

$$投放硫酸量 = \frac{投矿数量×矿酸比例-阳极液体积×阳极液含酸}{硫酸浓度} \quad (1\text{-}2)$$

将锰矿粉与水混合成矿浆加入反应槽中，随后快速把酸加入反应槽中，反应 20～30min 后，加入计量好的阳极液。锰矿浸出阶段历时 4～6h，锰矿粉浸出率如式（1-3）所示。

$$锰矿浸出率 = \frac{浸出液含锰量×体积-阳极液含锰量×体积}{矿粉质量×矿粉品位}×100\% \quad (1\text{-}3)$$

在实际锰矿石浸出过程中，脉石矿物也一起被浸出。浸出过程主要反应方程式为

$$MnCO_3 + H_2SO_4 \longrightarrow MnSO_4 + H_2O + CO_2\uparrow \quad (1\text{-}4)$$

$$XO + H_2SO_4 \longrightarrow XSO_4 + H_2O(X = Fe, Cu, Ni, Co, Mg) \quad (1\text{-}5)$$

$$Fe_3O_4 + 4H_2SO_4 \longrightarrow FeSO_4 + Fe_2(SO_4)_3 + 4H_2O \quad (1\text{-}6)$$

（2）浸出液除杂阶段

浸出液除杂过程可分为净化除铁和净化除重金属两个工序。目前大部分电解锰企业把净化除铁和净化除重金属合在一个化合桶中进行，但针对含铁量比较高的锰矿，部分

企业采用分步沉淀方式回收铁资源。净化除铁过程要保证 Mn^{2+} 不会因为水解而去除。Fe^{2+} 与 Mn^{2+} 的水解 pH 相近，为 6～7，而 Fe^{3+} 在 pH 为 2.7 时发生水解沉淀反应，这时 Mn^{2+} 不会发生水解析出 $Mn(OH)_2$ 沉淀。因此，在净化除铁的过程中，先将 Fe^{2+} 氧化成 Fe^{3+}。工业上常采用的方法为：向反应槽中通空气氧化除铁，或者向浸取反应槽中投入软锰矿/双氧水氧化除铁。菱锰矿中的 SiO_2、浸矿阶段形成的 $CaSO_4 \cdot 2H_2O$ 与除铁产生的 $Fe(OH)_3$ 一起随矿浆液被输送到压滤车间，经压滤机压滤，SiO_2、$CaSO_4 \cdot 2H_2O$、$Fe(OH)_3$ 与硫酸铵一起进入压滤渣，该过程产生的渣即为电解锰渣。净化除铁过程主要反应如下：

$$2Fe^{2+} + MnO_2 + 4H^+ \longrightarrow 2Fe^{3+} + Mn^{2+} + 2H_2O \qquad (1\text{-}7)$$

$$4Fe^{2+} + O_2 + 4H^+ \longrightarrow 4Fe^{3+} + 2H_2O \qquad (1\text{-}8)$$

$$Fe^{3+} + 3OH^- \longrightarrow Fe(OH)_3 \downarrow \qquad (1\text{-}9)$$

净化除重金属的方法是采用硫化法将重金属生成沉淀而去除。常用的硫化剂为福美钠（SDD）。经过硫化法产生的渣叫作硫化渣。净化除重金属过程主要反应如下：

$$MeSO_4 + RS \longrightarrow MeS \downarrow + RSO_4（Me 代表 Cu、Co、Ni、Mg 等） \qquad (1\text{-}10)$$

（3）电解阶段

在除杂后的浸出液中加入抗氧化剂 SeO_2（浓度为 0.03～0.04g/L），同时控制温度在 38～44℃，调节电流密度，电解阴极板（钢板）析出金属锰[式 1-11]，同时发生电解水副反应[式（1-12）]。阳极（Pb-Sb-Sn-Ag 四元合金或者镀锰钛极版）发生氧化反应析出 MnO_2 和氧气[式（1-13）和式（1-14）]。在阴极板析出的金属锰还需钝化、漂洗、干燥和剥离才能制成电解金属锰成品。钝化过程采用 3%的 $K_2Cr_2O_7$ 溶液或者新型无磷无铬钝化剂处理。电解结束后阳极板产生的沉淀物称为阳极泥，主要成分是 MnO_2。

$$Mn^{2+} + e^- \longrightarrow Mn \downarrow \qquad (1\text{-}11)$$

$$H_2O + e^- \longrightarrow H_2 \uparrow + OH^- \qquad (1\text{-}12)$$

$$H_2O + Mn^{2+} - e^- \longrightarrow MnO_2 \downarrow + H^+ \qquad (1\text{-}13)$$

$$H_2O - e^- \longrightarrow H^+ \uparrow + O_2 \uparrow \qquad (1\text{-}14)$$

1.1.4 电解锰渣资源环境属性

（1）电解锰渣污染

电解锰渣是电解金属锰生产过程中锰矿浸出后产生的一种高含水率工业固体废弃物，2022 年我国电解锰渣堆存量已突破 1.5 亿 t，电解锰渣具有含水率高（25%～30%）、颗粒细小（40～250μm）、迁移性和流动性好的特点，其中含有大量的可溶性锰和氨氮，极易污染周围生态环境。2008 年修订了《电解金属锰企业行业准入条件》；2016 年 12 月，国务院印发的《"十三五"生态环境保护规划》明确提出建立"锰三角"综合防控协调机制，统一制定综合整治规范。2021 年 4 月，习近平总书记就"锰三角"地区锰污染作出重要批示，要求解决其污染问题。2022 年 3 月，生态环境部审议并原则通过《锰渣污染控制技术规范》（以下简称《技术规范》），10 月 1 日正式实施。2022 年 6 月生态环境部等七部门联合印发《减污降碳协同增效实施方案》，明确提出要：坚决遏制高耗能、高排放、低水平项目盲目发展，高耗能、高排放项目审批要严格落实国家产业规划、产业政策、"三线一单"、取水许可审批、环评审批、节能审查以及污染物区域削减替代等要求。目前电解锰渣主要采用填埋方式进行处置，不仅占用大量土地，且对渣场周边造成了严重的环境污染。因此，开展电解锰渣处理处置研究，对我国"锰三角"的环境污染治理、生态环境保护具有重要的意义。

（2）电解锰渣生态环境特征

渣场堆存的电解锰渣中的可溶性锰、氨氮以及重金属容易进入水体，破坏环境，影响人的身体健康。人体摄入过量锰时，会损害神经系统；摄入过量镉，会损害人体的肝、肾等器官；水体中的 NH_4^+-N 容易被微生物转变为亚硝酸盐，毒害人体甚至导致癌症；人体摄入过量硒时，会引起消化不良、脱发和指甲变形等不良症状。沈华等（2007）研究表明，湘西地区电解锰渣渣库周边的水质中 Mn^{2+} 和 NH_4^+-N 可高达 537.00mg·L^{-1} 和 795.77mg·L^{-1}，周边的土壤也遭到严重污染。曹建兵等（2007）研究表明，富集在玉米植株中的重金属直接影响其生长。降林华等（2011）系统分析了电解金属锰行业硒的污染，表明电解锰渣中的硒具有显著的环境和生态风险。杨爱江等（2012）研究表明，距电解锰渣渣场 50m 的农田中，Mn 和 Cr 含量分别高达 287.00mg/kg 和 233.70mg/kg，超过或接近土壤环境质量标准的规定值（均为 250mg/kg）。Li 等（2014）根据修正后的潜在生态风险指数分析表明，电解锰渣对人类健康和生态系统的风险由大到小依次为 As＞Cu＞Mn＞Co＞Pb＞Cr＞Zn。陆凤等（2018）研究表明，电解锰渣和浸出液对植物根伸长的抑制率超过 42.50%，甚至高达 100.00%。王加真等（2019）研究表明，经 6% 和 9% 的电解锰渣浸出液处理 12d，黑麦草的总叶绿素含量分别降低了 47.50% 和 70.87%，类胡萝卜素含量分别降低了 77.80% 和 83.90%。邓亚玲等（2022）研究表明，堆存 10 年后的电解锰渣中 Cu、Cr、Cd、Pb、Zn 等金属总量远超广西土壤背景值，Se^{4+} 的浸出浓度是《危险废物鉴别标准 浸出毒性鉴别》（GB 5085.3—2007）中浓度限值的 11 倍，Mn^{2+} 和 NH_4^+-N 的浸出浓度是 GB/T 8978—1996 一级标准限值的 102 倍和 45 倍，同时 Cu^{2+}、Zn^{2+} 和 Ni^{2+} 的浓度远超 GB/T 8978—1996 一级标准的浓度限值。

上述研究表明，电解锰渣在堆存过程中释放的 Se^{4+}、Mn^{2+}、NH_4^+-N 等污染物存在显著的生态环境风险。因此，开展电解锰渣中污染物迁移转化规律与稳定固化技术研究，对电解锰企业来说已迫在眉睫。

1.2　电解锰渣处理处置研究现状

至今，国内外学者在电解锰渣填埋处置、无害化处理、资源化利用等方面开展了大量工作，具体见表 1-1。填埋和无害化处理的核心在于防止易迁移的锰、氨氮和其他重金属进入环境，而要彻底解决锰渣污染问题必须实现其资源化利用，但目前有关资源化利用的成熟工业化案例还未见报道，其主要原因在于高含水率锰渣中夹带的可溶性 $MnSO_4$（2.0%～3.5%）、$(NH_4)_2SO_4$（2.5%～5.0%）和重金属，直接导致资源化过程脱氨成本高、氨氮二次污染、重金属超标、产品表面泛霜、锰渣掺量低等问题。因此，开展电解锰渣处理处置研究，对我国电解锰行业清洁生产具有十分重要的意义。

表 1-1　国内外电解锰渣无害化与资源化处理现状

		处理方法	存在问题
电解锰渣 无害化处理	国外	南非 MMC 公司，渣库底部做四层防渗处理，建立渗透液回收装置	脱氨固重金属处理成本高、工艺复杂、缺乏配套装备，难规模化推广
	国内	生石灰、水泥、粉煤灰、磷酸盐、灼烧生料、电石渣、硫化钙焙砂等	
电解锰渣 资源化利用	国外	南非 MMC 公司生产烧结砖	①水洗技术难以满足水平衡要求；②火法技术煅烧成本较高；③干法处理混合不均匀，混合设备无法满足规模化要求，氨氮收集困难，且易造成二次污染。锰渣整体处理处置技术不够成熟、锰渣利用率与附加值低、经济效益不显著；④电解锰产品价格低，且市场不稳定
	国内	(1) 回收锰渣中锰和氨氮元素 ①电解锰渣分选技术 ②水洗、铵盐以及 CO_2 回收技术 ③酸洗回收技术 ④生物浸出技术 ⑤在线逆流水洗技术 (2) 回收氨氮 (3) 水泥掺合料、合成砂 (4) 建筑材料 (5) 烧制陶粒 (6) 路基材料 (7) 制备肥料 (8) 废水处理 (9) 火法煅烧 (10) 捕集 CO_2	

1.2.1　电解锰渣减量化研究现状

针对电解锰渣污染治理问题，电解锰企业首要解决的是如何实现电解锰渣源头减排。目前，电解锰渣源头减量化研究主要包括三方面：①低品位复杂锰矿选矿富集。主要包括磁选、重选、化学药剂浮选和物理选矿等。Mishra 等（2009）利用带式磁选机获得了品位为 45.00%的锰矿，锰矿回收效率为 69.00%。Wu 等（2014）通过高强度磁选可获得品位为 22.75%的锰矿，锰矿回收效率为 89.88%；Muriana（2015）利用重选法锰矿的回收效率为 91.11%；Zhou 等（2015）以亚油酸异羟肟酸为浮选药剂可以获得品位为 18.30%的锰矿，锰矿回收效率为 97.00%；遵义某电解锰企业建立了国内第一条全粒度范围湿法富集 40 万 t/年碳酸锰精矿磁选工艺与成套装备。对原矿实施湿法磁选，将锰品位 11%~13%提高到 16%以上，通过源头减排，减少锰渣排放 15 万 t/年，选出的尾矿可用于建材生产或矿山充填，实现了湿法锰冶金固废物源头减排与降碳。②外场强化锰矿浸出。采用稀硫酸、稀盐酸、木质素、SO_2、微波、刚柔搅拌、电场强化和生物浸出等方法强化锰矿浸出(Sun et al., 2013；Liu et al., 2014；Xiong et al., 2018；Li et al., 2019；谢昭明等，2021)。③采用高品位锰矿与低品位锰矿复配，提升锰矿品位。宁夏天元锰业、南方锰业集团有限责任公司和贵州部分电解锰生产企业通过引进南非、加纳等国外高品位锰矿，实现了锰矿原料优化，降低了电解锰渣排放（常伟，2014）。

研究者对电解锰渣的源头减量化研究开展了大量工作，并取得了阶段性成果，但还存在如下问题：①因不同锰矿工艺矿物学差异大，当前选矿方法难以实现不同矿区锰矿的全粒度选别，同时传统强化浸出工艺存在工艺复杂、成本高等问题；②电解锰渣颗粒细小、含黏土矿物多、亲水性强，导致电解锰渣含水率居高不下，即使采用先进的压滤工艺和设备，也难降低电解锰渣含水率。

1.2.2　电解锰渣无害化处理现状

（1）国外无害化处理现状

早期日本和美国对电解锰渣的处置是把电解锰渣与消石灰混合填埋于渣场，之后美国和日本等国家从节能环保的角度，靠市场和行政手段逐渐关闭了电解锰生产企业（蒙正炎等，2022），目前全世界只有中国和南非还在生产电解金属锰。因此，对电解锰渣处置技术的研究也仅限于中国和南非。南非锰矿资源占全球总储量的 70%，居世界第一，其中，高品位的锰矿储量占世界储量的 82%。MMC 公司是南非唯一在生产的电解锰企业，厂址位于南非内尔斯普雷特，年生产 3 万 t 的 99.9%无硒金属锰，产品质量已经通过了 ISO9001 和 ISO2000 认证（杨萍，2013）。MMC 公司主要使用含锰 42%~44%的氧化矿，排放的锰渣滤饼中含 10%~11%的锰，同时，滤饼中含高浓度的铁、硅和氮化物（刘闱华等，2010；覃清亮等，2016）。更重要的是，为达到南非的环保要求，MMC 公司对电解锰渣库底做了四层防渗处理，渣库周围还建有渗透液回收装置，防止污染地下水。另外，MMC 拥有一个名为“金斯顿河谷”的有害废物处理设备特许经营权，使得 MMC 公司每吨电解锰渣的污染治理费用高达 129 美元，每年花费在渣库的费用就达 1100 万美元，这项成本支出使 MMC 能够获得持续生产电解金属锰许可证，以确保其成为世界金属锰生产领域保持环境友好和可持续发展的佼佼者。因此，南非处置方法并不适合我国基本国情，对于我国的电解锰渣处理技术的发展借鉴意义不大。

（2）国内无害化处理现状

目前国内无害化处理电解锰渣的方法主要采用稳定固化方法。电解锰渣无害化的实质是将其所夹带的 Mn^{2+} 和 NH_4^+-N 等污染物稳定固化或者去除，主要包括化学方法（CaO、臭氧、CaS、磷酸盐、镁盐、碳酸盐、磷石膏等）、电动力修复、生物浸出、焙烧和水洗等。马小霞等（2016）采用电催化氧化方法，Mn^{2+} 和 NH_4^+-N 的去除率可达 98.60%和99.80%；黄江波等（2017）采用生物浸出方法，Mn^{2+} 和 NH_4^+-N 的去除率可达 98.00%和99.00%；罗乐等（2017）研究表明以 CaO 为处理药剂，Mn^{2+} 和 NH_4^+-N 的去除率可达 99.98%和 99.21%；邱晶等（2021）以臭氧为处理药剂，Mn^{2+} 的去除率可达 99.90%以上，以 CaS 为处理药剂，Mn^{2+} 的去除率可达 99.90%以上。

研究者在电解锰渣无害化处理方面开展了大量研究工作，并取得了阶段性成果，但仍存在如下问题：①电解锰渣与药剂混合分散设备不匹配，难以实现电解锰渣与处理药剂的充分混合；②电解锰渣无害化处理过程容易造成氨氮二次污染，低浓度氨气回收成本高；③无害化处理后的电解锰渣中重金属长期环境稳定性差，存在二次污染风险。④

在线逆流水洗技术处理电解锰渣，难实现电解锰渣中氨氮和重金属的无害化处理，且水洗过程产生的大量水洗液，难以全部直接回用到电解锰生产系统。

1.2.3　电解锰渣资源化利用现状

电解锰渣资源化利用途径主要包括回收有价物质、制备肥料和生产建材产品等。然而，回收有价物质过程中耗水量大、浸取周期长，同时回收过程又会产生新的废水和废渣（郑凯等，2020；孙军，2010），难以实现电解锰渣的规模化利用（裴鑫雨和冯晓，2021；任学洪，2017；刘唐猛，2012）；电解锰渣制备的肥料肥效不足，且肥料中所含的重金属富集在植物中破坏植物根系。事实上，电解锰渣中含有 SiO_2、Al_2O_3、Fe_2O_3 和 CaO 等组分，可用于制备水泥、混凝土、墙体材料、玻璃陶瓷、合成砂、陶粒、路基和地聚物等。其中，电解锰渣制备蒸压砖、免烧砖和蒸压加气混凝土等墙体材料，掺量可达 30%～60%；电解锰渣可协同其他固废制备路基材料，掺量小于 30%；电解锰渣制备地聚物，掺量可达到 10%～80%；电解锰渣用作混凝土复合掺合料、硫酸盐激发剂和硫磺混凝土填料，掺量小于10%；电解锰渣用作水泥矿化剂、混合材和特种水泥原料，掺量可达到 5%～10%；电解锰渣制备微晶玻璃和陶粒，掺量可达到 10%～40%。虽然国内外研究者在电解锰渣建材资源化利用方面开展了大量研究，但还未见经济稳定、可推广应用的成功案例，其主要原因是电解锰渣中氨氮和硫酸盐含量较高、脱氨脱硫成本高，同时资源化产品附加值低、安全性低、市场竞争力弱。

（1）电解锰渣制备水泥和混凝土

电解锰渣中的石膏、钠长石、高岭石、石英、白云母等矿物在煅烧时会发生脱水和晶型转变，使其活性得到增强，同时电解锰渣中的石膏在水泥水化时起到缓凝作用，因此，电解锰渣可作为水泥混合材和缓凝剂。蒋小花等（2010）利用电解锰渣制备了 56d 抗压强度为 36～65MPa 的类硫铝酸盐水泥；雷杰等（2014）利用电解锰渣制备了 3d 抗压强度达到 49.80MPa 的高铁硫铝酸盐水泥；林明跃等（2015）发现掺入 30%经高温脱硫后的电解锰渣时，水泥强度可达到 P.S.A 32.5 级；黄川等（2017）研究表明，当 NaOH 与电解锰渣质量比为 15∶85 时，电解锰渣的碱激发效果最佳。程淑君等（2019）研究表明，电解锰渣经 1200℃煅烧，活性指数可达 95%；蒋勇等（2018）研究表明，采用灼烧生料预处理后的电解锰渣可用作水泥混合材；金胜明等（2019）研究表明，当电解锰渣与碳粉或铝粉在 900～1400℃混合煅烧后，制得的水泥 28d 抗压强度达到 53.63MPa。

电解锰渣中的硫酸盐可用作混凝土复合掺合料原料和硫酸盐激发剂，可与水泥中的 C_3S（硅酸三钙）和 C_2S（硅酸二钙）反应，改善混凝土性能。Chousidis（2018）研究表明，利用 5%～10%的电解锰渣可制备具有良好的抗压强度、杨氏模量和抗氯离子侵蚀性的 C25/C30 混凝土。Yang 等(2014)研究表明，电解锰渣可用作硫磺混凝土填料，当掺量为 30%时，混凝土的抗压和抗弯强度分别达到 63.17MPa 和 9.47MPa。

电解锰渣脱氨脱硫成本高，是限制其在水泥中利用的主要原因。国内宁夏某企业建成了两条日产 4500t 的水泥熟料生产线，电解锰渣综合利用率达 51%；重庆某企业利用回转窑煅烧电解锰渣，煅烧后的电解锰渣可用作水泥混合材和混凝土掺合料，但目前尚未规模化生产。

（2）电解锰渣制备建材材料

蒋小花等（2010）研究表明，采用电解锰渣、粉煤灰、石灰和水泥为胶凝材料，当电解锰渣掺量为 50% 时，免烧砖 28d 的抗压强度可达 10MPa 以上；郭盼盼等（2013）研究表明，采用 60% 电解锰渣、10% 石灰、20% 粉煤灰和 10% 水泥为胶凝材料，可制备出 28d 抗压强度为 7.76MPa 的免烧砖；杨洪友等（2019）研究表明，利用电解锰渣制备免烧砖，当掺量为 80% 时，抗压强度达到 11.25MPa；王勇（2010）利用 60% 电解锰渣制备了抗压强度为 26.6MPa 的蒸压砖，产品浸出毒性和放射性满足相关要求；Du 等（2014）利用 30%～40% 电解锰渣制备了抗压强度超过 50MPa 的蒸压砖；潘荣伟和欧天安（2018）利用 59% 电解锰渣制备了强度等级 MU15 级的蒸压制品，浸出毒性检测和放射性均满足相关标准要求。余学举等（2012）研究表明，采用 35%～60% 电解锰渣制备加气混凝土，发现将其浇筑至空心砌块中，传热系数可降低 40%；王亚光（2018）研究表明，采用掺量为 30%～60% 的电解锰渣制备出的非烧结透水砖，劈裂抗拉强度和渗透系数分别达到 3.53MPa 和 $3.2×10^{-2}$cm/s。上述研究表明，利用电解锰渣可制备出免烧砖、蒸压砖、加气混凝土、透水砖等建材产品，但未预处理的电解锰渣制品在潮湿环境下会出现严重的返霜现象；同时，在制备建材产品过程中未对逸出的氨进行回收，易造成二次污染。

（3）电解锰渣制备玻璃陶瓷和陶粒

电解锰渣富含 Si、Al 等氧化物，可用于制备玻璃陶瓷。胡春燕和于宏兵（2010）利用 40% 电解锰渣、废玻璃和高岭土制备陶瓷砖，发现锰被固定在锰钙辉石晶格中。钱觉时等（2012）研究表明，电解锰渣与聚乙烯醇混合溶液在 1350℃ 下煅烧 1h，可制备 $CaO-MgO-Al_2O_3-SiO_2$ 玻璃陶瓷，结晶活化能达到 429.00kJ/mol。王功勋等（2013）研究表明，利用 10% 的电解锰渣和 90% 的废陶瓷磨细粉制备出了再生陶瓷砖。冉岚等（2014）以电解锰渣和废玻璃粉在 900℃ 条件下成功制备了性能优良的陶瓷砖。宋谋胜等（2019）研究表明，利用 25% 的电解锰渣、滑石、工业氧化铝和石英合成了性能良好的堇青石/钙长石复相陶瓷。黄川等（2013）利用电解锰渣、粉煤灰和木屑，制备了满足《轻集料及其试验方法 第 1 部分：轻集料》（GB/T 17431.1—2010）要求的 700 级轻骨料；向晓东等（2015）利用 50～70 份电解锰渣、20～30 份黏土、10～20 份粉煤灰和 5～15 份赤泥制备出的锰渣陶粒抗压强度为 5.1MPa、堆积密度为 546kg/m³、1h 吸水率为 4.12%；胡超超等（2019）利用垃圾飞灰、电解锰渣和粉煤灰制备出的锰渣陶粒强度达到 769N、堆积密度为 687kg/m³、1h 吸水率为 6.44%。

（4）其他建筑材料

黄煜镔等（2013）研究表明，利用电解锰渣、流化床燃煤固硫灰渣可制备满足公路施工要求的路基材料；Zhao 和 Han（2013）利用 80% 电解锰渣、10% 镁渣和 10% 粉煤灰，制备出的地聚物产品在 28d 抗压和抗折强度分别达到 8.89MPa 和 1.22MPa；王亚光等（2018）利用电解锰渣和粉煤灰制备出的地聚物抗压和抗折强度分别为 43.46MPa 和 9.92MPa；Han 等（2018）采用河砂与电解锰渣质量比为 0.80、磷酸浓度为 65% 时，地聚物的抗压强度达到 96.30MPa。Zhang 等（2019）等采用电解锰渣、赤泥、电石渣、矿物掺合料、骨料和水泥制备出的路基材料 7d 无侧限抗压强度达到 5.6MPa；胡超超等（2019）利用 75%的垃圾飞灰和 25%的电解锰渣制备了地聚物。采用电解锰渣制备路基材料和地聚物为电解锰渣资源化利用提供了新的思路，但目前对电解锰渣基产品的长期生态环境效益研究较少，同时产品制备过程易造成氨氮二次污染，上述原因导致其难产业化应用。

（5）制备水泥混合材和蒸压加气混凝土

从市场容量来看，混凝土掺合料和水泥混合材消纳量大，可实现电解锰渣的规模化利用。事实上，混凝土掺合料有严格的标准——《混凝土用复合掺合料》（JG/T 486—2015），而水泥混合材只是水泥原材料之一，对活性和细度要求相对较低，并无严格的标准要求。在技术层面上，混凝土掺合料要求更高，普通III型复合掺合料规定：细度（45μm 筛余，质量分数）≤30%，流动度比≥95%，7 天活性指数≥65%，28 天活性指数≥70%，含水率≤1.0%，SO_3 含量≤3.5%，经简单预处理的电解锰渣难以达到标准要求；相比混凝土掺合料，水泥混合材活性要求低，只需经过简单的预处理和配方调整即可利用，同时水泥混合材主要用于水泥生产，电解锰渣经适当预处理即可利用。蒸压加气混凝土具有轻质、隔音效果佳、耐火性能好和易施工等优势。技术上，采用电解锰渣制备蒸压加气混凝土，电解锰渣的掺量可高达 60%以上，当蒸压体系（0.5～0.8MPa，175～205℃，10h）可实现电解锰渣的活化以及重金属离子固化。电解锰渣的高含水率、低活性、重金属离子难固化是限制其在路基材料、免烧砖等建材产品中规模化利用的瓶颈，但对其制备蒸压加气混凝土，上述原因不再是其限制因素。因此，采用电解锰渣制备水泥混合材和蒸压加气混凝土是未来电解锰渣最可能实现其规模化应用的途径。

1.2.4 电解锰渣处理处置发展方向

电解锰渣中含有的硫酸锰、硫酸镁、硫酸铵等硫酸盐，以及残留的重金属是影响其无害化处理与资源化利用的核心。为此，要想解决电解锰渣处理处置难题，还需从如下几个方面入手：

技术方面，目前电解锰渣的处理处置研究主要集中在无害化处理与资源化利用，其中无害化处理主要围绕如何稳定固化电解锰渣中的重金属和去除氨氮，而资源化利用主要围绕如何提高电解锰渣反应活性、增加其掺量和产品附加值。未来可继续开展如下研究工作：在锰矿浸出过程中定向调控硫酸钙晶体生长习性，改善锰渣水化行为，降低电解锰渣含水率，实现锰渣源头减量；利用水泥窑中间产物、电石渣等低成本碱性物料对电解锰渣进行改性活性，同时稳定固化重金属和去除氨氮；利用逆流在线洗涤和干法相结合的技术，实现电解锰渣中可溶性锰和氨氮资源的回收，以及电解锰渣的无害化处理；研发新型压滤设备，降低锰渣含水率；通过添加还原剂，降低电解锰渣脱氨、脱硫成本；采用电解锰渣捕集化合车间排放的 CO_2，实现电解锰渣中石膏脱出和车间 CO_2 的捕集。研究电解锰渣建材产品的生态环境效益，制定相关建材产品标准。电解锰渣的资源化利用需从多技术、多层面、多维度进行协同发展，单一技术已难以满足电解锰渣处理处置需求，在电解锰渣资源化技术尚未成熟前提下，优先考虑无害化堆存处置。

市场经济方面，从现有电解锰渣处理处置技术层面来看，电解锰渣的处理处置不仅仅是个技术问题，更多的是经济问题，想要实现其大规模无害化处理，首先应考虑稳定固化电解锰渣碱性药剂的价格；其次，在电解锰渣规模化利用方面，应该在市场保障的基础上，继续加强电解锰渣制备水泥混合材、合成砂、蒸压加气混凝土以及路基等材料的应用研究，拓宽电解锰渣的资源化利用途径；最后，需加快电解锰渣规模化、高值化综合利用技术和产品的推广应用。

政策方面，政府应结合当地市场需求，结合自身经济条件、政策优势以及当地整体规划，积极孵化电解锰渣处理处置相关配套产业，并予以政策和资金扶持；同时，结合技术和市场因素，制定相应电解锰渣基产品标准，完善相关产业配套政策，并加大环境治理力度；此外，需稳定电解金属锰产品价格，激发电解锰企业治理电解锰渣决心和动力。

参 考 文 献

蔡大为，2009. 我国电解金属锰技术现状及其研究方向[J]. 中国锰业，27（3）：12-16.

曹建兵，欧阳玉祝，徐碧波，等，2007. 电解锰废渣对玉米植株生长和重金属离子富集的影响[J]. 吉首大学学报（自然科学版），28（4）：96-100.

常伟，2014. 低品位软锰矿还原浸出过程及其动力学研究[D]. 长沙：中南大学.

车丽诗，雷鸣，2016. 锰渣资源化利用的研究进展[J]. 中国锰业，34（3）：127-130.

程淑君，陶宗硕，施学宝，2019. 锰渣作水泥混合材的应用研究[J]. 中国建材科技，28（4）：48-49.

邓亚玲，舒建成，陈梦君，等，2022. 不同堆存时间电解锰渣的理化特性分析[J]. 化工进展，41（4）：2161-2170

郭盼盼，张云升，范建平，等，2013. 免烧锰渣砖的配合比设计、制备与性能研究[J]. 硅酸盐通报，32（5）：786-793.

何德军，舒建成，陈梦君，等，2020. 电解锰渣建材资源化研究现状与展望[J]. 化工进展，39（10）：4227-4237.

胡超超，王里奥，詹欣源，等，2019. 城市生活垃圾焚烧飞灰与电解锰渣烧制陶粒[J]. 环境工程学报，13（1）：177-185.

胡春燕，于宏兵，2010. 电解锰渣制备陶瓷砖[J]. 硅酸盐通报，29（1）：112-115.

黄川，王飞，谭文发，等，2013. 电解锰渣烧制陶粒的试验研究[J]. 非金属矿，36（5）：11-13.

黄川，史晓娟，龚健，等，2017. 碱激发电解锰渣制备水泥掺合料[J]. 环境工程学报，11（3）：1851-1856.

黄江波，谭聪，黎朝，等，2017. 生物沸石包处理电解锰渣库渗滤液氨氮新工艺研究[J]. 轻工科技，33（2）：77-78.

贾静波，2016. 锰基化合物催化分解气相臭氧的研究[D]. 北京：清华大学.

蒋小花，王智，侯鹏坤，等，2010. 用电解锰渣制备免烧砖的试验研究[J]. 非金属矿，33（1）：14-17.

蒋勇，文梦媛，贾陆军，2018. 电解锰渣的预处理及对水泥水化的影响[J]. 非金属矿，41（3）：49-52.

降林华，段宁，王允雨，等，2011. 我国硒污染分析与电解锰行业控制对策[J]. 环境科学与技术，34（2）：393-396.

金胜明，常兴华，崔葵馨，2019. 电解锰压滤渣的脱硫方法及使用该脱硫锰渣制水泥的方法：CN110467365A[P].

雷杰，彭兵，柴立元，等，2014. 用电解锰渣制备高铁硫铝酸盐水泥熟料[J]. 材料与冶金学报，13（4）：257-261.

李宇，方琴，郭玉兰，等，2021. 电解锰渣制备路面基层材料及其力学性能研究[J]. 水利规划与设计，12：85-87，135.

林明跃，崔葵馨，肖飞，等，2015. 电解锰压滤渣高温脱硫活化制备水泥混合材的研究[J]. 硅酸盐通报，34（3）：688-693.

刘闰华，潘涔轩，朱克松，等，2010. 电解金属锰渣滤饼循环逆流洗涤试验研究[J]. 中国锰业，28（2）：36-80.

刘唐猛，2012. 电解锰渣复混肥的制备工艺研究[D]. 长沙：中南大学.

陆凤，陈淼，陈兰兰，2018. 贵州松桃某电解锰企业锰渣重金属污染特征及对植物生长的毒性效应[J]. 科学技术与工程，18（5）：124-129.

罗乐，降林华，段宁，2017. 电解锰废渣的浸出毒性及生石灰固化技术[J]. 环境工程，35（12）：139-143.

罗乐，降林华，周皓，等，2017. 基于生石灰强化处理的锰渣无害化技术[J]. 有色金属（冶炼部分），（6）：71-74.

马小霞，袁玉南，唐金晶，等，2016. 电化学氧化法去除电解锰渣中的氨氮[J]. 环境化学，35（12）：2592-2598.

蒙正炎，高遇事，贾韶辉，等，2022. 电解锰渣综合治理技术研究应用现状和思考[J]. 中国锰业，40（2）：1-15.

潘荣伟，欧天安，2018. 利用锰渣及再生集料制备蒸压制品试验研究[J]. 新型建筑材料，45（11）：108-111.

裴鑫雨，冯晓，2021. 电解锰渣及其固化体作路基填土工程特性研究[J]. 中国锰业，39（6）：51-53.

邱晶，赵明，王健礼，等，2021. 地表臭氧分解用氧化锰研究进展[J]. 材料导报，35（21）：21050-21057.

冉岚，刘少友，杨红芸，等，2014. 电解锰渣制备陶瓷砖工艺中尺寸控制因素的研究[J]. 中国陶瓷，50（2）：54-55.

任学洪，2017. 电解锰渣制备锰肥技术研究[J]. 中国锰业，35（3）：145-147.

沈华，2007. 湘西地区锰渣污染及防治措施[J]. 中国锰业，（2）：46-49.

舒建成，2017. 电解锰渣中锰和氨氮的强化转化方法研究[D]. 重庆：重庆大学.

宋谋胜，张杰，李勇，等，2019. 利用锰渣合成堇青石/钙长石复相陶瓷及其抗热震性能研究[J]. 功能材料，50（8）：8150-8155.

宋正平，段锋，张志华，2018. 电解金属锰废渣无害化处理和资源化利用探讨[J]. 科技经济导刊，（32）：101-101.

孙军，2010. 电解锰渣用于建筑材料的硫酸盐特性研究[D]. 重庆：重庆大学.

覃清亮，朱凡芊，詹海松，等，2016. 电解金属锰渣库建设运行隐患整治初探[J]. 中国锰业，34（3）：134-135.

王功勋，李志，祝明桥，2013. 电解锰废渣-废陶瓷磨细粉料制备再生陶瓷砖[J]. 硅酸盐通报，32（8）：1496-1501.

王加真，胡万明，李大勇，等，2019. 电解锰渣液处理下多年生黑麦草的生长与生理响应[J]. 北方园艺，（17）：72-76.

王亚光，2018. 粉煤灰/电解锰渣地质聚合物材料的制备及其性能研究[D]. 银川：北方民族大学.

王勇，2010. 利用电解锰渣制取蒸压砖的研究[J]. 混凝土，（10）：125-128.

吴建锋，宋谋胜，徐晓虹，等，2014. 电解锰渣的综合利用进展与研究展望[J]. 环境工程学报，8（7）：2645-2652.

谢昭明，陈庚，刘仁龙，等，2021. 刚柔组合桨强化软锰矿浸出过程的反应动力学特性[J]. 化工学报，72（5）：2586-2595.

杨爱江，吴维，袁旭，等，2012. 电解锰废渣重金属对周边农田土壤的污染及模拟酸雨作用下的溶出特性[J]. 贵州农业科学，40（3）：190-193.

杨洪友，王家伟，王海峰，等，2019. 某电解锰渣免烧砖的抗压抗折性能研究[J]. 非金属矿，42（3）：13-15.

杨萍，2013. 电解锰无硒、无铬清洁制备技术的研究及应用[D]. 长沙：中南大学.

余举学，2012. 电解锰渣制备新型墙体材料的研究[J]. 新型建筑材料，39（8）：87-89.

郑凯，路坊海，李军旗，等，2020. 电解锰渣资源化综合利用现状与展望[J]. 化工设计通讯，46（4）：138-139，159.

Chousidis N，Ioannou I，Batis G，2018. Utilization of electrolytic manganese dioxide (E. M. D.) waste in concrete exposed to salt crystallization[J]. Construction and Building Materials，158：708-718.

Du B，Zhou C B，Duan N，2014. Recycling of electrolytic manganese solid waste in autoclaved bricks preparation in China[J]. Journal of Material Cycles and Waste Management，16（2）：258-269.

Han Y C，Cui X M，Lv X S，et al.，2018. Preparation and characterization of geopolymers based on a phosphoric-acid-activated electrolytic manganese dioxide residue[J]. Journal of Cleaner Production，205（PT. 1-1162）：488-498.

Li K Q，Chen G，Chen J，et al，2019. Microwave pyrolysis of walnut shell for reduction process of low-grade pyrolusite[J]. Bioresour Technology，291：121838.

Liu Y C，Lin Q Q，Li L F，et al，2014. Study on hydrometallurgical process and kinetics of manganese extraction from low-grade manganese carbonate ores[J]. International Journal of Mining Science and Technology，24（4）：567-571.

Li C X，Zhong H，Wang S，et al.，2014. Leaching Behavior and Risk Assessment of Heavy Metals in a Landfill of Electrolytic Manganese Residue in Western Hunan, China[J]. Human and Ecological Risk Assessment：An International Journal，20（5-6）：1249-1263.

Mishra P P，Mohapatra B K，Mahanta K，et al.，2009. Upgradation of low-grade siliceous manganese ore from Bonai-Keonjhar belt，Orissa，India[J]. Journal of Minerals and Materials Characterization and Engineering，8（1）：47-56.

Muriana R A，2015. Responses of Ka'oje metallurgical manganese ore to gravity concentration techniques. [J]. International Journal of Scientific Engineering and Technology，4（7）：392-396.

Sun W Y，Su S J，Wang Q Y，et al，2013. Lab-scale circulation process of electrolytic manganese production with low-grade pyrolusite leaching by SO_2[J]. Hydrometallurgy，133：118-125.

Tian Y，Shu J C，Chen M J，et al.，2019. Manganese and ammonia nitrogen recovery from electrolytic manganese residue by electric field enhanced leaching[J]. Journal of Cleaner Production，236：117708.

Wu S S，Liu R L，Liu Z H，et al.，2019. Electrokinetic Remediation of Electrolytic Manganese Residue Using Solar-Cell and Leachate-Recirculation[J]. Journal of Chemical Engineering of Japan，52（8）：710-717.

Wu Y，Shi B，Ge W，et al.，2014. Magnetic separation and magnetic properties of low-grade manganese carbonate ore[J]. JOM：The Journal of The Minerals，Metals & Materials Society，67：361-368.

Xiong S H，Li X，Liu P L，et al，2018. Recovery of manganese from low-grade pyrolusite ore by reductively acid leaching process using lignin as a low cost reductant[J]. Minerals Engineering，125：126-132.

Yang C，Lu X X，T X K，et al，2014. An investigation on the use of electrolytic manganese residue as filler in sulfur concrete[J]. Construction and Building Materials，73：305-310.

Zhou C B，Wang J W，Wang N F，2013. Treating electrolytic manganese residue with alkaline additives for stabilizing manganese and removing ammonia[J]. The Korean Journal of Chemical Engineering，30（11）：2037-2042.

Zhou F，Chen T，Yan C，et al.，2015. The flotation of low-grade manganese ore using a novel linoleate hydroxamic acid[J]. Colloids and Surfaces，A. Physicochemical and Engineering Aspects，466：1-9.

第 2 章　电解锰渣理化特性随堆存时间的变化规律研究

电解锰渣中含有的锰、氨氮和重金属等污染物，是导致电解锰渣处理处置过程氨氮二次污染、产品返霜和锰超标等问题的核心（母维宏等，2020；罗乐等，2017；周立强等，2016；Du et al.，2015）。前期研究者发现采用传统水洗、添加碱性药剂等方法已难以实现长期堆存的电解锰渣中锰和氨氮的脱除（陈红亮，2016；陈红亮等，2014）。为此，开展不同堆存时间电解锰渣理化特性变化规律研究，对电解锰渣处理处置研究具有十分重要的意义。本章系统分析了不同堆存时间（3 个月～10 年）电解锰渣的 pH、含水率、电导率、金属总量、浸出毒性和化学形态等理化特性，采用 X 射线衍射（X-ray diffraction，XRD）、扫描电子显微镜（scanning electron microscope，SEM）、能量色散 X 射线谱（X-ray energy dispersive spectrum，EDS）以及 X 射线光电子能谱法（X-ray photoelectron spectroscopy，XPS）、X 射线荧光光谱分析（X-ray fluorescence spectrometer，XRF）等分析手段，探明了不同堆存时间电解锰渣的基本理化特性变化规律（邓亚玲，2022），研究结果将为渣场不同堆存时间的电解锰渣无害化处理提供理论与技术支撑。

2.1　电解锰渣 pH、含水率和电导率随堆存时间变化规律

根据《土壤环境监测技术规范》（HJ/T 166—2004）在广西某渣场进行采样，本研究将电解锰渣堆存时间分别为 3 个月、半年、1 年、3 年、5 年和 10 年，依次编号为 a、b、c、d、e、f。由图 2-1 可知，不同堆存时间电解锰渣的平均 pH 为 6.13，且随着堆存时间的增加，pH 大致呈减小趋势，说明电解锰渣在堆存过程中 H^+ 浓度增加。根据文献调研可知，2011～2018 年，广西降雨主要是硫酸型酸雨，年均 pH 小于 5.7（黄红铭等，2019）。

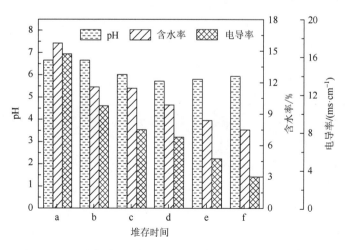

图 2-1　不同堆存时间电解锰渣 pH、含水率和电导率变化规律

同时广西是全国降水量较多地区之一，且伴随强降雨天气，雨水蒸发后剩下的 H^+ 促进了电解锰渣酸性堆存环境的形成。堆存 3 个月的电解锰渣含水率为 15.72%，堆存 10 年的电解锰渣含水率降低到 7.49%，其原因是随着堆存时间的增加，电解锰渣含水率逐渐减小，且凝结成大块状。另外，随着堆存时间的增加锰渣浸出液的电导率下降，堆存 10 年的锰渣电导率降低到 3.28ms·cm^{-1}，其原因是随着堆存时间的增加，大部分可溶性离子随着降雨淋溶进入渗滤液而流失。

2.2　电解锰渣理化特征随堆存时间的变化规律

2.2.1　电解锰渣元素含量变化

如表 2-1 所示，采样渣场的电解锰渣中 Mn、Ca、Mg、Se 元素总量随堆存时间的增加而降低。堆存 10 年的锰渣相比堆存 3 个月的锰渣，元素 Mn、Ca、Mg、Se 含量分别下降了 58%、21%、55% 和 60%，说明这 4 种元素在堆存过程中发生了流失，其主要原因是电解锰渣中 Mn、Ca、Mg 和 Se 等可溶性金属离子在降雨淋溶作用下不断从电解锰渣中溶出。已有研究表明，锰渣中的 Se 主要以 SeO_3^{2-} 存在，水溶性毒性非常强（杨凡等，2018）。此外，参照表 2-2，采样渣场堆存 3 个月的电解锰渣中 Cu、Cr、Cd、Pb、Zn、Mn 等重金属含量最大值分别是广西土壤背景值的 24 倍、4 倍、3425 倍、18 倍、20 倍和 407 倍，其中 Cu、Cd、Zn 远高于土壤质量标准的III级标准（唐文杰等，2015）。值得注意的是，电解锰渣堆存过程中形成的难溶物相以及吸附态的重金属离子在中性环境难溶出，但在低 pH 条件下，这些难溶物和重金属离子仍会被释放出来。因此，即使堆存 10 年以上的电解锰渣仍存在较大的污染风险。

表 2-1　不同堆存时间电解锰渣元素总量变化　　　　单位：mg·kg^{-1}

堆存时间	Mn	Ca	Mg	Se	Cu	Cr	Cd	Pb	Zn	Fe	Al
a	71700	102500	18105	480	550	274	250	350	895	56400	13010
b	58150	90600	14955	340	535	295	150	345	1020	56600	14905
c	51200	74100	9960	305	521	240	120	380	695	59100	19790
d	37505	83250	8615	290	512	225	135	362	562	56650	16275
e	34960	96600	8165	260	523	230	110	350	600	68550	18145
f	29865	81350	8205	190	518	200	115	341	553	73850	22255

表 2-2　土壤重金属污染评价标准　　　　单位：mg·kg^{-1}

评价标准		pH	Cu	Cr	Cd	Pb	Zn	Mn
	I	自然背景	35	90	0.2	35	100	—
土壤质量标准	II	<6.5	50	150	0.3	250	200	—
		6.5~7.5	100	200	0.3	300	250	—
		>7.5	100	250	0.6	350	300	—
	III	>6.5	400	300	1	500	500	—
广西土壤背景值			23.1	65.3	0.073	19.5	51.8	176

2.2.2　电解锰渣的浸出毒性分析

如表 2-3 所示，随着堆存时间增加，浸出液中 Mn^{2+} 和 NH_4^+-N 的浓度逐渐减少，其原因是在堆存过程中电解锰渣中可溶性 Mn^{2+} 和 NH_4^+-N 随着降雨不断进入渗滤液，或者转变成了难溶的含锰氨氮物相。其中，堆存 10 年的电解锰渣浸出液中 Mn^{2+} 和 NH_4^+-N 的浓度分别是 204.4$mg·L^{-1}$ 和 675$mg·L^{-1}$，分别是《污水综合排放标准》（GB 8978—1996）一级标准限值的 102 倍和 45 倍；堆存 10 年的电解锰渣浸出液中 Se^{4+} 的浓度是《危险废物鉴别标准　浸出毒性鉴别》（GB 5085.3—2007）标准限值的 11 倍，且随着堆存时间的增加 Se^{4+} 总量降低，说明 Se^{4+} 更容易从锰渣中迁移出来。此外，不同堆存时间的电解锰渣浸出液中 Pb^{2+}、Cd^{2+}、总 Cr、Cu^{2+}、Zn^{2+}、Ni^{2+} 都低于 GB 5085.3—2007 标准限值，但 Cu^{2+}、Zn^{2+} 和 Ni^{2+} 的浓度远超 GB 8978—1996 一级标准限值。综上可知，即使堆存 10 年的电解锰渣，其中的 Mn^{2+}、NH_4^+-N、Se^{4+}、Cu^{2+}、Zn^{2+} 等污染物风险依然较高。由表 2-4 可知，堆存 10 年的电解锰渣相比堆存 3 个月的电解锰渣，总量锰浓度、可溶性锰浓度、锰溶出率均下降，其中堆存 10 年的电解锰渣中总量锰浓度、可溶性锰浓度、锰溶出率分别是堆存 3 个月电解锰渣的 41.7%、13.3%、32.3%。利用 SPSS 计算总量锰浓度和可溶性锰相关系数（见表 2-5）可知，各堆存时间电解锰渣的总量锰和可溶性锰浓度的相关系数为 0.009（$P<0.01$），呈显著正相关，这说明各堆存时间电解锰渣中的总量锰浓度变化在时间序列上对可溶性锰浓度存在响应，总量锰的减少主要归因于降雨淋溶等造成的可溶性锰的流失。

表 2-3　电解锰渣中各元素浸出浓度变化　　　　　单位：$mg·L^{-1}$

堆存时间及标准	Mn^{2+}	NH_4^+-N	Se^{4+}	Pb^{2+}	Cd^{2+}	总 Cr	Cu^{2+}	Zn^{2+}	Ni^{2+}
a	1533	6675	8.7	0.73	0.12	0.32	45.3	38.1	3.5
b	859.3	6425	6.4	0.62	0.15	0.45	36.5	30.3	3.8
c	777.4	5675	15.2	0.63	0.26	0.41	37.2	27.2	4.2
d	772.5	2175	11.9	0.74	0.21	0.32	38.6	26.9	4.3
e	509.6	925	10.9	0.82	0.39	0.30	39.3	30.8	3.8
f	204.4	675	11.4	0.76	0.35	0.25	37.5	29.8	3.1
GB 8978—1996 一级	2.0	15.0	—	1.0	0.1	1.5	0.5	2.0	1.0

注：—表示没有规定。本实验参照《危险废物鉴别标准　浸出毒性鉴别》（GB 5085.3—2007）

表 2-4　电解锰渣中总量锰浓度、可溶性锰浓度、锰溶出率变化

堆存时间	总量锰浓度/($mg·kg^{-1}$)	可溶性锰浓度/($mg·L^{-1}$)	锰溶出率/%
a	71700	1533	19.2
b	58150	859.3	13.3
c	51200	777.4	13.7
d	37505	772.5	18.5
e	34960	509.6	13.1
f	29865	204.4	6.2

表 2-5　电解锰渣中总量锰浓度和可溶性锰浓度变化的相关性

	总量锰	可溶性锰
总量锰	1	
可溶性锰	0.009**	1

注：**表示相关系数通过了 $P<0.01$（双尾）显著检验，相关性显著。

2.2.3　电解锰渣元素形态分析

如图 2-2 所示，随着堆存时间的增加，电解锰渣中可交换态 Mn 和碳酸盐结合态 Mn 的含量下降，说明在降雨淋溶的作用下流失的可溶性 Mn 主要是以可交换态和碳酸盐结合态为主。此外，随着堆存时间增加，电解锰渣中 Mn 主要以残渣态存在，Fe 主要以铁锰氧化态存在。铁锰氧化物结合态金属一般是以矿物的外囊物和细分散颗粒存在，在 pH 和氧化还原电位较高时有利于其形成（韩春梅等，2005），但随着堆存时间的增加，电解锰渣中铁锰氧化态 Fe 的含量并没有增加，说明堆存环境并没有促进铁锰氧化物的形成，反而是电解锰渣在堆存过程中发生了吸附、解析、水解络合等行为（鲍丽丽，2020），从而促进了电解锰渣中残渣态 Fe 的形成。另外，Zn、As、Pb、Cr 元素全部以残渣态形式存在，这是因为它们主要存在于硅酸盐、次生矿物等晶格中，长期堆存过程中其稳定性强。可交换态和碳酸盐结合态含量是生物有效性的重要指标（胡文，2008），虽然 Se 的总量随着

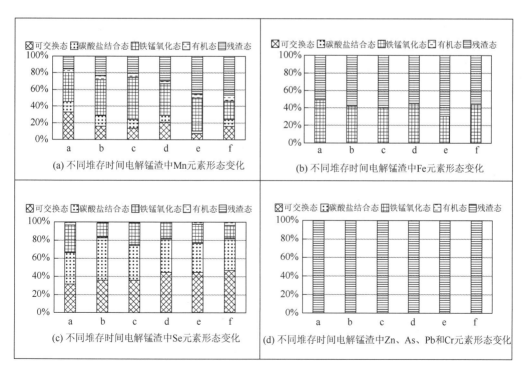

图 2-2　电解锰渣中 Mn、Fe、Se、Zn、As、Pb 和 Cr 元素形态变化规律

堆存时间的增加而减少，但可交换态和碳酸盐结合态 Se 的含量在不同堆存时间电解锰渣内占比都小于 60%，这说明长时间堆存并没有使电解锰渣中 Se 向低生物毒性的化学形态转变。因此，Se 在电解锰渣堆存过程中迁移流动性强，存在较大的环境污染风险。

2.3　电解锰渣物相随堆存时间的转变规律

2.3.1　电解锰渣微观结构分析

XRD 和 XRF 分析结果表明（表 2-6 和图 2-3），不同堆存时间的电解锰渣中 SO_3、CaO、SiO_2 含量之和均高于 70%，说明电解锰渣属于高 SiO_2 和 $CaSO_4 \cdot 2H_2O$ 工业废弃物。此外，不同堆存时间电解锰渣的 $CaSO_4 \cdot 2H_2O$ 特征峰强度差别大，且 $CaSO_4 \cdot 2H_2O$ 在 11.6°(020)、20.7°(–121)、23.4°(040)和 29.1°(–141)的衍射峰强度随着堆存时间的增加而逐渐增强，其原因是吸附在 $CaSO_4 \cdot 2H_2O$ 表面的易溶物相在雨水淋溶作用下被带走，导致 $CaSO_4 \cdot 2H_2O$ 特征峰被暴露出来（Deng et al., 2021）；另外，随着堆存时间的增加，SiO_2、Al_2O_3、K_2O 含量逐渐增加，MgO、MnO 含量逐渐减少，其中 $(NH_4)_2SO_4$ 等物相衍射峰消失，这说明雨水淋溶带走的易溶物相主要是可溶性锰、镁等硫酸盐。由图 2-3 表明，电解锰渣中锰和氨氮主要以 $(NH_4)_2SO_4$、$MnCO_3$、$MnSO_4 \cdot H_2O$ 和 $(NH_4)(Mn, Ca, Mg)PO_4 \cdot H_2O$ 等形式存在，且不同堆存时间的电解锰渣中主要含有 $Al_4(OH)_8(Si_4O_{10})$、$Al_2Mg_4(OH)_{12}(CO_3) \cdot 3H_2O$ 和 $KAl(SO_4)_2 \cdot 12H_2O$ 等黏土矿物；事实上，电解锰渣中的黏土矿物表面呈负电性，能吸附重金属类阳离子，这使得堆存电解锰渣中的部分锰、氨氮及重金属被吸附后以胶体形式存在，而这一部分胶体颗粒难以被雨水浸出。XRD 分析表明，不同堆存时间的电解锰渣中的 $(NH_4)(Mn, Ca, Mg)PO_4 \cdot H_2O$ 衍射峰随着堆存时间的增加而减弱，这说明含锰和氨氮的难溶物质还包含低溶解度的 $(NH_4)(Mn, Ca, Mg)PO_4 \cdot H_2O$ 等复盐。XRD 分析也表明，电解锰渣中含有 FeS_2、FeOOH 和 Fe_2O_3 等含铁物相，其主要原因是电解锰渣中的 $Fe(OH)_3$ 胶体在堆存过程中可能形成了薄膜覆裹在矿物表面，或以无定形沉淀填充在裂隙之中；此外，堆存过程电解锰渣中部分 $Fe(OH)_3$ 胶体也可以通过解离、缔合等作用形成可溶性 $Fe(OH)_2^+$、$Fe(OH)_4^-$ 等形态，且带有一定量的表面电荷的可溶性 Fe(III)形态可形成 FeOOH 沉淀。这是因为 Fe^{2+} 和 Fe^{3+} 是易迁移流动的，能与 OH^- 或 H_2O 分子重新进行配位（和森，2019）。另外，在电解锰渣渣场合适的湿度、温度、pH 环境下，$Fe(OH)_3$ 胶体会转变成 Fe_2O_3。上述分析结果表明，电解锰渣中含有的 $Fe(OH)_3$ 胶体在长期堆存中逐渐转变成 FeOOH、Fe_2O_3 等物相。

扫描电镜结果显示（图 2-4），堆存 3 个月的电解锰渣中颗粒物形貌主要呈柱状和块状，EDS-Mapping 分析表明，柱状和块状颗粒表面主要含有 Ca、S 和 O 等元素，结合 XRD 分析可知，其柱状颗粒主要是 $CaSO_4 \cdot 2H_2O$ 物相；此外，柱状颗粒表面含有大量的绒球状颗粒，且绒球状颗粒主要含有 Si、O、Fe、O、Mn 和 N 等元素，结合 XRD 分析可知，绒球状颗粒主要是 SiO_2、含铁锰化合物以及氨氮复盐等物相。由图 2-5 可知，随着堆存时间增加，块状、柱状和绒球状的电解锰渣颗粒交错包裹现象增强，Mn 等元素在堆存过程中主要是被氧化或者碳化形成 MnO 或 MnCO₃ 后附着在其他颗粒表面（杜兵，2015），而 Zn、Pb 等重金属被黏土矿物或含铁锰化合物吸附，从而逐渐形成了更大的包裹体。

表 2-6　不同堆存时间电解锰渣 XRF 分析（%）

堆存时间	SO₃	SiO₂	CaO	Fe₂O₃	MnO	Al₂O₃	MgO	K₂O	P₂O₅	TiO₂	BaO	其他
a	32.43	26.6	16.23	9.78	7.97	2.82	2.48	0.74	0.33	0.17	0.18	0.27
b	31.72	25.24	17.31	10.40	8.76	2.69	2.03	0.78	0.35	0.19	0.21	0.32
c	30.18	25.76	16.38	13.29	7.79	3.31	1.43	0.85	0.39	0.22	0.21	0.19
d	31.29	28.07	17.52	10.37	5.95	3.32	1.65	0.89	0.35	0.17	0.22	0.20
e	31.43	27.27	19.32	10.20	5.19	3.60	1.35	0.73	0.34	0.21	0.17	0.19
f	28.29	33.12	16.98	9.80	4.02	4.50	1.32	1.03	0.30	0.26	0.21	0.17

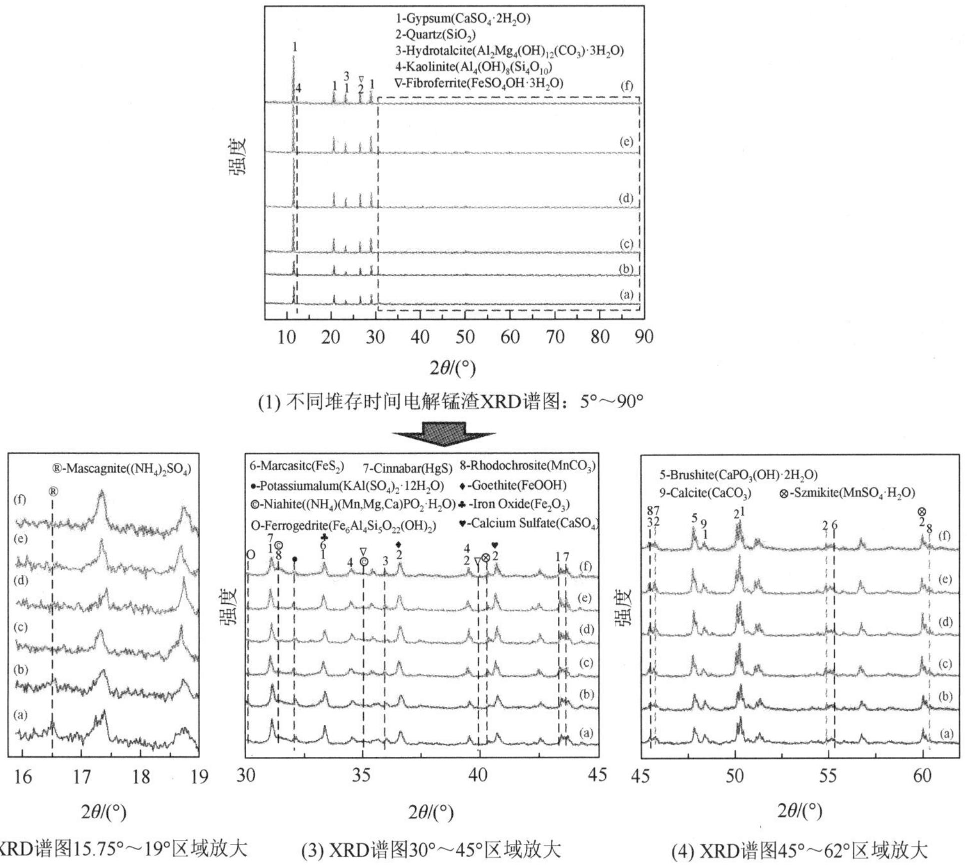

(1) 不同堆存时间电解锰渣XRD谱图：5°～90°

(2) XRD谱图15.75°～19°区域放大　　(3) XRD谱图30°～45°区域放大　　(4) XRD谱图45°～62°区域放大

图 2-3　不同堆存时间电解锰渣 XRD 谱图

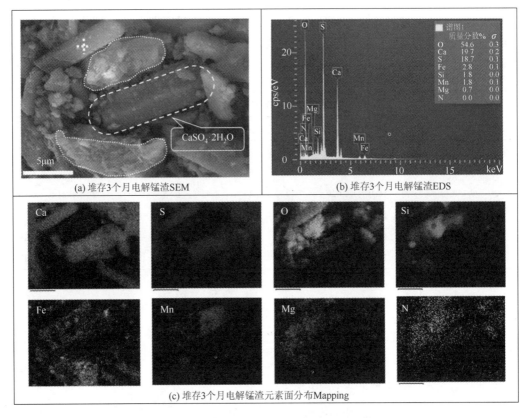

(a) 堆存3个月电解锰渣SEM

(b) 堆存3个月电解锰渣EDS

(c) 堆存3个月电解锰渣元素面分布Mapping

图 2-4　电解锰渣 SEM-EDS-Mapping 图谱

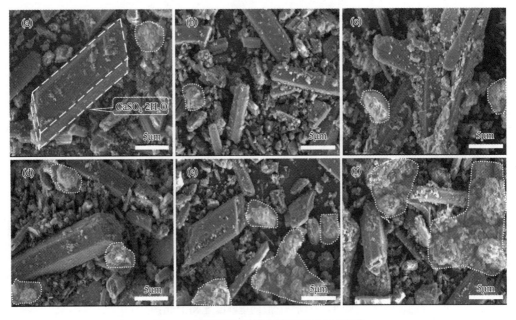

图 2-5　不同堆存时间电解锰渣 SEM 图谱

根据图 2-6 吸附比表面测试法（Brunauer-Emmett-Teller methol，BET）的分析结果可知，不同堆存时间电解锰渣的平均孔径为 9～16nm，处于 2～50nm 范围内，说明各堆存时间电解锰渣具有较为丰富的介孔结构；此外，随堆存时间增加，电解锰渣的平均孔径减小，比表面积、孔容积增大，说明随着堆存时间的增加，电解锰渣颗粒的吸附位点增加。

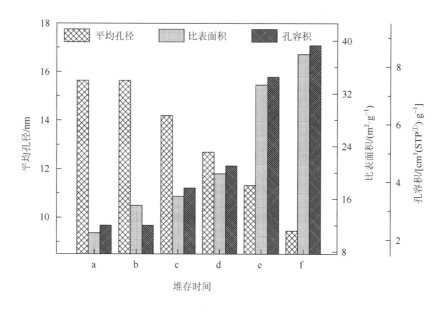

图 2-6　不同堆存时间电解锰渣 BET 分析

各堆存时间电解锰渣的低温氮气吸附脱附曲线如图 2-7 所示，它们属于典型的Ⅲ型等温线，即在低相对压力区氮气吸附量少，随相对压力升高吸附量逐渐提高，说明氮与电解锰渣的作用力很弱，而氮气分子间的作用力较强，由于被吸附分子之间具有很强的作用力，单分子层吸附还没有完成，多分子层吸附已经开始。微介孔形状可以通过低温氮气吸附脱附曲线的回滞环来判定。最新的 IUPAC 法将回滞环分为 6 类氮[H1，H2（a），H2（b），H3，H4，H5]，每一类都反映了一定的孔结构，从图 2-7 的回滞环形状来看，曲线属于 H3 型，H3 回滞环等温线没有明显的饱和吸附平台，表明孔结构很不规整。H3 型反映的孔结构包括平板狭缝结构、裂缝和楔形结构等。H3 型迟滞回线由片状颗粒材料，如黏土，或由裂隙孔材料给出，在较高相对压力区域没有表现出吸附饱和。随着堆存时间的增加，电解锰渣在相对压力高的区域吸附量随堆存时间的增加而升高，一般来说，比表面积越大，吸附剂的吸附能力越强，各堆存时间的电解锰渣的吸附能力变化趋势和比表面积变化趋势相同。

此外，电解锰渣含有磁性物质，将磁性物质选别出命名为磁吸渣。通过对比堆存 3 个月的电解锰渣与磁吸渣 XRD 分析可知（图 2-8），SiO_2 和 $CaSO_4 \cdot 2H_2O$ 仍是主要特征

---

① STP: standard temperature and pressure，指在标准温度压力条件下。

衍射峰，两峰差异主要体现在 11.5°、20.7°、23.5°、26.7°、29.2°处；磁吸渣的峰强较弱，说明磁吸渣中 SiO_2 和 $CaSO_4·2H_2O$ 的结晶度少。XRD 分析发现，磁吸渣在 2θ 为 28.2°处出现了一个较强的 Fe_2O_3 新峰，说明磁吸渣含有 γ-Fe_2O_3。为进一步确定磁吸渣主要组分，本研究使用 NaCl 溶液 60℃洗渣 2h 消除磁吸渣中 $CaSO_4·2H_2O$ 特征峰的干扰，得到 W-磁吸渣。XRD 表明 W-磁吸渣已完全不存在 $CaSO_4·2H_2O$ 的峰，说明使用 NaCl 能破坏电解锰渣中的 $CaSO_4·2H_2O$，从而消除 $CaSO_4·2H_2O$ 强峰的干扰。经过 NaCl 溶液处理后的 W-磁吸渣仍然具有磁性，说明 NaCl 只破坏了电解锰渣中的 $CaSO_4·2H_2O$ 保留了磁性组分，通过对其 XRD 分析表明，磁性成分主要包括含铁锰物相[$FeMn_2O_4$（75-0035）、$K_2Fe_{10}O_{16}$、$Fe_2Se_3O_9·6H_2O$、Fe_2O_3（87-1166）、Fe_3O_4（89-4319/88-0866）、FeOOH 以及 $FeMn_2O_4$]。综上可知，$FeMn_2O_4$、Fe_2O_3、Fe_3O_4 是电解锰渣具有磁性的主要原因（$FeMn_2O_4$ 具有顺磁性，Fe_2O_3 和 Fe_3O_4 具有磁性）。SEM 分析表明，含铁锰相物质是几微米到几十微米大小的颗粒，EDS 分析表明，含铁锰相表面 Fe、Mn、O 的质量分数高达 89%，这进一步证实了含铁锰物相是电解锰渣具有磁性的主要原因。

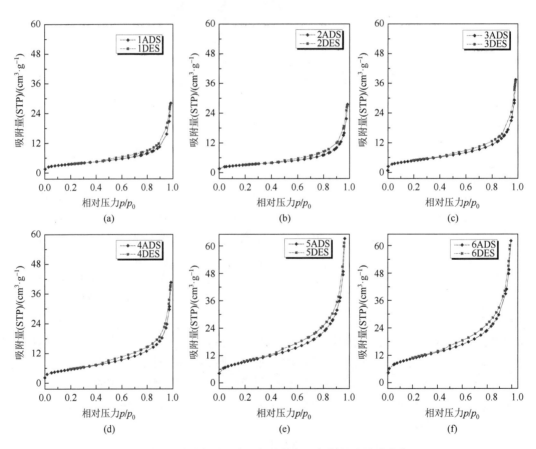

图 2-7　不同堆存时间电解锰渣的低温氮气吸附脱附曲线

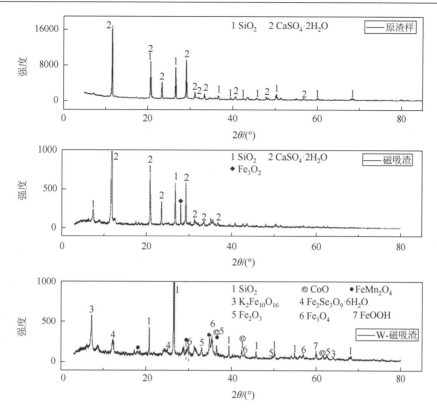

图 2-8　堆存 3 个月的原渣样、磁吸渣以及 W-磁吸渣 XRD 分析

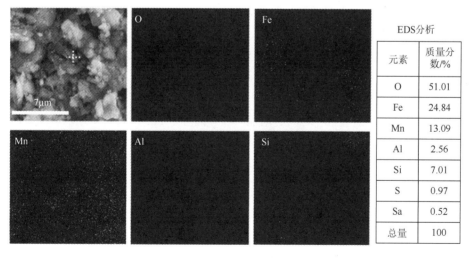

图 2-9　W-磁吸渣 SEM-Mapping-EDS 分析

对不同堆存时间的电解锰渣按照 200g∶1L 的固液比混合搅拌过滤,将滤液进行蒸发结晶,对其结晶产物 XRF 分析。由表 2-7 可知,结晶盐主要含 S、Mn、Mg、N 等元素,其中堆存 1 年内电解锰渣中 SO_3、MnO、MgO 以及 N 的组分占比合计达 90%以上,其中

SO_3 占比超过 50%；堆存时间 3~10 年内的电解锰渣中 SO_3、MnO、MgO 以及 N 的组分占比合计均达 80%~90%。不同堆存时间电解锰渣中结晶盐的质量变化如表 2-8 所示，由表 2-8 可知，随着堆存时间的增加结晶盐质量逐年下降，这是由于降雨淋溶造成可溶盐的流失。

表 2-7 不同堆存时间电解锰渣浸出液中结晶盐 XRF 分析（%）

堆存时间	SO_3	MnO	MgO	N	CaO	Na_2O	SiO_2	K_2O	Al_2O_3	Fe_2O_3	SeO_2	其他
a	56.684	18.888	11.756	7.527	4.628	0.133	0.092	0.076	0.012	0.008	0.004	0.192
b	58.251	16.286	9.574	9.083	6.315	0.122	0.17	0.03	0.008	0.008	0.008	0.145
c	57.391	17.026	10.001	8.366	6.742	0.089	0.175	0.076	0.007	0.009	0.005	0.113
d	31.337	20.502	5.856	31.946	9.622	0.075	0.287	0.15	0.008	0.027	0.003	0.187
e	31.174	24.145	10.869	26.136	6.841	0.028	0.32	0.058	0.012	0.068	0.005	0.344
f	27.875	21.439	14.29	28.918	7.015	0.095	0.101	0.045	0.013	0.045	0.006	0.158

表 2-8 不同堆存时间电解锰渣浸出液中结晶盐质量变化

堆存时间	a	b	c	d	e	f
每 200g 电解锰渣中结晶盐质量/g	22.52	12.71	10.08	8.9	7.5	3.4

2.3.2 电解锰渣颗粒表面价态变化

本研究对不同堆存时间电解锰渣中的 Fe 2p3/2 和 Mn 2p3/2 窄峰进行分峰拟合，区域分峰拟合结果均发生结合能变化现象，其中变化前后结合能及发生变化的峰所对应的化学形态见表 2-9 和表 2-10。由表 2-9 可知，Fe 元素在电解锰渣中主要以 FeOOH 存在（曹昕，2015），结合能在 714.2eV 和 717.5eV 附近的分别对应 Fe_3O_4 和 γ-Fe_2O_3 卫星峰（Dong et al.，2020），在 720.5eV 附近处存在 Fe^{3+} 的卫星峰，由此可见，电解锰渣颗粒表面含有 Fe^{2+}、Fe^{3+} 等铁氧化物。随着电解锰渣堆存时间的增加，电解锰渣中 FeOOH、Fe_3O_4 和 γ-Fe_2O_3 的结合能位置发生偏移，说明电解锰渣中的铁氧化物中 Fe—O 键的 Fe 原子在堆存过程中发生了氧化还原反应；另外，Mn 和 Fe 在元素周期表中处于相邻位置，其化学性质相似，Fe—O 键中活性的 O 原子与 Mn 原子结合，也会造成结合能位置偏移。黄廷林等（2013）研究也证实复合氧化物表面 Fe—O 中的 O 原子是 Mn^{2+} 的吸附活性位。

表 2-9 不同堆存时间电解锰渣中 Fe 元素结合能变化以及对应形态

XPS 扫描区域	堆存时间	名称	FeOOH	Fe_3O_4	γ-Fe_2O_3	卫星峰
Fe 2p3/2	a	结合能/eV	711.56	714.61	717.68	720.27
		含量	57.51%	14.31%	14.31%	—
	b	结合能/eV	711.47	714.35	717.21	721.14
		含量	56.68%	14.54%	15.82%	—

续表

XPS 扫描区域	堆存时间	名称	FeOOH	Fe$_3$O$_4$	γ-Fe$_2$O$_3$	卫星峰
Fe 2p3/2	c	结合能/eV	711.23	713.87	716.56	720.22
		含量	56.41%	15.52%	16.26%	—
	d	结合能/eV	711.48	714.1	716.81	720.92
		含量	55.56%	14.33%	16.24%	—
	e	结合能/eV	711.39	714.21	717.21	721.96
		含量	55.04%	16.23%	15.72%	—
	f	结合能/eV	711.64	714.33	718.26	721.23
		含量	49.18%	24.96%	14.1%	—

表 2-10 不同堆存时间电解锰渣中 Mn 元素结合能变化以及对应形态

XPS 扫描区域	堆存时间	名称	Mn$_2$O$_3$	MnO$_2$	高锰酸钾
Mn 2p3/2	a	结合能/eV	641.44	642.67	646.7
		含量	19.53%	64.16%	16.31%
	b	结合能/eV	641.57	643.23	646.85
		含量	42.6%	42.61%	14.79%
	c	结合能/eV	641.73	643.43	646.77
		含量	50.29%	34.92%	14.79%
	d	结合能/eV	641.5	643.28	646.82
		含量	50.42%	36.39%	13.19%
	e	结合能/eV	641.85	644.08	647.49
		含量	54.09%	29.28%	16.63%
	f	结合能/eV	641.88	643.87	647.2
		含量	59.84%	25.88%	14.28%

由表 2-10 可知，Mn 元素在电解锰渣中主要以 Mn$_2$O$_3$ 存在。结合能在 643.6eV 和 646.3eV 附近分别对应于 MnO$_2$ 和高锰酸钾（孙燕等，2019），由此可见，电解锰渣颗粒表面含有 Mn^{2+}、Mn^{4+}、Mn^{7+}等锰氧化物。事实上，在氧化还原环境下，Mn 的价态在 +2 和 +7 之间相互转化，其中 Mn^{3+} 在酸性体系下容易发生歧化反应生成 Mn^{2+} 和 MnO$_2$；此外，MnO$_2$ 具有强氧化性，MnO$_2$ 随着堆存时间的增加其相对含量呈减少趋势，说明 MnO$_2$ 在堆存过程中参与了催化氧化和吸附反应。因此，不同堆存时间的电解锰渣中的锰氧化物结合能位置不断发生偏移。

2.4　小　　结

本章研究了不同堆存时间电解锰渣的理化特性变化规律，可得出如下结论。

（1）随着堆存时间增加，电解锰渣的 pH、含水率、电导率下降。电解锰渣中 Mn、Ca、Mg、Se 元素总量随堆存时间的增加而降低，可溶性 Mn^{2+}、Ca^{2+}、Mg^{2+}、Se^{4+} 和 NH_4^+-N 流失较多。电解锰渣总量 Mn 的减少主要归因于降雨淋溶，流失的 Mn 以可交换态和碳酸盐结合态为主。堆存 10 年的电解锰渣仍存在较大的环境污染风险，其中 10 年堆存锰渣的 Cu、Cr、Cd、Pb、Zn 等金属总量远超广西土壤背景值，Se^{4+} 的浸出浓度是《危险废物鉴别标准　浸出毒性鉴别》（GB 5085.3—2007）中浓度限值的 11 倍，Mn^{2+} 和 NH_4^+-N 的浸出浓度是《污水综合排放标准》（GB 8978—1996）一级标准限值的 102 倍和 45 倍，同时 Cu^{2+}、Zn^{2+} 和 Ni^{2+} 的浓度远超 GB 8978—1996 一级标准的浓度限值。

（2）电解锰渣中含锰和氨氮物相主要以 $(NH_4)_2SO_4$、$MnSO_4 \cdot H_2O$、$MnCO_3$、Mn_2O_3、MnO_2 等矿物存在。不同堆存时间的电解锰渣中含有 $Al_4(OH)_8(Si_4O_{10})$、$Al_2Mg_4(OH)_{12}(CO_3) \cdot 3H_2O$ 和 $KAl(SO_4)_2 \cdot 12H_2O$ 等黏土矿物，含铁物相主要包括 $FeMn_2O_4$、$FeOOH$、Fe_3O_4 和 Fe_2O_3 等，其中 $Fe(OH)_3$ 胶体在长期堆存中逐渐转变成 $FeOOH$、Fe_2O_3 等物相。电解锰渣中含铁、锰氧化物在堆存环境中发生催化氧化、吸附等反应。

参 考 文 献

鲍丽丽，2020. 典型工矿绿洲 As 污染农田土壤生物锰氧化物修复技术的适用性[D]. 兰州：兰州大学.

曹昕，2015. 铁锰复合氧化物催化氧化去除地下水中氨氮研究[D]. 西安：西安建筑科技大学.

陈红亮，2016. 新鲜电解锰渣和长期堆存渣的矿物成分和毒性特征的差异分析[J]. 贵州师范大学学报（自然科学版），34（2）：32-36.

陈红亮，刘仁龙，李文生，等，2014. 电解锰渣的理化特性分析研究[J]. 金属材料与冶金工程，42（1）：3-5.

杜兵，2015. 电解锰废渣化学稳定化处理及固锰机理研究[D]. 北京：中国科学院大学.

邓亚玲，2022. 电解锰渣淋滤过程中锰和氨氮的迁移转化规律研究[D]. 绵阳：西南科技大学.

韩春梅，王林山，巩宗强，等，2005. 土壤中重金属形态分析及其环境学意义[J]. 生态学杂志，（12）：1499-1502.

和森，2019. 铜渣基磷酸盐胶凝材料的制备及固化电解锰渣的基础研究[D]. 昆明：昆明理工大学.

胡文，2008. 土壤—植物系统中重金属的生物有效性及其影响因素的研究[D]. 北京：北京林业大学.

黄红铭，黄增，韦江慧，等，2019. 2011～2018 年广西酸雨污染变化特征及影响因素分析[J]. 化学工程师，33（10）：41-44.

黄廷林，郑娜，曹昕，2013. 滤料表面活性滤膜对水中锰的吸附特性与机理研究[J]. 水处理技术，39（3）：39-43.

雷杰，彭兵，柴立元，等，2014. 用电解锰渣制备高铁硫铝酸盐水泥熟料[J]. 材料与冶金学报，13（4）：257-261.

刘荣，2015. 贵州锰矿废渣淋溶条件下重金属迁移特征及淋溶水对植物种苗生长的影响[J]. 中国科技博览.

罗乐，降林华，段宁，2017. 电解锰废渣中污染物的固化脱除技术[J]. 中国有色冶金，46（6）：75-80.

罗乐，王金霞，周皓，2019. 锰渣中重金属在模拟酸雨环境下的浸出规律[J]. 湿法冶金，38（5）：352-357.

母维宏，周新涛，黄静，等，2020. 电解锰渣中 Mn 和 NH3-N 固化/稳定化处理研究现状及展望[J]. 现代化工，40（4）：17-21.

任学洪，2017. 电解锰渣制备锰肥技术研究[J]. 中国锰业，35（3）：145-147.

孙燕，蓝际荣，郭莉，等，2019. 利用电解锰渣制备 As（III）吸附材料及其性能研究[J]. 化工学报，70（6）：2377-2385.

唐文杰，黄江波，余谦，等，2015. 锰矿区农作物重金属含量及健康风险评价[J]. 环境科学与技术，38（S1）：464-468.

谢雪珍，叶有明，吴元花，等，2021. 电解锰渣回收锰制备高纯硫酸锰的研究[J]. 有色金属（冶炼部分），（9）：84-89.

杨凡，蒋良兴，于枭影，等，2018. 采用铝阴极从硫酸锰溶液中电沉积金属锰[J]. 中国有色金属学报，28（12）：2568-2579.

杨洪友，王家伟，王海峰，等，2019. 某电解锰渣免烧砖的抗压抗折性能研究[J]. 非金属矿，42（3）：13-15.

杨金秀，刘方，杨爱江，等，2016. 改性生物质炭对电解锰废渣中 Mn 淋溶迁移的影响[J]. 工业安全与环保，42（1）：42-45.

周立强，顾湛琦，李庆梅，2016. 露天采空区建设锰渣库的实践及相关问题探讨[J]. 中国矿业，25（3）：5.

周亚武，陆谢娟，高明刚，等，2018. 电解锰渣固结体中重金属浸出毒性及其在模拟酸雨下的淋溶特性分析[J]. 武汉科技大学学报，41（2）：127-132.

Chen L，Wen F，Cheng Y，et al.，2017. Characteristics of speciation distribution and toxicity leaching of heavy metals in Pb-Zn tailings[J]. Journal of Arid Land Resources and Environment，31（3）：89-94.

Deng Y L，Shu J C，Lei T Y，et al.，2021. A green method for Mn^{2+} and NH_4^+ -N removal in electrolytic manganese residue leachate by electric field and phosphorus ore flotation tailings[J]. Separation and Purification Technology，270：118820.

Dong L，Wang H，Huang Y J，et al.，2020. Elemental mercury removal from coal-fired flue gas using recyclable magnetic Mn-Fe based attapulgite sorbent[J]. Chemical Engineering Journal，407：127182.

Du B，Hou D，Duan N，et al.，2015. Immobilization of high concentrations of soluble Mn（II）from electrolytic manganese solid waste using inorganic chemicals[J]. Environmental Science and Pollution Research International，22（10）：7782-93.

Shu J C，Liu R L，Liu Z H，et al.，2016. Solidification/stabilization of electrolytic manganese residue using phosphate resource and low-grade MgO/CaO[J]. Journal of Hazardous Materials，317：267-274.

Wang N F，Fang Z G，Peng S，et al.，2016. Recovery of soluble manganese from electrolyte manganese residue using a combination of ammonia and CO_2[J]. Hydrometallurgy，164：288-294.

第3章　不同淋溶条件下电解锰渣中锰和
氨氮的迁移转化规律研究

　　降雨淋溶作用下,渣场电解锰渣中的污染物总量、浸出毒性、孔径、形貌、物相结构等均发生变化。雨水是控制渣场电解锰渣中污染物的主要迁移动力源,且雨水 pH 直接影响电解锰渣中 Mn^{2+}、NH_4^+-N、Ca^{2+}、Mg^{2+} 等元素的迁移转化规律,以及堆存环境的氧化还原反应进程。目前,渣场电解锰渣中的 Mn^{2+}、NH_4^+-N 和重金属迁移转化规律尚未得到充分认识,且大部分研究者只集中在单一堆存环境(陈红亮,2016;陈红亮等,2014)。因此,本章通过土柱模拟淋滤实验(王雯璇等,2020;丛海扬等,2014;张丽华,2008),研究了不同 pH 淋滤液、高锰酸钾淋滤液对电解锰渣中 Mn^{2+}、NH_4^+-N 以及重金属的迁移转化规律(邓亚玲,2022),研究成果将为渣场电解锰渣无害化处理提供理论与技术支持。

3.1　动态淋滤实验设计

3.1.1　淋滤实验装置

　　本章电解锰渣淋滤液 pH 设置为 2、4、5、8、9、10。pH 为 4 和 5 可模拟酸性降水环境,pH 为 2 作为对照实验,pH 为 8、9、10 是碱性条件。事实上,碱性物料无害化处理电解锰渣意义较大(罗正刚,2021),所以淋滤液 pH 设计了碱性条件,因 NH_4^+-N 在 pH 大于 10 条件下会以氨气(NH_3)逸出,所以碱性条件最大 pH 设置为 10。本研究采用自制淋溶柱模拟动态淋溶实验,主要装置包括蠕动泵、自制淋溶柱等(如图 3-1)。自制淋溶柱材质为有机玻璃,主体高度 50cm、内径 60mm、壁厚 10mm,柱顶设均匀布水孔,柱底有淋出液收集口,侧身均匀分布 3 个阀门,间隔 10cm。淋溶柱自上而下依次填充玻璃棉(厚度 2cm)、石英砂(厚度 1cm)、玻璃棉(厚度 1cm)、电解锰渣、石英砂(厚度 1cm)。柱体内填充电解锰渣,为保证淋滤液均匀地流入样品柱内,在样品顶部铺一层石英砂,达到均匀配水的效果,蠕动泵控制流速和淋溶量。

3.1.2　淋滤实验方法

　　(1)淋滤参数设置:依据贵州省铜仁市近十年(2010～2019 年)降水量分布,年平均降水量为 1192.94mm(表 3-1),模拟设计年平均降水量 1500mm,扣除地表径流的影响(损失量 30%),则计算损失后的降水量为 1050mm。

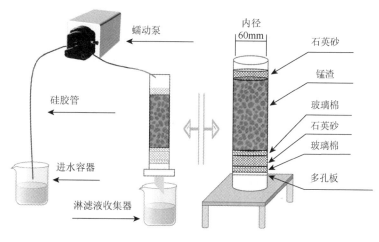

图 3-1 实验装置

表 3-1 贵州省铜仁市 2010～2019 年降水量分布 （单位：mm）

年份	2010	2011	2012	2013	2014	2015	2016	2017	2018	2019	平均
年降水量	1238.8	905.1	1288.3	1052.6	1422.4	1039.4	1403.8	1194.3	1136.7	1248	1192.94

数据来源：贵州省水资源公报。

　　本实验淋溶装置的柱内半径为 3cm，则模拟设计年平均降水量 1500mm 转化为淋滤量为年降水 2969mL。设计 3500mL 为模拟年降水量，月均淋滤量 250mL。每天使用 250mL 的淋滤液，蠕动泵控制进水流量为 60mL·h^{-1}，在淋溶柱底部收集淋滤液，淋滤完后等到第二天继续淋滤实验，总计淋滤 14d，实验中淋滤液体积按每天 1～2mL 蒸发量确定。

　　（2）淋滤液配制：使用硫酸与硝酸质量比为 2：1 的溶液以及氢氧化钠溶液来配制 pH 为 2、4、5、8、9、10 的模拟淋滤液。

3.2　淋滤液 pH 变化对锰和氨氮迁移转化规律的影响研究

3.2.1　淋出液 pH 随淋溶量的变化规律

　　由图 3-2 可知，当淋滤液 pH 为 2、4 和 5 时，淋出液的 pH 都保持在 6 以上，且随着淋溶量的增加，淋出液 pH 逐渐上升，且淋滤终点 pH 稳定在 7.2～7.5，说明电解锰渣对酸性降水有较强的缓冲能力。分析原因可能是：①易释放的离子与降水中的 H$^+$ 发生中和反应；②铝硅盐矿物水解吸附 H$^+$；③电解锰渣吸附 SO$_4^{2-}$ 与矿物表面的羟基进行配位交换，羟基由矿物表面进入溶液消耗 H$^+$（盛献臻等，2011）。此外，当淋滤液 pH 为 8、9 和 10 时，淋出液的 pH 都保持在 5.8 以上，且随着淋溶量的增加，淋出液的 pH 逐渐上升，且稳定在 7.2～7.5，说明电解锰渣有较强的缓冲能力。分析原因可能是电解锰渣本身是酸性渣，

内部存在的 H^+ 与淋滤液中的 OH^- 发生中和反应，其次是电解锰渣中的金属阳离子与 OH^- 发生沉淀反应。

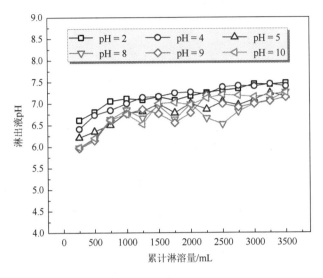

图 3-2　淋出液 pH 随模拟淋溶量的变化

3.2.2　淋滤液 pH 对锰和氨氮释放规律的影响

采用不同 pH 淋滤液的淋出液中 Mn^{2+} 浓度随淋溶量的变化如图 3-3 所示。由 3-3 可知，Mn^{2+} 浓度变化有三个阶段：①初始淋溶阶段 Mn^{2+} 浓度在 22500～28750mg·L^{-1}，淋溶量达到 750mL（淋溶 1～3d）后，Mn^{2+} 浓度快速下降；②淋滤液用量到 1250mL 时（淋溶 3～5d），Mn^{2+} 浓度缓慢下降；③淋滤液用量在 1250～3500mL（淋溶 5～14d），Mn^{2+} 浓度变化迟缓，淋滤液用量到 3500mL 时（淋溶 14d），Mn^{2+} 浓度维持在 80～100mg·L^{-1}。此外，淋出液中累计 Mn^{2+} 含量随淋溶量的变化如图 3-4，整个过程可以分为快速浸出和缓慢浸出两个阶段。第一阶段 Mn^{2+} 累计释放量迅速增加，释放速率在累计淋溶量 3～5d（1250mL）后逐渐减小。这主要是因为在淋滤开始时，电解锰渣中可溶性 Mn^{2+} 迅速溶解并进入淋滤液，且 pH 越低，释放速率越快。当淋溶电解锰渣 5d 后，Mn^{2+} 的释放速率趋于稳定，累计释放量缓慢增加。

事实上，淋出液中累计 Mn^{2+} 释放量可通过动力学方程进行解析，目前淋溶过程中污染物的释放可用二级动力学、叶洛维奇（Elovich）方程、双常数方程、零级动力学等来模拟，用以上四种方程对淋滤过程进行拟合，发现仅二级动力学方程的相关系数达到 0.99 以上，所以本研究淋滤过程符合二级动力学方程。二级动力学的表达式如下：

$$y = x/(a + bx) + c \qquad (3-1)$$

式中：y 为累计释放量，mg·kg^{-1}；x 为时间，d；a、c 为常数；b 为累计释放最大量。$|b|$ 为累计释放最大量的倒数，由表 3-2 可知，$|b_4| < |b_2| < |b_5| < |b_8| = |b_{10}| < |b_9|$。

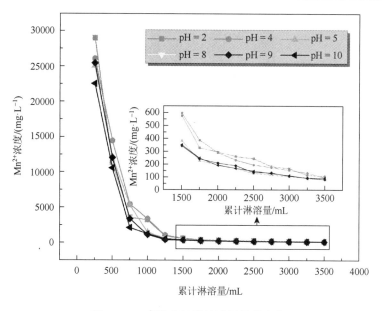

图 3-3　Mn^{2+}浓度随淋滤液用量的变化

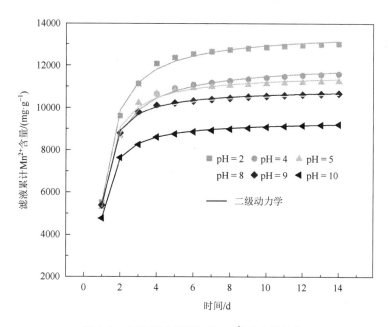

图 3-4　电解锰渣累计释放 Mn^{2+}动力学拟合

表 3-2　累计释放 Mn^{2+}含量动力学拟合

淋滤液 pH	二级动力学				
	a	b	c	R^2	$y = x/(a + bx) + c$
2	3.0×10^{-6}	-2.1×10^{-5}	61452.6	0.9957	$y = x/(3.0\times10^{-6}-2.1\times10^{-5}x) + 61452.6$
4	2.7×10^{-6}	-2.0×10^{-5}	40124.3	0.9966	$y = x/(2.7\times10^{-6}-2.0\times10^{-5}x) + 40124.3$

续表

淋滤液 pH	二级动力学				
	a	b	c	R^2	$y = x/(a + bx) + c$
5	2.3×10^{-5}	-7.3×10^{-5}	25289.8	0.9933	$y = x/(2.3 \times 10^{-5} - 7.3 \times 10^{-5}x) + 25289.8$
8	5.3×10^{-5}	-1.3×10^{-4}	18568.0	0.9984	$y = x/(5.3 \times 10^{-5} - 1.3 \times 10^{-4}x) + 18568.0$
9	6.0×10^{-5}	-1.4×10^{-4}	18083.3	0.9987	$y = x/(6.0 \times 10^{-5} - 1.4 \times 10^{-4}x) + 18083.3$
10	4.8×10^{-5}	-1.3×10^{-4}	17178.9	0.9997	$y = x/(4.8 \times 10^{-5} - 1.3 \times 10^{-4}x) + 17178.9$

采用不同 pH 淋滤液的淋出液中 NH_4^+-N 浓度随淋溶量变化如图 3-5。 NH_4^+-N 浓度变化和 Mn^{2+} 变化相似，也分为三个阶段：①初始淋溶阶段 NH_4^+-N 浓度在 10000～14000mg·L^{-1}，淋溶量达 750mL（淋溶 1～3d）后，NH_4^+-N 浓度快速下降；②淋滤液用量到 1250mL 时（淋溶 3～5d），NH_4^+-N 浓度缓慢下降；③淋滤液用量在 1250～3500mL（淋溶 5～14d），NH_4^+-N 浓度变化迟缓，淋滤液用量到 3500mL 时（淋溶 14d），NH_4^+-N 浓度维持在 10～30mg·L^{-1}。淋出液中累计 NH_4^+-N 含量随时间变化见图 3-6，由图 3-6 可知，整个淋溶过程也分为快速浸出和缓慢浸出两个阶段。第一阶段 NH_4^+-N 累计排放量迅速增加，释放速率在累计淋溶量 1250mL 后逐渐减小，其主要因为是在淋滤开始时，淋滤液从上往下淋入，淋滤液与电解锰渣颗粒从非完全接触到完全接触，电解锰渣中易溶的硫酸铵盐类也迅速溶解并进入淋滤液，且淋滤液 pH 越低，释放速率越快。当淋溶电解锰渣 5d 后，当淋出液与电解锰渣完全接触后，NH_4^+-N 的释放速率趋于稳定，导致累计排放量缓慢增加。对累计 NH_4^+-N 含量进行二级动力学拟合（表 3-3），结果表明 NH_4^+-N 在 pH = 2 的淋滤液条件下释放量最大。

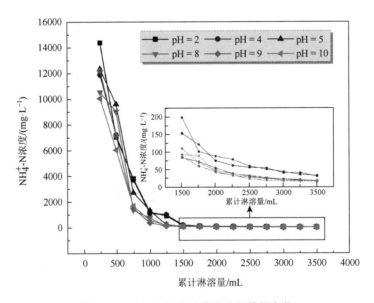

图 3-5　NH_4^+-N 浓度随淋滤液用量的变化

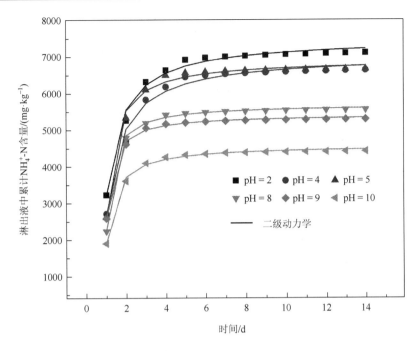

图 3-6　电解锰渣累计释放 NH_4^+-N 含量变化及动力学拟合

表 3-3　累计释放 NH_4^+-N 含量动力学拟合

淋滤液 pH	二级动力学				
	a	b	c	R^2	$y = x/(a + bx) + c$
2	5.5×10^{-6}	-3.9×10^{-5}	32949.7	0.9860	$y = x/(5.5\times10^{-6}-3.9\times10^{-5}x) + 32949.7$
4	8.2×10^{-6}	-4.8×10^{-5}	28248.1	0.9889	$y = x/(8.2\times10^{-6} + -4.8\times10^{-5}x) + 28248.1$
5	1.3×10^{-4}	-2.5×10^{-4}	10836.7	0.9931	$y = x/(1.3\times10^{-4}-2.5\times10^{-4}x) + 10836.7$
8	4.2×10^{-4}	-6.2×10^{-4}	7287.6	0.9988	$y = x/(4.2\times10^{-4}-6.2\times10^{-4}x) + 7287.6$
9	4.7×10^{-4}	-7.1×10^{-4}	6809.4	0.9976	$y = x/(4.7\times10^{-4}-7.1\times10^{-4}x) + 6809.4$
10	2.2×10^{-4}	-4.2×10^{-4}	6947.6	0.9959	$y = x/(2.2\times10^{-4}-4.2\times10^{-4}x) + 6947.6$

　　综上可知，Mn^{2+} 和 NH_4^+-N 在碱性淋滤条件下的累计最大释放量相比于酸性条件大幅减小。当采用 pH = 10 的淋滤液淋滤后，电解锰渣中 NH_4^+-N 的累计最大释放量为 4426.1mg·kg^{-1}，相比于 pH = 2 的 7114.6mg·kg^{-1}，下降约 38%；此外，当采用 pH = 10 的淋滤液淋滤后，电解锰渣中 Mn^{2+} 的累计最大释放量为 9200.2mg·kg^{-1}，相比于 pH = 2 的 12996.8mg·kg^{-1}，下降约 29%（图 3-7）。事实上，碱性条件下，Mn^{2+} 和 NH_4^+-N 可能发生了机械阻留、迁移和转化，主要涉及电解锰渣中难溶复盐的形成以及氧化还原反应。

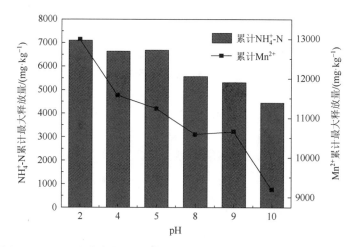

图 3-7　不同 pH 淋滤液中 Mn^{2+} 和 NH_4^+ -N 的累计最大释放量变化规律

3.2.3　淋滤后电解锰渣物相变化

在淋滤后期电解锰渣的浸出浓度见表 3-4。由表 3-4 可知，不同淋滤液 pH 淋滤后的电解锰渣中 Mn^{2+} 的浸出浓度均低于原渣，最小浓度仅为原渣浸出浓度的 1.1%。对淋滤液 pH 为 2、4、5 淋滤后的电解锰渣中 Mn^{2+} 的浸出浓度进行对比可知，采用 pH 为 2 淋滤液淋滤后的电解锰渣中可溶性 Mn^{2+} 的含量相对较高，这是因为在淋滤液 pH 为 2 条件下，淋滤液中 Mn^{2+} 浓度高，部分可溶性 Mn^{2+} 残留在淋滤柱内。在 pH 为 10 淋滤液淋滤后的电解锰渣中 Mn^{2+} 的浸出浓度更低，说明 pH 为 10 淋滤液淋滤后柱内的可溶性 Mn^{2+} 更少。由累计最大释放量可知，酸性条件淋滤后电解锰渣流失的 Mn^{2+} 远超碱性条件，说明碱性淋滤后电解锰渣中的可溶性 Mn^{2+} 转化成了难溶物质。综上所述，碱性淋滤条件下可溶性 Mn^{2+}，形成了沉淀物或者其他难溶复盐。

表 3-4　原渣和淋滤后电解锰渣中 Mn^{2+} 和 NH_4^+ -N 的浸出浓度变化（HJ/T 299—2007）　单位：$mg·L^{-1}$

	原样	pH = 2	pH = 4	pH = 5	pH = 8	pH = 9	pH = 10
Mn^{2+}	1092.27	25.64	21.49	15.27	14.69	12.11	11.47
NH_4^+ -N	508.33	7.39	6.44	6.08	3.98	2.31	1.81

电解锰渣原样物相组成如图 3-8。由 3-8 可知，SiO_2 和 $CaSO_4·2H_2O$ 是电解锰渣的主要物相，同时电解锰渣中锰和氨氮主要以 $(NH_4)_2SO_4$、$(NH_4)_2Mg(SO_4)_2·6H_2O$、$MnSO_4·H_2O$、$Mn_2(SiO_3)(OH)_2·2H_2O$ 等物相存在，含铁物相主要包括 $Fe_3SO_4OH·5H_2O$、$NaFe(SO_4)_2$ (OH)$·3H_2O$ 等；此外，电解锰渣中还含有 $Mg_4Al_2(OH)_{12}(CO_3)·3H_2O$、$Al_4(OH)_8(Si_4O_{10})$ 和 $KAl(SO_4)_2·12H_2O$ 等黏土矿物。电解锰渣原样扫描电镜图像如图 3-9 所示，电解锰渣中颗粒物形貌呈柱状、块状，颗粒从几微米到几十微米不等。结合 XRD 和 EDS（表 3-5）分析可知，其柱状颗粒主要是 $CaSO_4·2H_2O$ 物相；此外，在柱状、块状的间隙夹缝中和表面上，还分布着球形团聚状颗粒，对团聚状物质进行 EDS 测试，结果表明，其颗粒表面主要含有 Si、O、Al、Mg、Fe、Mn 和 N 等元素，其中 Si、O、Al 含量占比合计约 72%，Mg、Fe、Mn、K、Na 和 N 含量占比

合计约 17%，表明团聚状颗粒可能是由晶体或非晶体构成的复杂矿物物相。结合 XRD 分析可知，团聚状颗粒主要有 SiO_2、含铁锰化合物、氨氮复盐以及黏土矿物等。

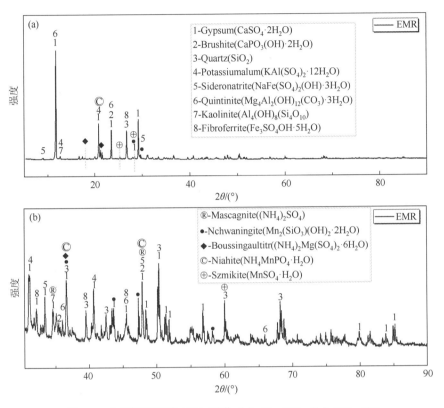

图 3-8　电解锰渣原样 XRD 图谱（a）5°～90°；（b）30°～90°

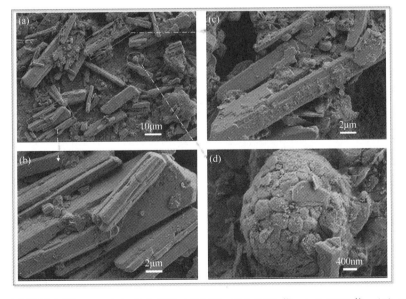

图 3-9　电解锰渣原样 SEM（a）放大倍数 1000 倍；（b）5000 倍；（c）5000 倍；（d）20000 倍

表 3-5　电解锰渣 EDS 分析（%）

颗粒形貌	C	O	S	Ca	Al	Si	Mg	Fe	Mn	K	Na	N
柱状	4.43	50.21	19.74	25.62	—	—	—	—	—	—	—	—
团聚状	6.75	46.69	3.79	0.45	11.4	14.1	5.21	5.19	3.22	2.8	0.3	0.1

电解锰渣原样和不同 pH 淋滤后的电解锰渣 XRD 谱图如图 3-10 所示。由图 3-10（a）可知，淋滤后显示的主要衍射峰仍然是 SiO_2 和 $CaSO_4 \cdot 2H_2O$ 的特征峰，说明淋滤前后 $CaSO_4 \cdot 2H_2O$ 仍然是电解锰渣的主要物相；同时，相比于未淋滤的电解锰渣中 $CaSO_4 \cdot 2H_2O$ 衍射峰增强，说明淋滤过程中附着于 $CaSO_4 \cdot 2H_2O$ 表面的物质被淋滤液冲刷带走。位于 11.59°、20.72°、23.4°、29.11°（2θ）处 $CaSO_4 \cdot 2H_2O$ 的特征峰，在 pH = 2 淋滤条件下的峰强远高于 pH = 5、4、8 条件下以及未淋滤的电解锰渣，说明淋滤液除了冲刷作用外，还会与电解锰渣中的某些物质发生化学反应。由于 $CaSO_4 \cdot 2H_2O$ 的特征峰过于强烈，对其他含量低或结晶度不高的物相的衍射峰有一定干扰，实验过程对其局域谱图进行系统分析。由图 3-10（b）可知，局域谱图衍射峰的显著差异，表现在物相衍射峰的减弱、消失，这些物相包含但不限于 $(NH_4)_2Mg(SO_4)_2 \cdot 6H_2O$、$(NH_4)_2SO_4$、$MnSO_4 \cdot H_2O$，这说明电解锰渣中的这些物相在淋滤条件下含量和结晶度下降，主要发生的化学反应如下：

$$(NH_4)_2Mg(SO_4)_2 \cdot 6H_2O + H^+ \longrightarrow NH_4^+ + Mg^{2+} + SO_4^{2-} + H_2O \tag{3-2}$$

$$(NH_4)_2Mg(SO_4)_2 \cdot 6H_2O + OH^- \longrightarrow Mg(OH)_2 + SO_4^{2-} + NH_4^+ + H_2O \tag{3-3}$$

$$(NH_4)_2SO_4 + H^+ \longrightarrow NH_4^+ + SO_4^{2-} \tag{3-4}$$

$$(NH_4)_2SO_4 + OH^- \longrightarrow NH_3 \cdot H_2O + SO_4^{2-} \tag{3-5}$$

$$MnSO_4 \cdot H_2O + H^+ \longrightarrow Mn^{2+} + SO_4^{2-} + H_2O \tag{3-6}$$

$$MnSO_4 \cdot H_2O + OH^- \longrightarrow Mn(OH)_2 + SO_4^{2-} + H_2O \tag{3-7}$$

XRD 难以测试丰度低或者缺乏长程结晶序列的化合物，并且对含量低或结晶度不高的物相衍射峰有一定干扰，所以即使对小峰进行放大分析也难找出新物相。傅里叶变换红外光谱仪（Fourier transform infrared spectromter，FTIR）可以探测短程序列，丰度低或者缺乏长程结晶序列的化合物，如徐瑞晗等（2020）利用红外光谱测试结晶度低的 MnO_2 的 Mn—O 和 O—H 键振动峰，产生混合物中不同相空位和比例的信息。通过矿物官能团对应的吸收峰的强度、位置与形状，推断矿物的结构。

pH = 2、4、5、8、9、10 淋滤后的电解锰渣与原样电解锰渣的红外分析如图 3-11。由图 3-11 可知，在 3404cm^{-1} 出现的宽峰是结晶水的伸缩振动，$CaSO_4 \cdot 2H_2O$ 的结晶水的变形振动出现在 1686cm^{-1} 和 1621cm^{-1} 位置（耿世伟，2019）。1432cm^{-1} 处的特征峰是由 H-N-H（NH_4^+-N）的反对称伸缩振动引起。1115cm^{-1}（反对称伸缩振动）、669cm^{-1} 和 602cm^{-1}（不对称变角振动）、462cm^{-1} 和 422cm^{-1}（对称变角振动）处的特征峰由无机硫酸盐中的 [SO_4] 基团引起（杨丽萍和薛邵秀，2013）。798cm^{-1} 处的特征峰由 Si—O—Si 伸缩振动引起。Mn—O 的伸缩振动引起 532cm^{-1} 处的特征峰（徐瑞晗，2020）。由此可见，电解锰渣中硫酸盐、铵盐、SiO_2、含锰化合物是电解锰渣的主要组分。原样电解锰渣和淋滤后电解锰渣的红外谱图区别在于峰宽峰强度的变化，其中，SO_4^{2-} 的特征峰在碱性条件下比酸性强，

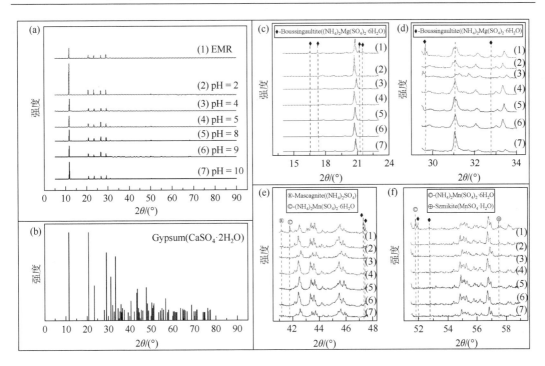

图 3-10　原渣和淋滤后的电解锰渣的 XRD 谱图（a）5°～90°；（b）$CaSO_4·2H_2O$ 谱图；（c）14°～23°区域放大；（d）29.5°～34°区域放大；（e）41°～47.5°区域放大；（f）51.5°～59°区域放大

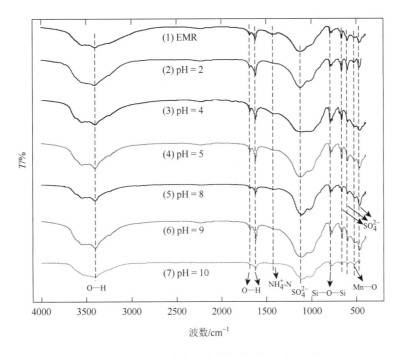

图 3-11　原渣和淋滤后的电解锰渣的红外谱图

这表明酸性淋滤使得更多的硫酸盐流失；原样电解锰渣中 NH_4^+-N 的特征峰强度强，酸性淋滤后 NH_4^+-N 峰强度减小，而碱性淋溶后 NH_4^+-N 基团峰强度与原样差别较小，说明铵盐在酸性条件下流失较多。值得关注的是，红外光谱只能对样品中含量高于 30%的矿物进行定性分析，而对于含量少的矿物，无法获得其峰位值，所以碱性条件下金属离子与 OH^- 生成的新物质含量极少，振动引起的特征峰无法在傅里叶变换红外光谱显示。

3.2.4　碱性淋滤条件下含锰氧化物转变规律

拉曼（Raman）光谱是一种非破坏性的测试方法，可对无机物、天然与合成材料、水污染物、矿石等进行检测，提供分子振动频率的信息。拉曼活性的谱带是基团极化率随简谐振动改变的关系，仅出现基频谱带，所以谱带清楚（杨丽萍和薛邵秀，2013）。对电解锰渣原样和 pH = 8、9、10 条件下淋滤后的电解锰渣进行拉曼分析（图 3-12），在 0～4000cm^{-1} 范围内，其拉曼特征峰均来自 $CaSO_4 \cdot 2H_2O$ 中[SO_4]基团振动和结晶水的振动（1012～1023cm^{-1}；1331～1333cm^{-1}；1604～1620cm^{-1}）（赵忠光，2020）。值得注意的是，在 400～800cm^{-1} 区域，pH = 8、9、10 条件下淋滤后的电解锰渣出现了 Mn—O 基团振动峰（Bernardini et al.，2019），表明电解锰渣中存在 MnOOH（Manganite），这也证实了碱性淋滤条件下电解锰渣中形成了新物质。上述主要原因可能是淋滤过程中溶出的可溶性 Mn^{2+} 和 OH^- 反应生成了 $Mn(OH)_2$，$Mn(OH)_2$ 极易被 O_2 继续氧化成 MnOOH（赵健慧，2019）。此外，在 pH = 9、10 条件下淋滤后的电解锰渣中出现了 O—Mn—O 基团振动峰（谢水波等，2021），它对应 MnO_2（Birnessite）物质，这是因为 MnOOH 物质中 Mn（Ⅲ）处于中间价态，发生歧化反应生成 Mn^{2+} 和 MnO_2。

$$Mn(OH)_2 + O_2 \longrightarrow MnOOH + H_2O \qquad (3-8)$$

$$Mn^{3+} + H_2O \longrightarrow Mn^{2+} + MnO_2(s) + H^+ \qquad (3-9)$$

已有研究表明，在碱性有氧环境中 O_2 可持续氧化 Mn（Ⅱ）到 Mn（Ⅲ），但该反应在动力学上进行缓慢（饶丹丹等，2017），所以 MnOOH 和 MnO_2 在电解锰渣中含量极少。综上所述，碱性淋滤过程，Mn^{2+} 主要和 OH^- 反应生成 $Mn(OH)_2$，$Mn(OH)_2$ 被 O_2 持续氧化成 MnOOH、MnO_2 等锰氧化物。锰氧化物溶液中氧化还原电位和 pH 关系如图 3-13。

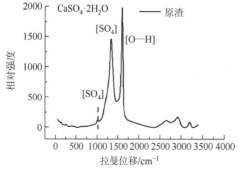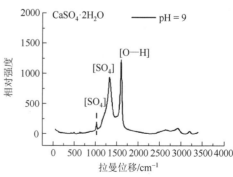

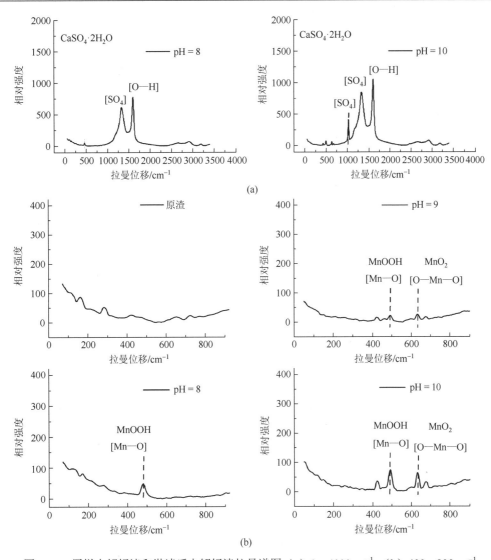

图 3-12　原样电解锰渣和淋滤后电解锰渣拉曼谱图（a）0～4000cm^{-1}；（b）400～800cm^{-1}

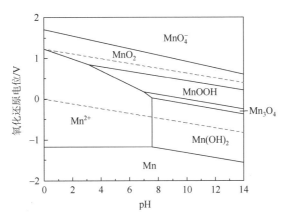

图 3-13　溶液中锰的氧化还原电位和 pH 的关系

3.2.5　重金属和氨氮的迁移转化规律

1）淋滤过程氨氮的迁移转化规律

采用 pH = 8、9、10 淋滤后的滤出液中 NO_3^--N 浓度变化见图 3-14。由图 3-14 可知，滤出液中 NO_3^--N 释放过程与 Mn^{2+}、NH_4^+-N 的释放过程是一致的，分为快速释放和缓慢释放阶段。pH = 10 在同一时间段的 NO_3^--N 浓度都大于 pH = 8 以及 pH = 9，这表明采用 pH = 10 淋滤液淋滤电解锰渣，电解锰渣淋滤体系产生了更多 NO_3^--N。由表可知，pH = 8、9、10 淋滤液碱性淋滤过程中累计释放 NO_3^--N 含量远超过原样电解锰渣，因此在淋滤过程中 NH_4^+-N 可能催化氧化转变成 NO_3^--N，其中催化剂可能是新生态锰氧化物，这是因为 Mn（Ⅲ）和 Mn（Ⅳ）自身具备活跃的氧化还原特性。可能发生的反应方程如下：

$$MnO_2 + NH_4^+ + H^+ \longrightarrow Mn^{2+} + NO_3^- + H_2O \tag{3-10}$$

虽然采用 pH = 8、9、10 淋滤液释放的累计 NO_3^--N 含量远超过原样电解锰渣含有的 NO_3^--N，但采用 pH = 8、9、10 淋滤液淋滤释放的累计 NO_3^--N 含量仍然很少，这表明锰氧化物催化氧化 NH_4^+-N 转变成 NO_3^--N 含量很少。此外，pH = 10 淋滤液淋滤后最大 NO_3^--N 释放量相比于 pH = 2 淋滤液下降了约 38%，而被锰氧化物催化氧化的 NH_4^+ 仅占约 0.6%，所以，碱性淋滤过程，部分 NH_4^+-N 被氧化为 NO_3^--N 随淋滤液一起流失。

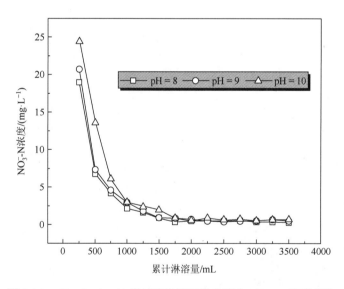

图 3-14　pH = 8、9、10 淋滤液淋滤后淋出液中 NO_3^--N 浓度变化

表 3-6　原样电解锰渣和电解锰渣淋出液累计 NO_3^--N 释放量

	原渣	淋滤液条件		
		pH = 8	pH = 9	pH = 10
累计 NO_3^--N 释放量/mg	0.049	7.85	8.86	12.27

如图 3-15 所示，电解锰渣在 pH 在 4～10 范围带负电，且随着 pH 升高，Zeta 电位呈明显下降趋势。事实上，淋滤过程淋溶柱内的 pH 并不是一直稳定的，由前面淋滤液 pH 可知，淋滤液的 pH 都保持在 5.8 以上，且随着淋溶量增加，淋滤液 pH 逐渐上升，稳定在 7.2～7.5，说明淋滤过程中环境 pH 处于动态变化。冯江涛等（2022）研究表明，逐渐积累的负电荷可以增强与带正电荷阳离子的结合能力。碱性淋滤后的电解锰渣相比于原样电解锰渣的 Zeta 电位升高，由–30.5～–20mV 升高到–6～–5mV，说明淋溶柱内 pH 变化引起了电解锰渣颗粒表面 Zeta 电位变化，低 Zeta 电位的电解锰渣会引起静电作用从而强化吸附 NH_4^+-N。pH = 10 淋滤液淋溶柱内的电解锰渣 Zeta 电位相较于 pH = 8、9 的更低，活性吸附位点更多，所以吸附 NH_4^+-N 能力也更强，同时 NH_4^+-N 被吸附后，在酸性和中性环境下很难被再次溶出。结合前面分析可知，被锰氧化物催化氧化的 NH_4^+-N 仅占约总氨氮的 0.6%，所以碱性淋滤过程 NH_4^+-N 主要通过吸附作用而截留在电解锰渣中。

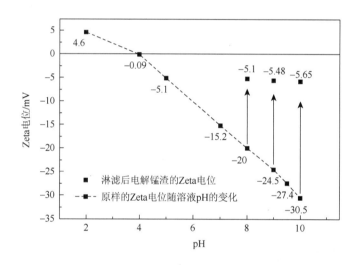

图 3-15　原样电解锰渣和淋滤后的电解锰渣 Zeta 电位变化

（2）淋滤过程其他金属离子的释放情况

电解锰渣在淋滤过程其他金属离子迁移释放规律如图 3-16 所示。由如图 3-16 可知，电解锰渣中 Mg^{2+}、Mn^{2+} 的淋滤释放行为和 NH_4^+-N 保持一致，分为快速释放和缓慢释放阶段。其中，电解锰渣中 Ca^{2+} 的浓度变化一直保持在 400～800mg·L^{-1}，这是因为溶液中 Ca^{2+} 主要来自微溶的 $CaSO_4·2H_2O$（王刚等，2020）。此外，Zn^{2+}、Pb^{2+}、Ni^{2+}、总 Cr、Se^{4+} 等重金属离子的淋滤释放行为也和 NH_4^+-N 大致保持一致，分为快速释放和缓慢释放两个阶段，且碱性条件下释放量低于酸性条件。K^+ 的释放主要来源于电解锰渣中黏土矿物，其中，pH = 10 条件下 K^+ 的释放量比 pH = 8 和 pH = 9 多（表 3-7），研究表明，更多的 K^+ 流失将使黏土矿物带更多吸附阳离子的活性位点，这也说明采用 pH = 10 淋滤条件下比 pH = 8、9 更有利于吸附 NH_4^+-N。

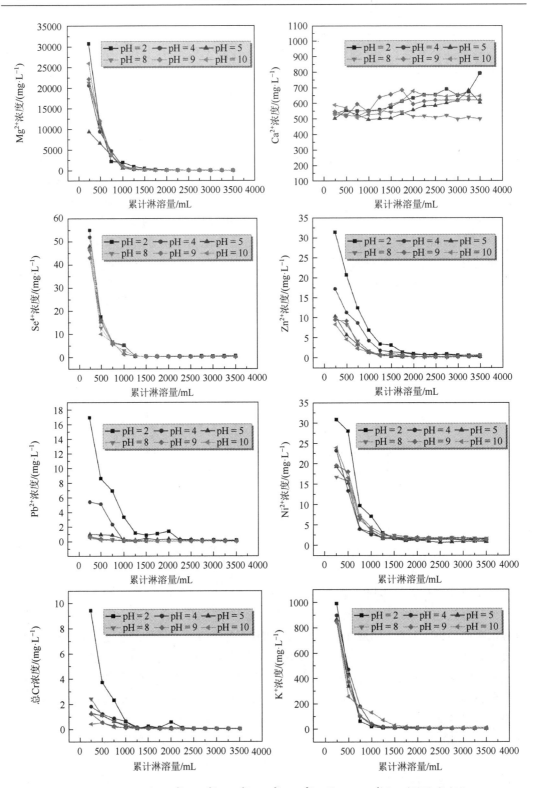

图 3-16　淋出液中 Mg^{2+}、Ca^{2+}、Zn^{2+}、Pb^{2+}、Ni^{2+}、总 Cr、Se^{4+} 和 K^+ 的浓度变化

表 3-7　不同 pH 淋滤后淋出液累计 K⁺ 释放量

累计 K⁺释放量/mg	pH = 2	pH = 4	pH = 5	pH = 8	pH = 9	pH = 10
	341.51	305.88	276.48	289.05	293.11	332.19

不同淋滤 pH 条件下，电解锰渣中 Mn^{2+}、NH_4^+-N 和 Mg^{2+} 的释放浓度相关系数为 0.9～1（$P<0.01$）（表 3-8），说明 Mn^{2+}、NH_4^+-N 和 Mg^{2+} 在动态淋滤过程中变化趋势显著相关；此外，电解锰渣中 Mn^{2+}、NH_4^+-N 和 Mg^{2+} 的释放在时间序列上存在响应，其中，电解锰渣损失的 Mn^{2+}、NH_4^+-N 和 Mg^{2+} 主要来自 $(NH_4)_2Mg(SO_4)_2 \cdot 6H_2O$、$(NH_4)_2SO_4$、$MnSO_4 \cdot H_2O$ 等复盐。对淋滤后的电解锰渣依据 HJ/T 299—2007 做浸出毒性测试（表 3-9）可知，淋滤过程电解锰渣中的 Mg^{2+}、Ca^{2+}、Zn^{2+}、Pb^{2+}、Ni^{2+}、总 Cr、Se^{4+} 和 K^+ 均有被淋出，且 Ni^{2+} 和 Se^{4+} 的浸出浓度很低，低于 GB 5085.3—2007 标准限值。上述分析结果表明，电解锰渣中重金属离子是一个持续释放过程，在堆积和降雨淋溶作用下污染物会持续影响渣场周围生态环境。

表 3-8　淋滤液中 Mn^{2+}、NH_4^+-N、Mg^{2+}释放浓度相关性分析

	pH = 2	pH = 4	pH = 5	pH = 8	pH = 9	pH = 10
Mn^{2+}和 NH_4^+-N	0.987**	0.993**	0.973**	0.953**	0.995**	0.992**
Mn^{2+}和 Mg^{2+}	0.998**	0.994**	0.976**	0.996**	0.997**	0.997**
NH_4^+-N 和 Mg^{2+}	0.979**	0.990**	0.986**	0.972**	0.998**	0.985**

注：**表示相关系数通过了 $P<0.01$（双尾）显著检验，相关性显著。

表 3-9　原样电解锰渣和淋滤后电解锰渣中其他离子浸出浓度　（单位：$mg \cdot L^{-1}$）

离子	原样	pH = 2	pH = 4	pH = 5	pH = 8	pH = 9	pH = 10
Mg^{2+}	1300	11.77	4.84	2.46	1.76	2.21	2.32
Ca^{2+}	387.7	522.1	525.8	532.9	531.4	503.3	507
Ni^{2+}	0.23	0.20	0.12	0.07	0.02	0.03	0.02
Se^{6+}	2.3	0.47	0.25	0.31	0.27	0.34	0.26

（3）电解锰渣中 Mn 和 Se 元素形态分布规律

如图 3-17 所示，原样电解锰渣中 45.79% 的 Mn 以可交换态存在，碳酸盐结合态 Mn 和铁锰氧化态 Mn 各占 22.54% 和 23.55%，有机态 Mn 和残渣态 Mn 各占 2.69% 和 5.39%。淋滤过程中可交换态 Mn 最高降低 44 个百分点，碳酸盐结合态 Mn 最高降低 19 个百分点，铁锰氧化态 Mn 酸性条件最高降低 5 个百分点，碱性条件最高增加 6 个百分点，残渣态 Mn 酸性条件下最高降低 0.5 个百分点，碱性条件最高增加 6 个百分点。结果表明，酸性和碱性淋滤过程中电解锰渣损失的 Mn 主要是可交换态，其次是碳酸盐结合态，同时碱性淋滤过程中被截留在柱内的这一部分 Mn 转化为铁锰氧化态和残渣态。

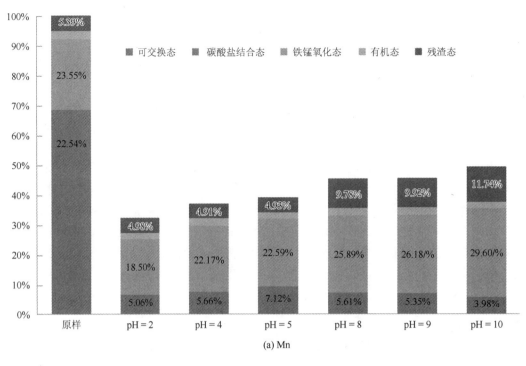

(a) Mn

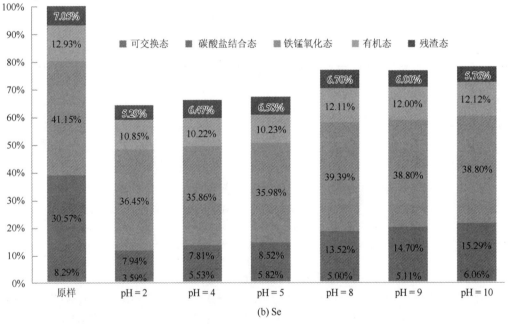

(b) Se

图 3-17 电解锰渣中 Mn（a）和 Se（b）元素形态分布规律

原样电解锰渣中 41.15%Se 以铁锰氧化态存在，30.57%以碳酸盐结合态存在，可交换态、有机态和残渣态各占 8.29%、12.93%和 7.05%。淋滤过程中可交换态 Se 最高降低 5 个百分点，碳酸盐结合态 Se 最高降低 23 个百分点，铁锰氧化态 Se 最高降低 5 个百分点，有机态 Se 和残渣态 Se 酸性条件分别最高降低 3 个和 2 个百分点。结果表明，淋滤过程中电解锰渣损失的 Se 主要是碳酸盐结合态，其次是可交换态和铁锰氧化态；碱性淋滤过程 Se 的释放不及酸性环境，这表明碱性环境中部分 Se 被电解锰渣吸附。虽然淋滤过程中 Se 的损失量低于 Mn，但是 pH = 2 条件下 Se 相比于原样电解锰渣下降了近 40 个百分点，这表明 Se 在电解锰渣堆存过程中 Se 存在较大的环境污染风险。

3.2.6　小结

本研究采用了动态淋滤方法，揭示了锰和氨氮在淋滤过程中的迁移转化规律，具体结论如下：

（1）电解锰渣经过不同 pH 淋滤得到的淋出液 pH 稳定在 7.2～7.5，说明电解锰渣对不同淋滤 pH 具有较强的缓冲能力。电解锰渣淋滤过程损失的 Mn^{2+} 和 NH_4^+-N 主要来自复盐，该复盐包括但不限于 $(NH_4)_2Mg(SO_4)_2·6H_2O$、$(NH_4)_2SO_4$、$MnSO_4·H_2O$ 等。Mn^{2+}、NH_4^+-N 和 Mg^{2+} 的浸出浓度变化趋势显著相关，其释放规律在时间序列上也存在响应。

（2）碱性淋滤条件下电解锰渣中 Mn^{2+} 和 NH_4^+-N 的累计最大释放量小于酸性条件，这是因为 Mn^{2+} 和 NH_4^+-N 在碱性淋滤过程中发生了迁移转化，Mn^{2+} 和 OH^- 反应生成了 $Mn(OH)_2$，$Mn(OH)_2$ 被氧气持续氧化成 MnOOH 和 MnO_2 等锰氧化物，且仅有约 0.6% 的 NH_4^+-N 被锰氧化物催化氧化为 NO_3^--N，剩下的 NH_4^+-N 主要通过吸附作用被截留在电解锰渣中。

3.3　高锰酸钾对锰和氨氮迁移转化规律的影响研究

前一节研究发现，淋滤液 pH 直接影响电解锰渣中 Mn^{2+} 和 NH_4^+-N 的迁移转化规律，其中碱性条件下 Mn^{2+} 和 OH^- 反应生成了 $Mn(OH)_2$，$Mn(OH)_2$ 被氧气持续氧化成 MnOOH、MnO_2 等锰氧化物截留在电解锰渣中。为进一步提高电解锰渣中 Mn^{2+} 和 NH_4^+-N 的迁移转化速率，本节开展了高锰酸钾对电解锰渣中锰和氨氮迁移转化规律的影响研究，研究成果将为渣场电解锰渣无害化处理提供理论与技术支持。

事实上，20 世纪初，高锰酸钾首次在英国作为水处理剂用于水质净化，20 世纪末，美国水厂使用高锰酸钾的数量仅次于氯（叶秀芳，2017）。我国在 20 世纪也发展出很多高锰酸钾净水技术，以李圭白团队（2020）发明的高锰酸盐复合剂除污染技术为典型，可以去除水中有机污染物、铁、砷等。高锰酸钾去除有机物的机理主要是高锰酸钾的氧化作用（李圭白和马军，1989）。在高锰酸钾混凝除浊研究方面，由于高锰酸钾强混凝剂与胶体颗粒的电中和作用，提高了混凝除浊效果（刘慧等，2012）。利用高锰酸钾的氧化作用除藻，且产物二氧化锰对藻类的吸附作用使藻类更容易过滤去除（王晓云等，2021）。在高锰酸钾除铁研究方面，先将二价铁迅速氧化为三价铁，再以氢氧化铁沉淀物的形式除铁（赵昕和栾成梅，2018）；在高锰酸钾除锰研究方面，高锰酸钾先将二价锰迅速氧化为四价锰，再以水合二氧化锰沉淀的形式去除（程永康等，2021）。事实上，在除铁、除锰、除砷过程中，实际所需高锰酸钾量比理论值低，是因为反应新生成的锰氧化物具有一定吸附作用。

本节在前期研究基础上，探究了不同高锰酸钾用量对电解锰渣中锰和氨氮迁移转化的影响规律，结合 XRD、XPS、XRF、SEM 等表征手段，揭示了高锰酸钾淋滤液体系电解锰渣中对 Mn^{2+} 和 NH_4^+-N 的迁移转化机理。

3.3.1　淋出液 pH、锰和氨氮变化规律

（1）淋出液 pH 随淋溶量变化规律

本节研究采用的淋滤液体积的淋滤液装置与上一节相同，只是在淋滤液中分别添加了 15g、25g、35g、45g、50g 高锰酸钾。由表 3-10 可知，随着高锰酸钾用量的增加，淋滤液 pH 升高。考虑到调节 pH 会引入新的杂质离子，因此未调节初始高锰酸钾淋滤液 pH。由图 3-18 可知，淋出液的 pH 均小于初始高锰酸钾淋滤液 pH，这是因为 OH^- 参与了淋滤过程反应，导致 pH 下降。在高锰酸钾用量为 15g、25g、35g 条件下淋出液的 pH 随淋溶量增加呈现先下降后上升的趋势，而在高锰酸钾用量为 45g、50g 条件下淋出液的 pH 一直上升，其原因是 15g、25g、35g 高锰酸钾配制的淋滤液中 OH^- 含量相对较少，在淋滤初期被快速消耗，所以 pH 下降趋势大，而采用 45g、50g 高锰酸钾配制的淋滤液中 OH^- 含量相对较多，所以收集到的淋出液 pH 变化不大。

表 3-10　不同高锰酸钾用量配置出的淋滤液 pH

高锰酸钾质量/g	15	25	35	45	50
淋滤液 pH	6.8	7.0	8.3	9.6	9.9

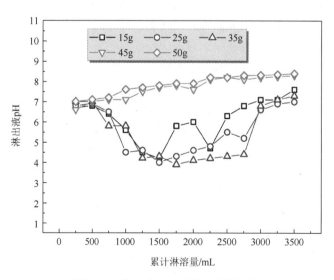

图 3-18　淋出液 pH 随淋溶量的变化

（2）高锰酸钾用量对 Mn^{2+} 和 NH_4^+ -N 释放规律的影响

采用不同高锰酸钾得到的淋出液中 Mn^{2+} 浓度随淋溶量的变化如图 3-19。由图 3-19 可知，在高锰酸钾淋溶下，淋出液中 Mn^{2+} 浓度变化有三个阶段：①初始淋溶阶段 Mn^{2+} 浓度在 22000～26000mg·L^{-1}，淋溶量 750mL（淋溶 1～3d）后，Mn^{2+} 浓度快速下降；②淋溶至 1250mL 时（淋溶 3～5d），Mn^{2+} 浓度缓慢下降；③淋溶 1250～3500mL（淋溶 5～14d），Mn^{2+} 浓度变化迟缓，淋溶至 3500mL 时（淋溶 14d），Mn^{2+} 浓度在 0～50mg·L^{-1}。累计 Mn^{2+} 含量变化如图 3-20，整个进度可以分为快速浸出和缓慢浸出两个阶段。第一阶段电解锰渣中 Mn^{2+} 释放速率快，累计释放量迅速增加，释放速率在累计淋溶量 1250mL 后逐渐减小。这主要是因为在淋滤开始时，电解锰渣中可溶性 Mn^{2+} 迅速溶解并进入淋出液中。当

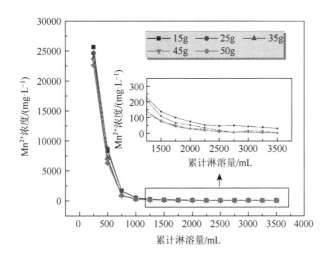

图 3-19　不同高锰酸钾质量条件下淋出液中 Mn^{2+} 浓度变化

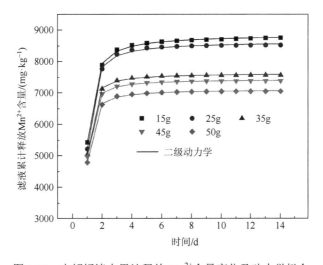

图 3-20　电解锰渣中累计释放 Mn^{2+} 含量变化及动力学拟合

电解锰渣被淋溶 5d 后，电解锰渣中 Mn^{2+} 的释放速率趋于稳定，累计释放量也呈现缓慢增加。电解锰渣中累计释放的 Mn^{2+} 含量同样符合二级动力学变化（表 3-11），其中 $|b|$ 为累计释放最大量的倒数，对应不同高锰酸钾用量条件下电解锰渣中 Mn^{2+} 的最大释放量排序为：$|b_{15}| < |b_{25}| < |b_{35}| < |b_{45}| = |b_{50}|$。

表 3-11　电解锰渣中累计释放 Mn^{2+} 含量及动力学拟合

高锰酸钾 质量/g	二级动力学				
	a	b	c	R^2	$y = x/(a + bx) + c$
15	3.3×10^{-4}	-5.1×10^{-4}	10810.76	0.9992	$y = x/(3.3 \times 10^{-4} - 5.1 \times 10^{-4}x) + 10810.76$
25	4.5×10^{-4}	-6.6×10^{-4}	10156.72	0.9985	$y = x/(4.5 \times 10^{-4} - 6.6 \times 10^{-4}x) + 10156.72$
35	1.0×10^{-4}	-1.3×10^{-3}	8380.54	0.9995	$y = x/(1.0 \times 10^{-3} - 1.3 \times 10^{-3}x) + 8380.54$
45	1.1×10^{-3}	-1.4×10^{-3}	8136.24	0.9996	$y = x/(1.1 \times 10^{-3} - 1.4 \times 10^{-3}x) + 8136.24$
50	1.1×10^{-3}	-1.4×10^{-3}	7847.80	0.9993	$y = x/(1.1 \times 10^{-3} - 1.4 \times 10^{-3}x) + 7847.80$

不同高锰酸钾用量淋滤后淋出液的 NH_4^+-N 浓度随淋溶量变化如图 3-21。由图 3-21 可知，电解锰渣中 NH_4^+-N 浓度变化包括三个阶段：①初始淋溶阶段 NH_4^+-N 浓度在 6000～13000mg·L^{-1}，淋溶量 750mL（淋溶 1～3d）后，NH_4^+-N 浓度快速下降；②淋溶至 1250mL 时（淋溶 3～5d），NH_4^+-N 浓度缓慢下降；③淋溶 1250～3500mL 时（淋溶 5～14d），NH_4^+-N 浓度变化迟缓，淋溶 3500mL 时（淋溶 14d），NH_4^+-N 浓度在 0～15mg·L^{-1}。累计释放 NH_4^+-N 含量变化如图 3-22，整个进度可分为快速浸出和缓慢浸出两个阶段。第一阶段 NH_4^+-N 释放速率快，累计释放量迅速增加，释放速率在累计淋溶 1250mL（3～5d）后逐渐减小。这主

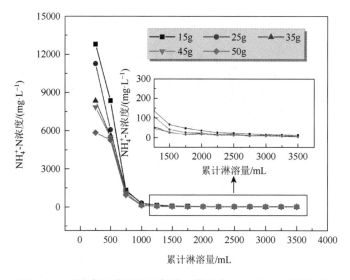

图 3-21　不同高锰酸钾用量条件下淋出液中 NH_4^+-N 浓度变化

因为在淋滤开始时，电解锰渣中可溶性 Mn^{2+} 迅速溶解并进入淋滤液，且 pH 越低，解放速率越快。当电解锰渣被淋溶 5d 后，NH_4^+-N 的释放速率趋于稳定，累计释放量缓慢增加。电解锰渣中累计释放的 NH_4^+-N 含量同样符合二级动力学变化（表 3-12），其中 $|b|$ 为累计释放最大量的倒数，对应不同高锰酸钾用量条件下电解锰渣中 NH_4^+-N 的最大释放量排序为：$|b_{15}|<|b_{25}|<|b_{35}|=|b_{45}|<|b_{50}|$。

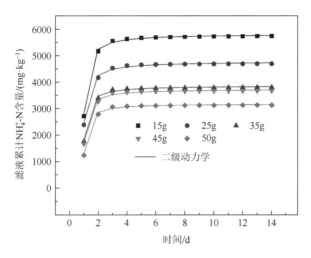

图 3-22　不同高锰酸钾用量下电解锰渣中累计释放 NH_4^+-N 含量变化及动力学拟合

表 3-12　电解锰渣累计释放 NH_4^+-N 含量及动力学拟合

高锰酸钾质量	二级动力学				
	a	b	c	R^2	$y=x/(a+bx)+c$
15g	8.1×10^{-4}	-1.0×10^{-3}	6754.01	0.9986	$y=x/(8.1\times10^{-4}-1.0\times10^{-3}x)+6754.01$
25g	7.4×10^{-4}	-1.1×10^{-3}	5731.61	0.9967	$y=x/(7.4\times10^{-4}-1.1\times10^{-3}x)+5731.61$
35g	1.2×10^{-3}	-1.6×10^{-3}	4485.20	0.9964	$y=x/(1.2\times10^{-3}-1.6\times10^{-3}x)+4485.20$
45g	1.3×10^{-3}	-1.6×10^{-3}	4352.21	0.9961	$y=x/(1.3\times10^{-3}-1.6\times10^{-3}x)+4352.21$
50g	1.5×10^{-3}	-1.9×10^{-3}	3703.82	0.9968	$y=x/(1.5\times10^{-3}-1.9\times10^{-3}x)+3703.82$

采用 50g 高锰酸钾淋滤的电解锰渣中 NH_4^+-N 累计最大释放量为 3130.9mg·kg^{-1}，相比于用量为 15g 高锰酸钾条件下的 5734.0mg·kg^{-1}，下降 45.4%，相比于采用 NaOH 调节 pH=10 条件下的 4426.1mg·kg^{-1}，下降 29.3%。当采用 50g 高锰酸钾条件下淋滤的电解锰渣中 Mn^{2+} 的累计最大释放量为 7050.4mg·kg^{-1}，相比于用量为 15g 高锰酸钾条件下的 8752.4mg·kg^{-1}，下降 19.4%，相比于采用 NaOH 调节 pH=10 条件下的 9200.2mg·kg^{-1}，下降 23.4%（图 3-23）。这表明淋滤过程中高锰酸钾参与了电解锰渣中 Mn^{2+} 和 NH_4^+-N 的迁移转化，从而减少了电解锰渣中的 Mn^{2+} 和 NH_4^+-N 的累计释放量。

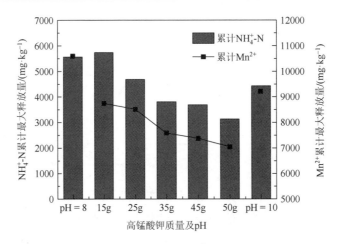

图 3-23　不同高锰酸钾质量条件下淋滤液中 Mn^{2+} 和 NH_4^+ -N 的累计最大释放量变化

3.3.2　淋滤后电解锰渣理化特性变化规律

（1）淋滤后电解锰渣物相变化分析

采用不同高锰酸钾用量淋滤后的电解锰渣浸出毒性结果见表 3-13。由表 3-13 可知，淋滤过后的电解锰渣中 Mn^{2+} 和 NH_4^+ -N 浸出浓度低，说明在高锰酸钾淋滤作用下电解锰渣中的 Mn^{2+} 和 NH_4^+ -N 发生了迁移转化。

表 3-13　原渣和淋滤后电解锰渣中 Mn^{2+} 及 NH_4^+ -N 的浸出浓度变化　　　　单位：$mg·L^{-1}$

	原样	pH = 8	15g	25g	35g	45g	50g	pH = 10
Mn^{2+}	1092.27	14.69	0.004	ND	ND	ND	ND	11.47
NH_4^+ -N	508.33	3.98	2.34	1.83	0.16	0.11	0.03	1.81

注：ND 表示低于检出限，未检出。

为进一步分析淋滤前后电解锰渣的物相组成变化规律，对其进行了 X 射线衍射仪测试。原样电解锰渣和不同用量高锰酸钾淋滤后的电解锰渣 XRD 谱图如图 3-24 所示。图 3-24（a）显示了 5°～90°的全谱，主要衍射峰仍然是 SiO_2 和 $CaSO_4·2H_2O$ 的特征峰，说明淋滤前后 SiO_2 和 $CaSO_4·2H_2O$ 仍然是电解锰渣的主要物相。图 3-24 显示了局域谱图衍射峰存在显著差异，主要表现在采用高锰酸钾淋滤后的电解锰渣中部分硫酸盐、铵盐类物质的衍射峰减弱、消失，说明原样电解锰渣中的 $(NH_4)_2 Mg(SO_4)_2·6H_2O$、$(NH_4)_2SO_4$、$MnSO_4·H_2O$ 等物种在淋滤作用下含量和结晶度下降。

（2）淋滤后电解锰渣中含锰氧化物形成

实验研究过程发现，被高锰酸钾淋滤后的电解锰渣颗粒表面生成了棕色沉淀物，对其进行 X 射线衍射仪分析可知（图 3-25），电解锰渣颗粒表面产生的棕色沉淀是无定形结构的 MnO_2。根据 SEM 可知（图 3-26），电解锰渣颗粒表面形成的棕色沉淀物质呈花球状。这种无定形结构的 MnO_2 既具有矿物 MnO_2 的物理化学性质，又有较强的吸附特性，本研究统称为新生态水合 MnO_2。这种差异主要是由于反应生成的新生态水合 MnO_2 颗粒小、分散度高、水合作用强。花球状的新生态水合 MnO_2 颗粒平均粒径小于 400nm，晶型是 δ-MnO_2，结晶度差；面扫结果也显示，新生态水合 MnO_2 颗粒中除了含有丰富的 O、Mn 元素外，还含有 Ca、Mg、Fe、N、K 等元素，这说明高锰酸钾淋滤过程电解锰渣颗粒表面生成的新生态水合 MnO_2 吸附了电解锰渣中其他离子。

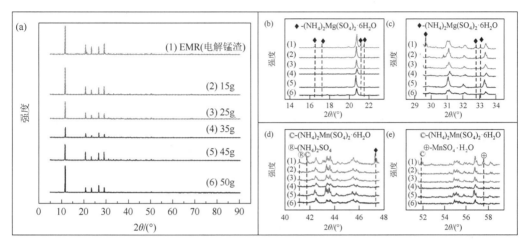

图 3-24　原样电解锰渣和不同用量高锰酸钾淋滤后的电解锰渣 XRD 谱图（a）5°~90°；（b）14°~23° 区域放大；（c）29.5°~34°区域放大；（d）41°~47.5°区域放大；（e）51.5°~59 区域放大

图 3-25　淋滤后电解锰渣颗粒表面形成的棕色物质 XRD 谱图

对淋滤后电解锰渣颗粒表面形成的棕色物进行拉曼光谱分析见图 3-27。由图 3-27 可知，在 1325~1341cm^{-1} 和 1593~1598cm^{-1} 区域内的拉曼特征峰来自 $CaSO_4\cdot2H_2O$ 的[SO_4]基团振动和结晶水振动，其对应峰的相对强度随着高锰酸钾用量的增加而逐渐减弱，说明 $CaSO_4\cdot2H_2O$ 的质量逐渐减少，这是因为微溶的 $CaSO_4\cdot2H_2O$，在淋溶过程中，部分 Ca^{2+} 和 SO_4^{2-} 随着淋滤液流失，在 556~562cm^{-1} 和 617~629cm^{-1} 区域内的拉曼特征峰来自水钠锰矿族的特征峰，其分别代表锰氧八面体[MnO_6]中 O—Mn—O 键对称伸缩振动和伸缩振动

（徐瑞晗，2020），这表明新生态水合 MnO_2 和晶型为 δ-MnO_2 的水钠锰矿具有相似之处。在 487～491cm^{-1} 区域由[Mn—O]基团的振动引起，表明电解锰渣中存在 MnOOH（Manganite），且随着高锰酸钾用量的增加，峰的相对强度也增加，说明在 45g、50g 体系下生成了更多的 MnOOH，原因是高锰酸钾质量为 45g、50g 的淋滤液其初始 pH 为 9.6 和 9.9，远高于高锰酸钾质量为 15g、25g、35g 的淋滤液初始 pH（7～8）。综上可知，采用高锰酸钾淋滤电解锰渣过程，电解锰渣中可溶性 Mn^{2+} 先和 OH^- 反应生成 $Mn(OH)_2$，$Mn(OH)_2$ 极易继续被 O_2 和高锰酸钾氧化形成 MnOOH，而极不稳定的 MnOOH 又容易发生歧化反应形成 Mn^{2+} 和 MnO_2，电解锰渣中形成的新生态水合 MnO_2 吸附 Mn^{2+} 后再将其氧化，又形成了新的活性新生态水合 MnO_2，从而构建成了锰的自催氧化反应体系。此外，随着高锰酸钾用量的增加进一步提高了锰自催氧化反应速率（图 3-28）。

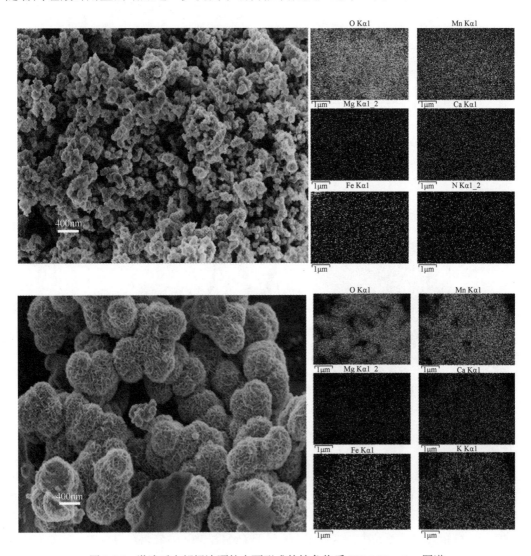

图 3-26　淋滤后电解锰渣颗粒表面形成的棕色物质 SEM-Mapping 图谱

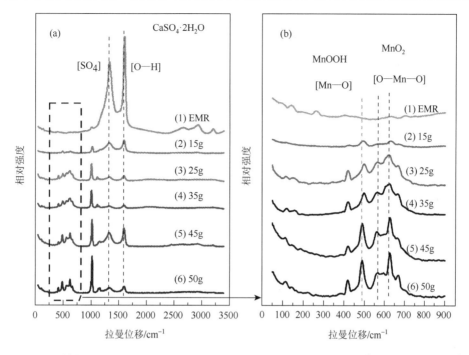

图 3-27　原样电解锰渣和淋滤后电解锰渣的拉曼谱图 （a）0～3500cm^{-1}；（b）0～900cm^{-1}

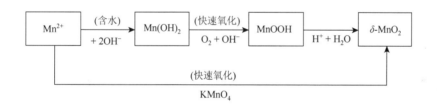

图 3-28　高锰酸钾淋滤过程电解锰渣中锰氧化物形成途径（李圭白，1900）

（3）电解锰渣中氨氮迁移转化规律

红外图谱显示，3410cm^{-1} 峰由羟基（O—H）的伸缩振动引起，且吸收峰随着高锰酸钾用量的增加而变宽，说明电解锰渣表面羟基越来越丰富，可能是生成的新生态水合 MnO_2 更多，其水合作用更强。物相表面水分子的变形振动出现在 1621cm^{-1} 位置。相比原样电解锰渣的红外谱图（图 3-29），高锰酸钾淋滤后的电解锰渣中 NH_4^+（H—N—H）的反对称伸缩振动特征峰消失（1432cm^{-1}），说明在淋滤后的电解锰渣中 NH_4^+-N 含量较少。淋滤后的电解锰渣中 NH_4^+-N 减少除了淋溶迁移外，还发生了其他迁移转化。反对称伸缩振动（1115cm^{-1}）、不对称变角振动（669cm^{-1} 和 602cm^{-1}）和对称变角振动（462cm^{-1} 和 422cm^{-1}）由无机硫酸盐中[SO$_4$]基团引起。在 798cm^{-1} 处的特征峰由 Si—O—Si 伸缩振动引起。在 532cm^{-1} 处的特征峰由 Mn—O 的伸缩振动引起，且吸收率随着高锰酸钾用量的增加而变宽，说明此处 Mn—O 的伸缩振动主要是由新生态水合 MnO_2 引起，这也进一步证实随着高锰酸钾用量的增加，电解锰渣颗粒表面的新生态水合 MnO_2 质量也增加。

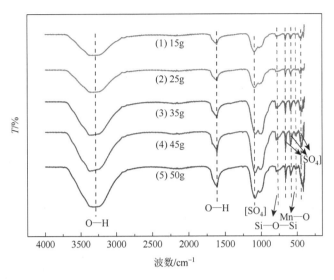

图 3-29　原样电解锰渣和淋滤后电解锰渣的红外谱图

电解锰渣的 pH_{zpc}（等电点）范围 2~4，当 pH 大于 pH_{zpc} 时，带负电，当 pH 小于 pH_{zpc} 时，带正电。由图 3-30 可知，含 15g 高锰酸钾的淋滤液 pH 为 6.8，淋滤后电解锰渣的 Zeta 电位为 1.18mV，理论上电解锰渣在 pH = 6.8 溶液中 Zeta 电位在 −15mV 左右，Zeta 电位的升高说明电解锰渣在高锰酸钾淋滤过程发生了化学吸附。事实上，新生态水合 MnO_2 表面的锰离子由于受力作用不平衡，首先表现为路易斯（Lewis）酸，倾向于配位水分子，水分子接着离解（脱质子化）形成表面羟基，使得其表面含有丰富的负电荷。有研究表明，MnO_2 对阳离子的吸附作用为离子交换吸附，吸附速度很快，且符合朗缪尔（Langmuir）吸附等温式，其中 MnO_2 对阳离子的交换吸附顺序为 $Mn^{2+} \geqslant Ca^{2+}$、$Mg^{2+} > K^+$、$Na^+$（刘继伟，2013），这也证实淋滤后的新生态水合 MnO_2 中含有其他离子。由于电解锰渣本身是酸性渣，且溶出的部分金属阳离子会消耗淋滤液中 OH^-；当电解锰渣在淋滤前 9 天，淋出液的 pH 整体呈下降趋势，实验结果表明，前期新生态水合 MnO_2 有生成但较低的 pH 环境不利于其吸附。其中，在 15g 高锰酸钾用量条件下，电解锰渣淋滤体系形成的新生态水合 MnO_2 较少，很快便达到吸附饱和，即使在淋滤后期（10~14 天）电解锰渣中 pH 上升，新生态水合 MnO_2 含量和吸附容量提升，但淋滤最后电解锰渣的 Zeta 电位仅为 1.18mV，说明在整个淋滤后期新生态水合 MnO_2 的吸附容量提升但很快达到吸附饱和。由图 3-30 可知，随着高锰酸钾用量的增加，电解锰渣的 Zeta 电位呈下降趋势，当高锰酸钾用量达到 50g 时，电解锰渣体系的 Zeta 电位降到 −7.49mV，这表明高锰酸钾的用量越大，其对应的吸附能力越强，主要原因是产生了更多的新生态水合 MnO_2。当高锰酸钾用量从 15g 增加到 50g 后，电解锰渣中 Mn^{2+} 和 NH_4^+-N 的累计最大释放量减少，其中当第一天淋滤后，采用 50g 的高锰酸钾淋滤后的电解锰渣中 Mn^{2+} 浓度相比 25g 的高锰酸钾下降了 $2000mg \cdot L^{-1}$，这表明在淋滤时，采用 50g 的高锰酸钾淋滤后的电解锰渣柱内比采用 25g 的高锰酸钾柱内生成了更多的新生态水合 MnO_2，而新生态水合 MnO_2 吸附 Mn^{2+} 后，再被溶解氧氧化，又生成新的活性锰氧化物，从而形成了自催化氧化的反应过程（图 3-31）。

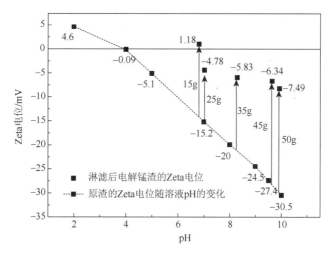

图 3-30　淋滤后电解锰渣的 Zeta 电位变化

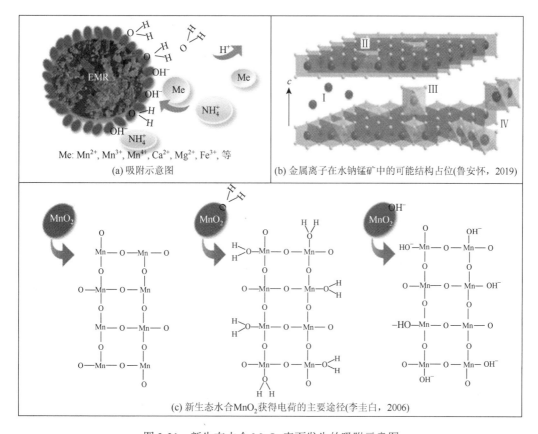

图 3-31　新生态水合 MnO_2 表面发生的吸附示意图

不同高锰酸钾用量条件下，淋滤后淋滤液中的 NO_3^--N 浓度变化如图 3-32 所示。由图 3-32 可知，电解锰渣中的 NO_3^--N 的释放不再与 Mn^{2+} 和 NH_4^+-N 的释放阶段一致。高锰酸钾质量为 15g 时 NO_3^--N 浓度一直是缓慢下降，是缓慢释放过程。高锰酸钾质量为 25g、

35g、45g、50g 时 NO_3^- -N 浓度前期上升，后期下降。随着高锰酸钾用量的增加，NO_3^- -N 累计释放量逐渐升高。高锰酸钾用量为 15g 时 NO_3^- -N 累计释放量是原样电解锰渣的 531 倍，而用量 50g 的高锰酸钾时 NO_3^- -N 累计释放量是原样电解锰渣的 2555 倍（表 3-14），这表明在 50g 高锰酸钾用量体系中，更多的 NH_4^+ -N 被催化氧化为 NO_3^- -N。当采用 50g 的高锰酸钾淋滤电解锰渣后，电解锰渣中 NH_4^+ -N 的累计最大释放量相比于淋滤液 pH = 10 的下降了 29%，这部分 NH_4^+ -N 是在 50g 的高锰酸钾柱内被吸附或催化氧化，其中被氧化成 NO_3^- -N 的 NH_4^+ -N 占 11.4%，被氧化成 NO_2^- -N 的 NH_4^+ -N 占 2.3%，所以 NH_4^+ -N 仍然被吸附截留在电解锰渣中。上述研究表明，在高锰酸钾淋滤过程中，电解锰渣颗粒表面快速形成了新生态水合 MnO_2，一方面新生态水合 MnO_2 表面具有丰富的负电荷能够吸附电解锰渣中 NH_4^+ -N、Mn^{2+}等阳离子；另一方面电解锰渣中的可溶性 NH_4^+ -N 在新生态水合 MnO_2 颗粒表面催化氧化成 NO_3^- -N 和 NO_2^- -N，原理如图 3-33 所示。

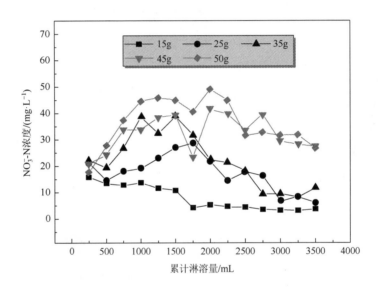

图 3-32 不同高锰酸钾用量条件下淋滤后淋出液的 NO_3^- -N 浓度变化

表 3-14 原样电解锰渣和淋滤后淋出液中 NO_3^- -N 和 NO_2^- -N 含量

	原渣	15g	25g	35g	45g	50g
累计 NO_3^- -N 释放量/mg	0.049	26.01	58.86	75.5	111.31	125.18
累计 NO_2^- -N 放含量/mg	0.00053	10.38	11.98	12.23	24.89	25.57

（4）淋滤后电解锰渣表面电子价态变化

天然和合成的锰氧化物通常以混合锰价态为特征，即 Mn（Ⅱ）、Mn（Ⅲ）和 Mn（Ⅳ），常用方法利用各种电子能级（即 Mn 2p、Mn 3p 和 Mn 3s）的结合能对 Mn 的价态分析。因此，本研究对淋滤后电解锰渣中的 Mn 2p3/2 窄峰进行分峰拟合，区域分峰

拟

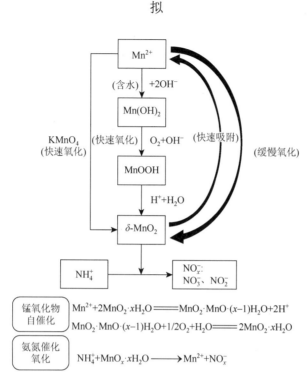

图 3-33　高锰酸钾淋滤过程电解锰渣中 Mn^{2+} 和 NH_4^+-N 吸附氧化示意图

合结果见图 3-34。由图 3-34 可知，淋滤后电解锰渣均含有三种价态锰，即 Mn（Ⅱ）、Mn（Ⅲ）和 Mn（Ⅳ）（程亚，2018），但各自含量不同。其中，采用 15g 高锰酸钾淋滤后的电解锰渣中 Mn（Ⅱ）、Mn（Ⅲ）和 Mn（Ⅳ）原子浓度占比分别为 14.56%、72.64%、12.8%，说明电解锰渣表面 Mn 的价态主要是三价。采用 50g 高锰酸钾淋滤后的电解锰渣中 Mn(Ⅱ)、Mn(Ⅲ)和 Mn(Ⅳ)原子浓度占比分别为 7.11%、75.95%、16.94%，相比于 15g、25g、35g、45g 的高锰酸钾，电解锰渣中 Mn（Ⅲ）和 Mn（Ⅳ）的占比持续升高，这也说明了高锰酸钾用量越大，锰氧化物生成越多。从 XRF（表 3-15）分析可知，MnO 成分占比从 4.00% 上升到 13.08%，上升了 9.08 个百分点，这表明锰氧化物在电解锰渣中的成分占比显著提高，且锰氧化物以稳定的形式存在。

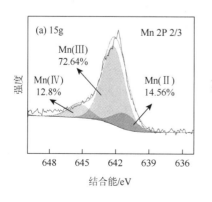

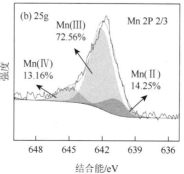

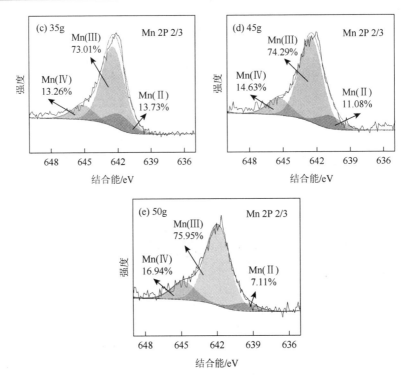

图 3-34 不同高锰酸钾用量下淋滤后电解锰渣的 Mn 2p XPS 谱图

表 3-15 电解锰渣 XRF 分析（%）

	SO₃	SiO₂	CaO	Fe₂O₃	MnO	Al₂O₃	MgO	K₂O	P₂O₅	TiO₂	BaO	其他
原渣	32.84	25.31	18.81	3.97	4.00	7.58	3.76	2.14	0.37	0.38	0.11	0.73
50g 高锰酸钾	20.7	28.27	18.05	4.67	13.08	8.57	1.06	3.91	0.47	0.41	0.14	0.67

锰平均氧化度（Mn AOS）代表锰的平均氧化态，其通过吸附、催化和氧化过程对痕量金属的反应性具有显著影响。大量研究将 Mn 3s 谱图与 Mn AOS 相关联，利用公式 $AOS = 8.95 - 1.13\Delta E_s$，其中 ΔE_s 为两个突出峰之间的能量差（谷倩，2019）。由图 3-35 可知，随着高锰酸钾用量增加，Mn 3s 的 ΔE_s 从 5.55eV 减小到 4.02eV。所以，随着高锰酸钾用量的增加，Mn AOS 增加，表明电解锰渣中锰的平均价态增加。高价态锰的含量的增加有利于锰和氨氮的吸附和催化氧化。O1s 峰是由不同氧来源的氧物种联合作用结果，分别为晶格氧 Oβ（528.9～529.2eV）、羟基基团或者是吸附态的 Oα（532.6～532.8eV）（李鑫，2019），对电解锰渣测试的 O1s XPS 谱图进行分峰拟合处理，不同形式的氧所占比例如图 3-36 所示。由图 3-36 可知，电解锰渣表面以羟基基团或者吸附态的 Oα 为主，这是因为新生态水合 MnO_2 表面的锰离子由于受力作用不平衡，首先表现为路易斯酸（Lewis），倾向于配位水分子，水分子接着离解（脱质子化）形成表面羟基，使得其表面含有丰富的负电荷；此外，淋滤后的电解锰渣中的 O 原子与其他类 O 原子相比，Oα 的迁移能力更强，具有更强氧化性，这也证实了采用高锰酸钾淋滤后的电解锰渣体系能促进 NH_4^+-N 催化氧化为 NO_2^--N 和 NO_3^--N。

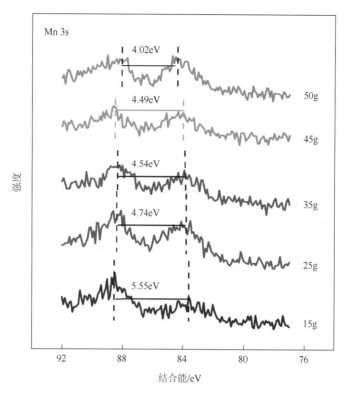

图 3-35　不同高锰酸钾用量下淋滤后电解锰渣的 Mn 3s XPS 谱图

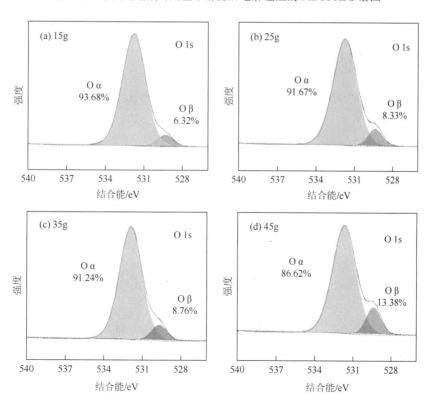

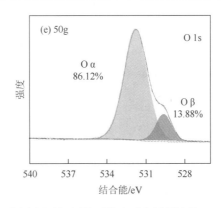

图 3-36　不同高锰酸钾用量下淋滤后电解锰渣的 O 1s XPS 谱图

3.3.3　淋滤前后电解锰渣形貌和 Mn、Se 形态变化规律

对淋滤后电解锰渣的形貌分析见图 3-37～图 3-41。由图 3-37～图 3-41 分析可知，随着高锰酸钾用量的增加，淋滤后的电解锰渣颗粒表面的 Mn 元素增加，这表明在电解锰渣表面形成了更多的新生态水合 MnO_2。由图 3-42 分析可知，采用高锰酸钾淋滤后的电解锰渣中 Mn 的含量相比原样电解锰渣增加，这也证实电解锰渣中可溶性 Mn^{2+} 被高锰酸钾氧化成锰氧化物截留在电解锰渣中；其中，采用 15g 高锰酸钾淋滤后的电解锰渣中总 Mn 含量约为原样电解锰渣的 2 倍，采用 50g 高锰酸钾淋滤后的电解锰渣中总 Mn 含量约为原样电解锰渣的 3.5 倍，其中铁锰氧化态是增长最多的形态，这说明 Mn 迁移转化后主要是以铁锰氧化态存在。在原样电解锰渣中 41.15% Se 以铁锰氧化态存在，30.57%以碳酸盐结合态存在，可交换态、有机态和残渣态各占 8.29%、12.93%、7.05%。

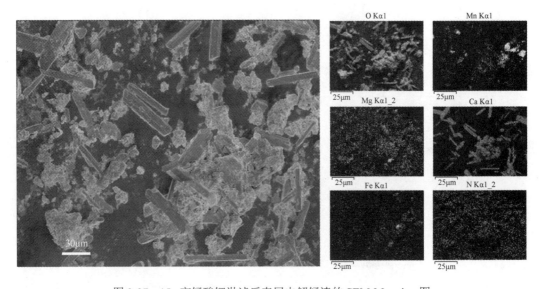

图 3-37　15g 高锰酸钾淋滤后表层电解锰渣的 SEM-Mapping 图

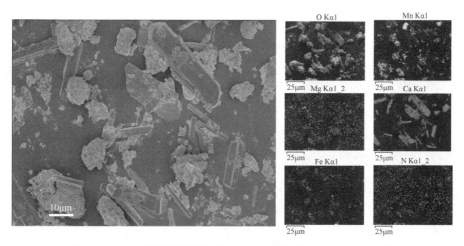

图 3-38　25g 高锰酸钾淋滤后表层电解锰渣的 SEM-Mapping 图

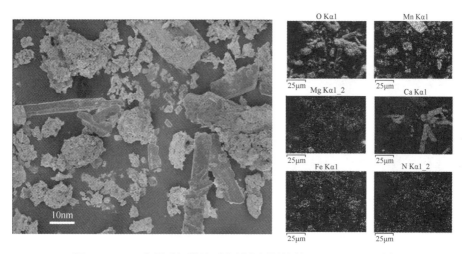

图 3-39　35g 高锰酸钾淋滤后表层电解锰渣的 SEM-Mapping 图

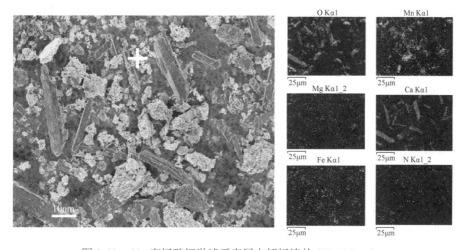

图 3-40　45g 高锰酸钾淋滤后表层电解锰渣的 SEM-Mapping

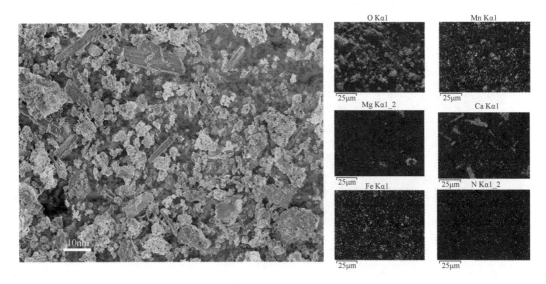

图 3-41 50g 高锰酸钾淋滤后表层电解锰渣的 SEM-Mapping

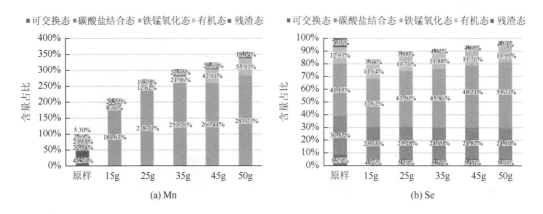

图 3-42 淋滤前后电解锰渣中 Mn 和 Se 的形态变化

3.3.4 淋滤过程其他离子释放规律

淋滤过程其他离子的释放规律见图 3-43。由图 3-43 可知，淋滤过程中 Mg^{2+} 的释放规律和 Mn^{2+}、NH_4^+-N 的释放规律是一致的，分为快速释放和缓慢释放阶段。而淋滤液中 Ca^{2+} 的浓度一直保持在 400~600mg·L^{-1}，这是因为溶液中 Ca^{2+} 主要来自微溶的 $CaSO_4·2H_2O$。当采用 50g 高锰酸钾淋滤电解锰渣，Ca^{2+} 和 Mg^{2+} 的释放量小于 15g 高锰酸钾淋滤体系，这表明在淋滤过程中，Ca^{2+} 和 Mg^{2+} 可能被新生态水合 MnO_2 吸附。前一节研究表明，在 pH = 2~10 的淋滤过程，电解锰渣中 Zn^{2+}、Pb^{2+}、Ni^{2+}、总 Cr、Se^{4+} 等重金属离子均有释放，而在高锰酸钾淋滤过程中，仅有 Ni^{2+} 和 Se^{4+} 释放，Zn^{2+}、Pb^{2+}、总 Cr 的释放低于检出限，这表明新生态水合 MnO_2 对 Zn^{2+}、Pb^{2+}、总 Cr 具有较强的吸附作用。值得关注的是，当采用 50g 高锰酸钾淋滤电解锰渣后期，Se^{4+} 的释放量更高，这表明 Se^{4+} 不易被吸附，且在随着高锰酸钾用量的增加更易释放，这也说明 Ni^{2+} 和 Se^{4+}

在高锰酸钾淋滤过程中存在较大的环境污染风险。Na$^+$的释放主要来源于电解锰渣中的黏土矿物，Na$^+$的流失将使黏土矿物带更多的阳离子吸附活性位点，更加有利于整个淋滤过程对 Mn^{2+}、NH$_4^+$-N 等阳离子的吸附。

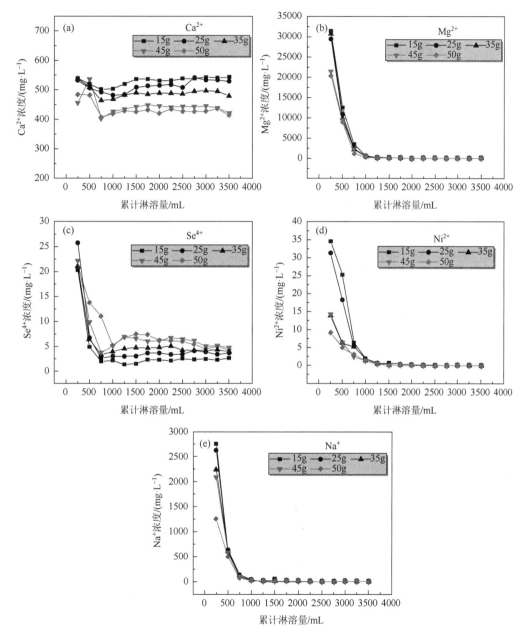

图 3-43　不同用量高锰酸钾淋滤条件下淋出液中 Mg^{2+}、Ca^{2+}、Ni^{2+}、Se^{4+} 和 Na$^+$的浓度变化

不同用量高锰酸钾淋滤条件下，电解锰渣中 Mn^{2+}和 NH$_4^+$-N、Mg^{2+}的释放浓度相关系数见表 3-16。由表 3-16 可知，Mn^{2+}和 NH$_4^+$-N、Mg^{2+}的释放浓度相关系数在 0.8～1（$P<$

0.01），这说明电解锰渣中的 Mn^{2+}、NH_4^+-N 和 Mg^{2+} 在动态淋滤过程中变化趋势显著相关，其中 Mn^{2+}、NH_4^+-N 和 Mg^{2+} 的释放在时间序列上存在响应。电解锰渣损失的 Mn^{2+} 和 NH_4^+-N、Mg^{2+} 主要来自[$(NH_4)_2Mg(SO_4)_2 \cdot 6H_2O$、$(NH_4)_2SO_4$、$MnSO_4 \cdot H_2O$ 等]。此外，随着高锰酸钾用量的增加，电解锰渣中 Mn^{2+} 和 NH_4^+-N 的相关性从 0.981 下降到 0.877，其原因是电解锰渣淋溶出来的 Mn^{2+} 和 NH_4^+-N 在柱内发生了吸附氧化。

表 3-16　不同用量高锰酸钾淋滤条件下 Mn^{2+}、NH_4^+-N、Mg^{2+} 释放浓度相关性分析

	15g	25g	35g	45g	50g
Mn^{2+}和NH_4^+-N	0.981**	0.966**	0.948**	0.937**	0.877**
Mn^{2+}和Mg^{2+}	0.997**	1.000**	0.999**	0.989**	0.989**
NH_4^+-N 和 Mg^{2+}	0.977**	0.989**	0.956**	0.977**	0.939**

注：**表示相关系数通过了 $P<0.01$（双尾）显著检验，相关性显著。

对淋滤 14d 前后的电解锰渣依据 HJ/T 299—2007 做浸出毒性测试（表 3-17）。由表 3-17 可知，在高锰酸钾淋滤过程电解锰渣中的 Mg^{2+}、Ca^{2+}、Ni^{2+}、Se^{4+} 和 Na^+ 有淋出，而经过淋滤 14d 后的电解锰渣中只有 Mg^{2+}、Ca^{2+}、Se^{4+} 金属离子还有释放行为，且 Se^{4+} 的浸出浓度低于《危险废物鉴别标准 浸出毒性鉴别》（GB 5085.3—2007）标准值。

表 3-17　淋滤前后电解锰渣中其他离子浸出浓度变化　　　　（单位：$mg \cdot L^{-1}$）

	原样	15g	25g	35g	45g	50g
Mg^{2+}	1300	4.5	4.3	3.1	2.1	1.62
Ca^{2+}	387.7	496.1	491.3	483.6	492.51	481.6
Ni^{2+}	0.23	ND	ND	ND	ND	ND
Se^{4+}	2.3	0.31	0.28	0.3	0.2	0.2

3.3.5　小结

本研究采用动态淋滤方法，探究了高锰酸钾淋滤过程电解锰渣中锰和氨氮的迁移转化规律，具体结论如下。

（1）在高锰酸钾动态淋滤电解锰渣过程，电解锰渣中的 Mn^{2+} 和 NH_4^+-N 释放浓度随着淋滤液用量的增加而减少，且 Mn^{2+} 和 NH_4^+-N 的释放过程符合二级动力学过程。高锰酸钾淋滤过程损失的 Mn^{2+} 和 NH_4^+-N 主要来自电解锰中（$(NH_4)_2Mg(SO_4)_2 \cdot 6H_2O$、$(NH_4)_2SO_4$、$MnSO_4 \cdot H_2O$）等。$Mn^{2+}$、$NH_4^+$-N 和 Mg^{2+} 的浸出浓度变化趋势显著相关，且其释放在时间序列上存在响应。

（2）在高锰酸钾动态淋滤电解锰渣过程，电解锰渣中可溶性 Mn^{2+} 先和 OH^- 反应生成 $Mn(OH)_2$，$Mn(OH)_2$ 继续被 O_2 和高锰酸钾氧化生成 MnOOH，而不稳定的 MnOOH 又容易发生歧化反应形成 Mn^{2+} 和新生态水合 MnO_2，电解锰渣中形成的新生态水合 MnO_2 继

续吸附 Mn^{2+} 后再将其氧化，又形成了新的活性新生态水合 MnO_2，从而构建成了锰的自催氧化反应体系。电解锰渣颗粒表面形成的新生态水合 MnO_2 表面具有丰富的负电荷能够吸附电解锰渣中可溶性 NH_4^+-N、Mn^{2+} 等阳离子。另外，电解锰渣中的可溶性 NH_4^+-N 在新生态水合 MnO_2 颗粒表面催化氧化成 NO_3^--N 和 NO_2^--N。

参 考 文 献

陈红亮，2016. 新鲜电解锰渣和长期堆存渣的矿物成分和毒性特征的差异分析[J]. 贵州师范大学学报（自然科学版），34（2）：32-36.

陈红亮，刘仁龙，李文生，等，2014. 电解锰渣的理化特性分析研究[J]. 金属材料与冶金工程，42（1）：3-5，17.

程亚，2018. 活性复合锰氧化膜催化氧化去除地下水中氨氮/砷机理及性能研究[D]. 西安：西安建筑科技大学.

程永康，王锡良，张含斌，等，2021. 水库水锰超标去除方法及高锰酸钾除锰[J]. 净水技术，40（Z2）：76-79，83.

丛海扬，孙璐，张梅华，等，2014. 镉污染土壤的微生物修复稳定性的酸性淋溶研究[J]. 环境保护与循环经济，34（12）：44-47.

邓亚玲，2022. 电解锰渣淋滤过程中锰和氨氮的迁移转化规律研究[D]. 绵阳：西南科技大学.

冯江涛，王桢钰，闫炫冶，等，2022. 吸附去除水体重金属离子的影响因素研究进展[J]. 西安交通大学学报，56（2）：1-16.

耿世伟，2019. 磷石膏预处理及制硫酸钙晶须的工艺研究[D]. 昆明：昆明理工大学.

谷倩，2019. 水钠锰矿锰氧化度与氧化还原活性的定量关系研究[D]. 北京：中国地质大学（北京）.

李圭白，2006. 锰化合物净水技术[M]. 北京：中国建筑工业出版社.

李圭白，马军，1989. 高锰酸钾氧化法去除饮用水中微量的丙烯酰胺[J]. 给水排水，（2）：6.

李圭白，杨海洋，仲琳，等，2020. 锰质滤膜活性对接触氧化除锰及除氨氮效能的影响[J]. 中国给水排水，36（21）：1-6.

李鑫，2019. 高抗硫性能的 Mn 基低温 NH_3-SCR 催化剂的制备及机理研究[D]. 武汉：华中科技大学.

鲁安怀，李艳，丁竑瑞，等，2019. 地表"矿物膜"：地球"新圈层"[J]. 岩石学报，35（01）：119-128.

刘慧，李星，张振，等，2012. 高锰酸钾与壳聚糖联用处理低温低浊水的研究[J]. 中国矿业大学学报，41（2）：310-314.

刘继伟，2013. 合成锰氧化物去除水中锰和苯酚的研究[D]. 青岛：青岛理工大学.

罗正刚，2021. 灼烧生料无害化处理电解锰渣研究[D]. 绵阳：西南科技大学.

饶丹丹，孙波，乔俊莲，2017. 三价锰的性质、产生及环境意义[J]. 化学进展，29（9）：1142-1153.

王刚，唐盛伟，陈彦道，等，2020. 二水硫酸钙间接矿化二氧化碳 CTAB 对碳酸钙晶型的影响[J]. 无机盐工业，52（3）：75-79.

王雯璇，陈晓彤，章雨晨，等，2020. 微生物作用下土壤中水溶态 Cr（VI）的迁移转化[J]. 环境工程，38（6）：40-46.

王晓云，蒋柱武，付爱民，2021. 原水硬度对臭氧和高锰酸钾预氧化除藻效果的影响[J]. 中国给水排水，37（1）：46-50.

谢水波，王越，胡忠清，等，2021. MnO_2/FeOOH 复合材料对水中 U（VI）的去除及机理试验研究[J]. 安全与环境学报，21（1）：373-382.

徐瑞晗，2020. 锰氧化物晶型转化过程调控及其催化解聚木质素磺酸钙研究[D]. 大庆：东北石油大学.

杨丽萍，薛绍秀，2013. 拉曼光谱在磷矿加工过程中的应用[J]. 矿冶，22（2）：114-117.

叶秀芳，2017. 高锰酸钾在自来水处理中的应用[J]. 化工管理（8）：116-117.

张丽华，2008. 聚环氧琥珀酸对污泥中重金属的萃取过程及机理研究[D]. 上海：同济大学.

赵健慧，2019. MnO_2 基多界面异质结制备及其可见光催化降解环丙沙星研究[D]. 哈尔滨：哈尔滨工业大学.

赵昕，栾成梅，2018. 高锰酸钾活性炭在生活饮用水处理除铁除锰中的应用[J]. 给水排水，54（S2）：12-14.

赵忠光，2020. 基于拉曼光谱的硫酸盐定量方法研究[D]. 北京：华北电力大学（北京）.

Bernardini S，Bellatreccia F，Municchia A C，et al.，2019. Raman spectra of natural manganese oxides[J]. Journal of Raman Spectroscopy，50：873-888.

第4章 电动力修复电解锰渣中锰和氨氮研究

电解锰渣中夹带大量的可溶性锰和氨氮，其含量远超过国家《污水综合排放标准》（GB 8978—1996）。为此，高效去除电解锰渣中的锰和氨氮，是实现电解锰渣无害化处理的关键。针对渣场堆存已久的电解锰渣，目前常用处理技术包括：酸浸、微波协助提取、生物浸出、稳定固化等，这些技术主要存在工艺流程复杂、电解锰渣移位处理成本高、有价资源回收率低、浸出设备苛刻等问题。因此，急需开发一种可实现渣场电解锰渣原位无害化处理的技术。

电动力修复技术是 19 世纪初由国外科学家最先提出，到 20 世纪 80 年代，有研究人员将其应用于土壤脱水与修复（Suzuki et al.，2013）。电动力修复技术原理是在被污染物中插入电极，接通电源后，在电场作用下有害物质向阳极或阴极附近迁移和富集，从而达到污染物去除的目的。修复效果与被处理物的理化性质、组成成分、电导率以及 Zeta 电位等因素有较大关系（刘刚，2015）。电动力修复主要包括三种机制：电迁移、电渗析及电泳（图 4-1）。其中，电迁移和电渗析是影响迁移效果的主要因素（Yoo et al.，2015）。①电迁移是指被处理物的孔隙水中带电离子在电场作用下的迁移过程，由于库仑力的作用，正、负离子分别往负、正两极移动。电渗析是指在外加电场作用下，液体相对于静止的带电固体表面产生运动的现象。

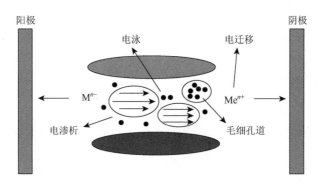

图 4-1 电动力修复原理示意图

目前，电动力修复技术不再局限于修复土壤污染物，它已被广泛应用于黏土、高岭土、粉煤灰、污泥中重金属和有机污染物的处理（Habibul et al.，2016；Missaoui et al.，2016；Pazos et al.，2007）。该技术主要的优势在于：①能实现污染物原位修复，对被处理物本身破坏较小；②对细粒度和非均匀介质具有良好的适用性；③能加速污染物的提取和转移（Yeung and Gu，2011）。值得关注的是，传统电动力修复技术已不能满足污染物的去除要求，为此研究者开展了各种强化修复技术研究。比如，利用螯合剂、表面活性剂等添加剂增强污染物迁移速率；利用混合电动力修复技术，以及控制污染区域 pH 来提升修复效果。

事实上，电解锰渣中具有大量的微孔道，有利于电解锰渣中水分和带电粒子的传输；此外，电解锰渣中含有大量的金属离子、氨氮等可溶性离子，其离子交换能力较强。前期研究也表明，采用电动力技术去除电解锰渣中锰和氨氮在理论上是可行性的，且电极液的 pH 直接影响电解锰渣中锰和氨氮的去除效率（Shu et al.，2015）。本章重点研究了电解锰渣中锰和氨氮在不同电场修复过程中的去除行为，探究了预处理剂与阴阳极电解液对电解锰渣中锰和氨氮强化去除的影响规律（孙小龙，2018），研究结果将为渣场电解锰渣的原位无害化处理技术研发提供理论支持。

4.1 不同电场修复下电解锰渣中锰和氨氮的去除规律研究

4.1.1 实验装置与方法

实验装置如图 4-2 所示，该装置是由 1 个电解锰渣槽（100mm×50mm×50mm）和 2 个电解槽（25mm×50mm×50mm），1 个阳极循环电解液收集槽（1L）和 1 个阴极循环电解液收集槽（1L）构成。电解槽与收集槽中的电解液通过恒流泵循环交换，阴极和阳极均采用 DSA 极板（40mm×90mm）。本研究采用数控脉冲电源（PE）和直流稳压电源（DC）提供恒定电压。在实验装置中加入电解锰渣，每组修复实验 84h，阴极收集槽添加 1L 0.3mol/L H_2SO_4 作为缓冲溶液，阳极收集槽添加 1L 去离子水作为缓冲溶液，具体实验条件如表 4-1。

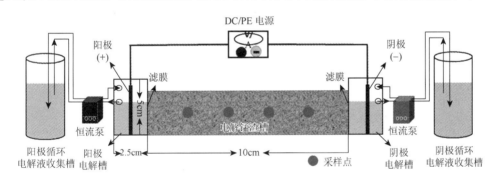

图 4-2 电动力修复电解锰渣实验装置示意图

表 4-1 电解锰渣修复实验条件

实验组号	电压	添加剂	阳极液	阴极液	实验时间
EK1	20V（直流）	无	去离子水	0.3mol/L H_2SO_4	84h
EK2	20V（脉冲）	无	去离子水	0.3mol/L H_2SO_4	84h

电解锰渣中氨氮和锰的迁移去除主要包括两个过程：①电解锰渣中不同形态的锰和氨氮转化以及在孔隙水中溶解；②在电场作用下，溶解在孔隙水中的锰和氨氮在电渗析和电迁移作用下以离子或水溶态不断向阴极迁移，并在阴极液中富集。原理如图 4-3 所示。

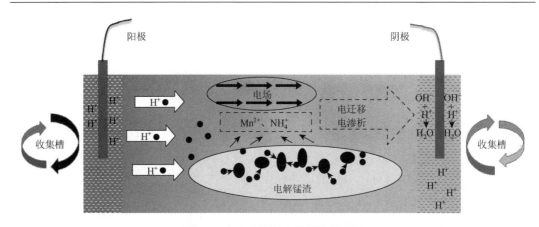

图 4-3　电动力修复电解锰渣原理图

4.1.2　电解锰渣 pH、电流密度与电渗析量变化规律

（1）电解锰渣 pH 变化。电场作用下阴阳极板附近会发生电解水反应，具体反应见反应方程（4-1）和方程（4-2），其中产生的部分 H^+ 会被循环液带出阳极槽，但依然有少量 H^+ 在电场作用下进入电解锰渣修复体系；对于阴极产生的 OH^-，因为采用 0.3mol/L H_2SO_4 作为缓冲溶液来中和阴极产生的 OH^-，为此基本不会有 OH^- 从阴极槽进入电解锰渣修复体系。不同修复区域电解锰渣 pH 如图 4-4 所示，从阳极到阴极方向，电解锰渣的 pH 呈上升趋势，离阳极越远，pH 越高。在脉冲电场修复条件下，在靠近阳极处，电解锰渣 pH 从初始的 6.5 降低到 2.6，往阴极方向电解锰渣 pH 分别为 3.8、5.3 和 5.6。在直流电场修复条件下，不同修复区域电解锰渣的 pH 升高，说明在脉冲电场修复条件下有更多的 H^+ 滞留在电解锰渣修复体系中。

$$H_2O \longrightarrow H^+ + O_2(g) + e^- \tag{4-1}$$

$$H_2O + e^- \longrightarrow OH^- + H_2(g) \tag{4-2}$$

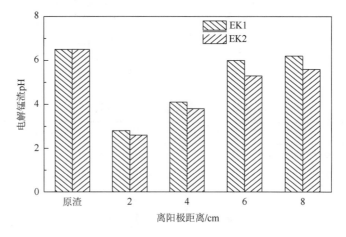

图 4-4　电动力修复后电解锰渣的 pH 分布

（2）电流密度变化。不同电场条件下电流密度的变化趋势如图 4-5 所示，在直流电场和脉冲电场条件下，电流密度随着修复时间的增加逐渐减小，说明电解锰渣中的 Mn^{2+}、NH_4^+-N 和 H^+ 等电解质逐渐减少；此外，在恒定电压下电解锰渣修复体系的电流密度依然保持在 $10mA \cdot cm^{-2}$ 以上，说明在电动力修复过程中电解锰渣孔隙水中电解质浓度虽有减小，但电解锰渣中的 Mn^{2+}、NH_4^+-N 等离子在不断溶出到孔隙水中。比较不同修复实验中的电流密度变化可知，脉冲电场下的电流密度始终大于直流电场，这是因为脉冲电场作用下更多的 H^+ 进入电解锰渣修复体系，促进了电解锰渣中 Mn^{2+}、NH_4^+-N 等离子的溶解，从而增大了电解锰渣孔隙水中电解质的浓度。

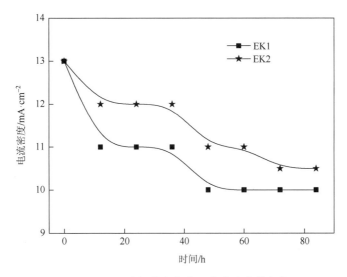

图 4-5　不同电场修复条件下电流密度的变化

（3）电渗析量变化。根据亥姆霍兹（Helmholtz）和斯莫卢霍夫斯基（Smoluchovski）研究，电渗析量计算公式如下所示：

$$q_e = \varepsilon \xi n \nabla (-E) / (\eta \sigma) \tag{4-3}$$

其中，ε 表示介质的介电常数；ζ 表示 Zeta 电位；n 是电解锰渣的孔隙度；η 是孔隙水的黏度；E 表示电势；σ 是有效体积电导率。Yeung 和 Gu（2011）研究表明，电渗析量与电解锰渣 Zeta 电位具有相关性，同时酸性条件下，Zeta 电位是正值，且随着修复体系 pH 的降低而升高。不同电场条件下的电解锰渣电渗析量（electroosmotic flow，EOF）如图 4-6 所示。由图 4-6 可知，在电解锰渣修复过程中，EOF 不断增大，且在电场修复 84h 后，直流电场和脉冲电场修复的电渗析量分别达到了 150mL 和 160mL；同时，电动力修复实验结束后，脉冲电场条件下电解锰渣平均 pH 为 4.3，直流电场条件下电解锰渣平均 pH 为 4.8。正如前面所说，修复体系 pH 越小，电解锰渣 Zeta 电位越大，电渗析作用越强，因此相比直流电场修复，采用脉冲电场修复电解锰渣体系下的电渗析更强。

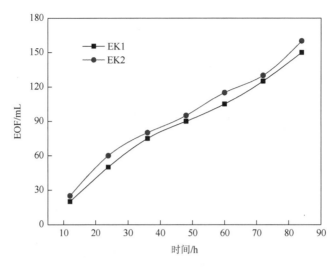

图 4-6　不同电场修复条件下电渗析量的变化

4.1.3　锰和氨氮累积量与赋存形态分析

（1）锰和氨氮在阴阳极电解液中的累积量。在电动力修复电解锰渣过程中，阴极液中的氨氮和锰的含量随修复时间增加不断增多，这是因为电渗析和电迁移的方向是阳极到阴极。阴极液和阳极液中氨氮含量随时间的变化如图 4-7 所示，由图 4-7 可知，阴极液中氨氮含量呈直线增加趋势，而阳极液中氨氮含量远小于阴极液中的含量，其中，在直流电场条件下，阴极液中氨氮含量累积到 40.45mg，阳极液中氨氮含量累积到 6.79mg，氨氮去除率为 33.32%；在脉冲电场条件下，阴极液中氨氮含量累积到 45.62mg，阳极液中氨氮含量累积到 5.71mg，氨氮去除率为 36.21%。研究结果表明，相比直流电场，在脉冲电场条件下氨氮的去除效果更好。阴极液和阳极液中锰累积量随时间变化如图 4-8 所示。由图 4-8 可知，阴极液中锰累积量呈不断上升趋势，阳极液中锰含量远小于阴极液中的含量。

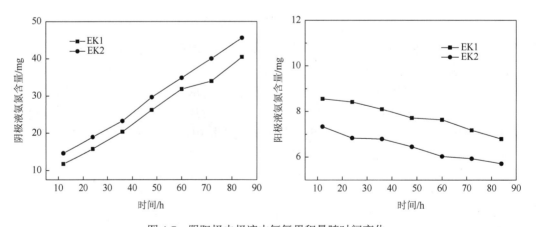

图 4-7　阴阳极电极液中氨氮累积量随时间变化

在直流电场条件下，反应终点阴极液中锰含量累积量为 1017.92mg，阳极液中锰累积量为 10.26mg，锰去除率为 41.21%；在脉冲电场条件下，反应终点阴极液中锰含量累积到 1111.66mg，阳极液中锰累积量为 9.21mg，锰去除率为 45.57%。研究结果表明，在脉冲电场条件下，锰的去除率比直流电场条件下高。

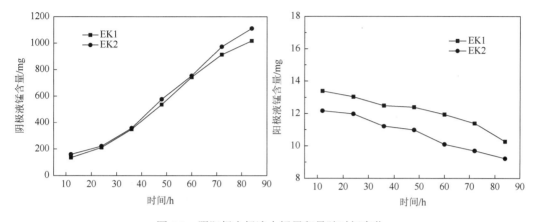

图 4-8　阴阳极电极液中锰累积量随时间变化

（2）电解锰渣中锰和氨氮的赋存形态和含量变化。电解锰渣中氨氮的赋存形态有三种，即 NH_4^+-N、$NH_3 \cdot H_2O$ 以及 $(NH_4)_2Mn(SO_4)_2 \cdot 6H_2O$，其中 NH_4^+-N 和 $NH_3 \cdot H_2O$ 能在电场作用下经过电迁移和电渗析作用从阳极向阴极迁移。由图 4-9 可知，直流电场条件下，电解锰渣中滞留的氨氮含量平均为 0.44mg·g^{-1}，原因是电解锰渣孔隙水中 NH_4^+-N 和 $NH_3 \cdot H_2O$ 的浓度较低，且该组电动力修复实验的 EOF 较小，电渗析作用较弱，所以氨氮的迁移效果不佳；而在脉冲电场条件下，电解锰渣中滞留的氨氮含量平均为 0.39mg·g^{-1}，相比于 EK1 电动力修复实验结果，平均值下降了 0.05mg·g^{-1}。因此，脉冲

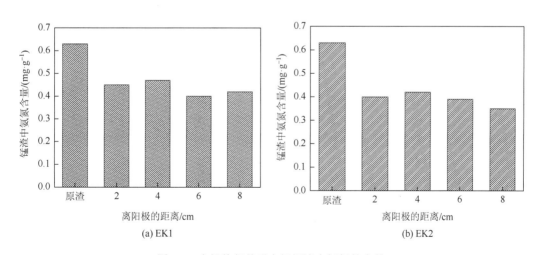

图 4-9　电场修复前后电解锰渣中氨氮的含量

电场条件下，氨氮的去除效果比直流电场条件好。本研究利用 BCR 连续提取法测定了电解锰渣中锰的赋存形态，分为酸提取态（F_1）、可还原态（F_2）、可氧化态（F_3）、残留态（F_4）四种。研究表明，酸提取态（F_1）和可还原态（F_2）的锰迁移性较强，而其他形态（F_3、F_4）迁移性较弱。由图 4-10 可知，原样电解锰渣中不同形态锰的含量分别为 F_1（44.97%），F_2（11.97%），F_3（4.98%），F_4（38.08%），F_1 和 F_4 是锰的主要存在形态；此外，电解锰渣在直流电场和脉冲电场修复 84h 后，电解锰渣中酸提取态（F_1）和可还原态（F_2）的锰残余量较少，可氧化态（F_3）和残留态（F_4）的锰残余量较多，其中，相比直流电场修复，经过脉冲电场修复后的电解锰渣中酸提取态（F_1）和可还原态（F_2）的锰更少，说明相比直流电场修复采用脉冲电场修复去除电解锰渣中的锰效果更好。

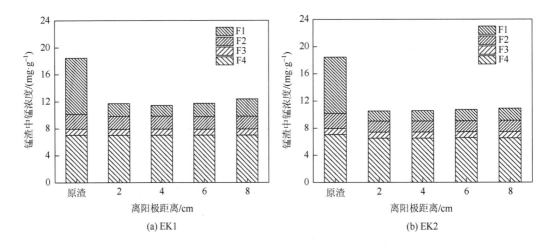

图 4-10　电场修复前后电解锰渣中锰的形态和含量变化

4.1.4　电动力修复前后电解锰渣物相变化规律

不同电场修复条件下电解锰渣的物相分析如图 4-11 所示。由图 4-11 可知，修复后的电解锰渣中出现了 $(NH_4)_2Ca(SO_4)_2·H_2O$ 和 $MnSO_4·H_2O$ 物相，其可能发生的化学反应如下：在 EK1 和 EK2 条件下，电解锰渣中的复盐、二水硫酸钙可能发生反应（4-4），在 EK2 条件下，电解锰渣中的复盐可能发生反应（4-5）。物相分析结果表明，在直流电场和脉冲电场修复过程中，电解锰渣中的难溶复盐转化成 $(NH_4)_2Ca(SO_4)_2·H_2O$ 和 Mn^{2+}，其中在脉冲电场修复过程中，电解锰渣中的 $(NH_4)_2Ca(SO_4)_2·H_2O$ 转化成 $MnSO_4·H_2O$ 和 $(NH_4)_2SO_4$。

$$(NH_4)_2Mn(SO_4)_2·6H_2O + Ca^{2+} \longrightarrow (NH_4)_2Ca(SO_4)_2·H_2O + Mn^{2+} + 5H_2O \quad （4-4）$$

$$(NH_4)_2Mn(SO_4)_2·6H_2O + H^+ \longrightarrow MnSO_4·H_2O + (NH_4)_2SO_4 + 5H_2O \quad （4-5）$$

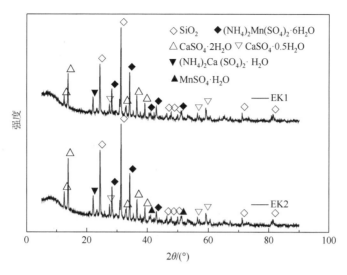

图 4-11　不同电场修复条件下电解锰渣的 XRD 图

4.1.5　小结

本节探究了不同电场修复条件下，电解锰渣中锰和氨氮的去除行为。研究结果表明：不同电场修复条件下，电解锰渣中锰和氨氮的迁移方向与电渗析、电迁移的方向相同，都是从阳极到阴极；此外，相比于直流电场修复，脉冲电场修复条件下电解锰渣的 pH 降低更快，电渗析、电迁移效果更好，对锰和氨氮的去除效果更高。在脉冲电场修复条件下，电解锰渣中锰和氨氮的去除率仅为 45.57% 和 36.21%，且仅有 F_1 形态的锰具有较高的去除率；此外，在直流电场和脉冲电场修复过程，电解锰渣中的 $(NH_4)_2Mn(SO_4)_2 \cdot 6H_2O$ 复盐开始转化为 $(NH_4)_2Ca(SO_4)_2 \cdot H_2O$、$MnSO_4 \cdot H_2O$ 和 $(NH_4)_2SO_4$。

4.2　脉冲电场协同添加剂强化电解锰渣中锰和氨氮修复研究

前期研究发现，相比直流电场，在脉冲电场条件下电解锰渣的电渗析和电迁移作用更强，对电解锰渣中锰和氨氮的去除效果更好，但修复后的电解锰渣中残留的氨氮和锰含量远达不到电解锰渣无害化要求。为此，本节在脉冲电场修复电解锰渣的基础上，开展了脉冲电场协同添加剂强化电解锰渣中锰和氨氮修复研究，分析了电解锰渣中氨氮和锰的迁移转化规律，研究成果将为渣场电解锰渣的原位修复提供理论与技术支持。

4.2.1　电动力强化修复技术

针对某些难处理污染物，如果仅利用电动力技术对污染物进行修复，往往达不到理想效果。因此，电动力修复技术需结合其他技术强化污染物去除（Yeung and Gu，2011）。主要手段如下：①增加污染物的溶解浓度，使其保持可迁移状态；②控制修复体系 pH；③破坏、分解或改变污染物形态。为此，强化修复技术大致可分为三种：①增溶技术，增加被污染物孔隙水中污染物含量；②控制电解液 pH；③与其他技术结合，实现污染物的破坏、分解与转化，增强其在电动力修复过程中的迁移速率。

（1）增溶技术

污染物吸附在颗粒表面或者以沉淀的形式存在于颗粒空隙中，当环境条件改变后，这些物质可能会再次溶解。通过降低 pH 和引入预处理剂可达到增溶目的，且大多数金属可在低 pH 环境下溶解。Sposito（1998）研究表明，当被处理物的酸碱缓冲能力较强时，通过 H^+ 的进入很难降低其 pH。通过引入一些增强剂，比如螯合剂、络合剂、表面活性剂、助溶剂、氧化剂或者还原剂等，可以溶解颗粒表面的污染物并使它们保持溶解、可迁移的状态。Fu 等（2017）利用柠檬酸强化土壤中 Cr 的去除效果，研究结果表明，柠檬酸能同时提高 Cr 和 Cr^{6+} 的去除率。Falciglia 等（2017）采用甲基甘氨酸二乙酸和吐温 20 去除海洋沉淀物中的 Hg 和 PAHs（多环芳烃），Hg 的去除率可达 71%，PAHs 的去除率可达 59%。

（2）控制电极液 pH

在电动力修复过程中，阳极区会产生 H^+，阴极区会产生 OH^-，两种离子在电场下会从不同方向进入被修复体系中，对于酸碱缓冲能力较低的修复体系，在靠近阳极液区域 pH 降低较快，而在靠近阴极液区域则相反。另外，OH^- 可能会与被处理物中的各种金属离子形成氢氧化物沉淀，堵塞迁移孔道，降低电动力修复效果。针对孔道堵塞，解决办法一般有两种，一种是往电极液中添加调节剂来中和产生的 OH^-，另一种是使用离子交换膜控制 OH^- 的迁移。Gent 等（2004）研究表明，在 pH 调节下，Cr 和 Cd 的去除率分别高达 78% 和 70%；另外，Polcaro 等（2007）研究表明，草酸、腐殖酸、脂肪酸等有机酸可作为 pH 调节剂。

（3）与其他技术结合

氧化还原技术：该技术是通过加入试剂，在体系中发生氧化还原反应，改善体系的化学、生物性质（Yeung，2009）。研究表明，高浓度 H_2O_2 有助于氧化土壤颗粒表面附着的污染物，因为 H_2O_2 会产生高活性的 $HO_2\cdot$、$O_2\cdot^-$、$HO_2\cdot^-$ 等物质（Ferrarese et al.，2008；Rivas，2006；Watts，1999）。Reddy 和 Karri（2008）研究了氧化剂浓度变化对高岭土中 Ni 和菲的去除效果，研究结果表明，这种辅助方法可有效降解菲，Ni 也因 H_2O_2 的引入更容易向阴极方向迁移，当添入 30% 的 H_2O_2，菲的去除效率达到 56%。

生物修复技术：该技术是利用微生物分解有害污染物的特点，在适当的环境下将其以某种形式固定。该技术需要如下条件支持，即微生物、污染物、电子受体、微生物生长必需的营养物质和水分。电动力能辅助产生微生物生长所需的营养物质，还能提供污染物分解所需的电子受体和化学能量等。Maini 等（2000）发现硫氧化细菌结合电动力技术，可氧化土壤中的含硫物质，提高土壤 pH 和 Cu 的去除率。Lee H S 和 Lee K（2001）在电动力修复柴油污染的土壤过程中，加入假单孢菌株可改善其修复效果。Lee 和 Kim（2010）研究发现，利用电动力修复硫结合氧化菌处理射击场土壤中的重金属时，可提高 Cu 和 Zn 的去除率。

植物修复技术：该技术是利用植物将土壤或地下水无机或有机污染物去除、降解或隔离。它是一种新兴的成本较低的修复技术，具有替代传统技术的潜力。Lim 等（2004）在芥菜生长的铅污染土壤中加入乙二胺四乙酸（EDTA），并在土壤周围覆盖直流电场，在该条件下，芥菜茎中 Pb 的积累量比单独使用 EDTA 条件下增加了 2～4 倍。Zhou 等（2007）在黑麦草生长的 Cu 污染严重的土壤中，结合电动力修复技术与 EDTA 和乙二胺二琥珀酸（EDDS），在茎叶中积累的 Cu 浓度分别提高了 46% 和 61%。Bi 等（2011）研究了植物、烟草和油菜在直流电场和交变电场下的生长情况，研究结果表明，交变电场提高了油菜植株的产量。

4.2.2　电解锰渣 pH、电流密度与电渗析量变化规律

本研究采用增溶技术来改善电解锰渣中锰和氨氮的赋存形态，强化锰和氨氮的去除效果，其中，采用的增溶添加剂包括表面活性剂十二烷基苯环酸钠（SDBS）、络合剂（EDTA、柠檬酸）以及两者混合物，具体实验方案如表 4-2。

表 4-2　脉冲电场协同添加剂强化电解锰渣修复实验条件

实验组号	电压	添加剂	阳极液	阴极液	时间
EK3	20V（脉冲）	SDBS	水	0.3mol/L H_2SO_4	84h
EK4	20V（脉冲）	EDTA	水	0.3mol/L H_2SO_4	84h
EK5	20V（脉冲）	柠檬酸	水	0.3mol/L H_2SO_4	84h
EK6	20V（脉冲）	SDBS + 柠檬酸	水	0.3mol/L H_2SO_4	84h

（1）电解锰渣 pH 变化。不同修复位置电解锰渣 pH 如图 4-12，由图 4-12 可知，在增溶添加剂存在条件下，电解锰渣中 pH 在阳极向阴极方向上呈递增趋势，表明 H^+ 从阳极往阴极的迁移转化规律不变。电解锰渣经过预处理后的 pH 顺序为：EK3（SDBS）＜EK6（SDBS + 柠檬酸）＜EK5（柠檬酸）＜EK4（EDTA），其中效果最好的是 EK3（SDBS），其原因是 SDBS 的引入降低了电解锰渣颗粒表面张力，使孔隙水中 H^+ 与电解锰渣进行充分接触；另外，SDBS 有一定的起泡效果，增大了电渗析量，促进了更多的 H^+ 进入电解锰渣修复体系。

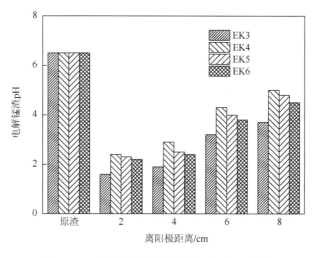

图 4-12　脉冲电场修复前后电解锰渣 pH 变化

（2）电流密度变化。增大孔隙水中离子浓度的方式有两种，一种是降低电解锰渣 pH，增加电解锰渣中 Mn^{2+} 和 NH_4^+-N 的溶解度，另一种是预处理剂与 Mn^{2+} 或 NH_4^+-N 发生配位络合，提升其在孔隙水中的浓度。不同预处理条件下电流密度随时间变化如图 4-13 所示，由图 4-13 可知，不同修复条件下电流密度大小顺序依次是：EK5＞EK6＞EK4＞EK3，在整个修复过程电流密度最大的是 EK5（柠檬酸），说明在柠檬酸作用下，电解锰渣中的各种离子的电迁移作用加强。

（3）电渗析变化。电动力修复过程中电解锰渣的 EOF 随时间变化趋势如图 4-14 所示，由图 4-14 可知，采用增溶添加剂预处理后的电解锰渣电渗析量大小顺序为：EK3（SDBS）＞EK6（SDBS＋柠檬酸）＞EK5（柠檬酸）＞EK4（EDTA）。其中，EK3 实验组中电解锰渣的最终 pH 最小，Zeta 电位较大，且添加 SDBS 会增大电解锰渣颗粒间的孔隙度，这就决定了 EK3 实验组电渗析作用最强；此外，相比直流电场，采用脉冲电场与不同预处理剂的结合，可改变电解锰渣 pH 和孔隙度，进一步提高电解锰渣的电渗析量。

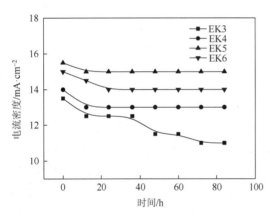
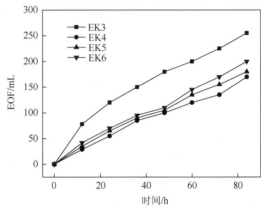

图 4-13　不同修复条件下电流密度的变化　　图 4-14　不同修复条件下电解锰渣的电渗析量变化

4.2.3　锰和氨氮累积量与赋存形态分析

（1）氨氮和锰在阴阳极液中的累积量。阴极液和阳极液中氨氮累积量随时间的变化如图 4-15 所示。由图 4-15 可知，阴极液中氨氮含量逐渐增加，而阳极液中氨氮含量基本保持不变。在 EK3 和 EK4 的阴极液中氨氮含量分别达到了 49.92mg 和 54.06mg，氨氮去除率分别为 42.83%和 44.23%，与不添加预处理剂条件下氨氮累积量（45.62mg）对比，添加 SDBS 和 EDTA 预处理剂后的修复体系提高了氨氮的去除率；EK5 和 EK6 的氨氮累积量分别达到 114.98mg 和 120.06mg，是不添加预处理剂条件下氨氮累积量的 2.5 倍以上，氨氮去除率分别为 81.11%和 84.70%。对比 EK3 和 EK5 实验结果可知，柠檬酸对氨氮的强化去除效果优于 SDBS，且电解锰渣中氨氮的迁移富集主要通过电迁移，而电渗析主要起辅助作用。阴极液和阳极液中锰累积量随时间的变化如图 4-16 所示。由图 4-16 所可知，在阴极液中，Mn^{2+} 累积量大小顺序是：EK5＞EK6＞EK4＞EK3，对应每组锰累积量分别为：

2349.17mg，1488.75mg、1267.92mg 和 1247.08mg，可溶性锰的去除率分别为 94.74%、60.04%、51.14%和 50.30%。EK5 中锰累积量远高于其他组，说明柠檬酸对电解锰渣中锰的去除有较好的强化效果，同时电解锰渣中锰的迁移富集主要通过电迁移，而电渗析主要起辅助作用。

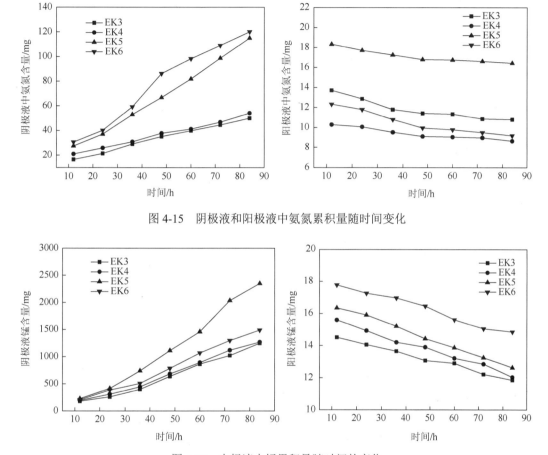

图 4-15　阴极液和阳极液中氨氮累积量随时间变化

图 4-16　电极液中锰累积量随时间的变化

（2）电解锰渣中锰和氨氮含量和赋存形态。不同预处理条件下电解锰渣中氨氮的残留量如图 4-17 所示。由图 4-17 可知，电动力修复实验结束后，EK3 和 EK4 实验组中氨氮残留量平均为 0.39mg·g^{-1} 和 0.38mg·g^{-1}，这与只采用脉冲电场修复条件下的电解锰渣中氨氮残留量（0.39mg·g^{-1}）相差不大，说明 SDBS 和 EDTA 对氨氮的强化去除效果不明显。虽然 SDBS 条件下 EOF 最大，但在该体系中氨氮去除的主要动力是通过电迁移。EDTA 对电解锰渣 pH 和 EOF 的提升效果较弱，其对应的电流密度仅优于 SDBS 实验组，所以 EK4 对氨氮的去除效果与 EK3 相差不大，而 EK5 中电解锰渣中氨氮残留量减少到 0.11mg·g^{-1}，说明柠檬酸强化氨氮去除效果明显。EK6 中电解锰渣中氨氮残留量降低到 0.10mg·g^{-1}，其原因可能是 SDBS 和柠檬酸混合预处理后能同时增强电解锰渣中氨氮的电迁移和电渗析作用。

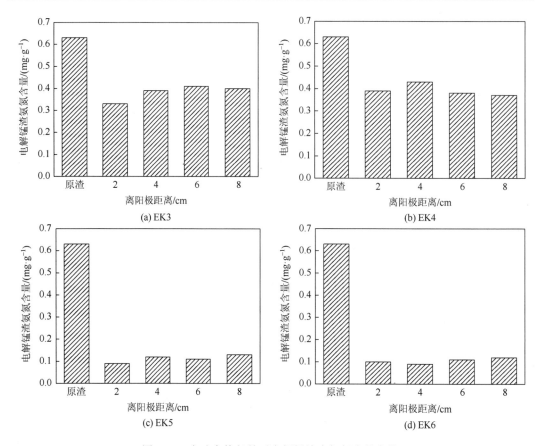

图 4-17　电动力修复前后电解锰渣中氨氮含量变化

不同预处理条件下电解锰渣中锰的存在形态和残留量如图 4-18 所示,由图 4-18 可知,不同预处理条件下电解锰渣中锰含量顺序为:EK5>EK6>EK4>EK3,其中在每组实验中电解锰渣中 F_1 形态锰的残留量最少,F_4 形态锰的残留量最多;此外,EK5 中 F_1 形态的锰几乎全部被去除,而其他几种不同形态锰的残留量也较少,说明柠檬酸能够促进不同形态锰之间的迁移转化。对比 EK3 和 EK4 的实验结果可知,SDBS 和 EDTA 对促进不同形

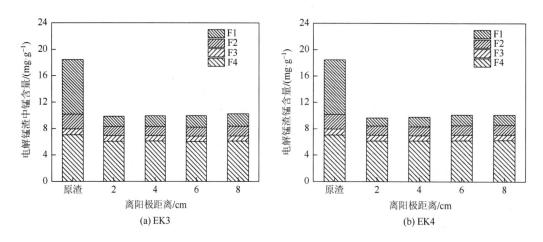

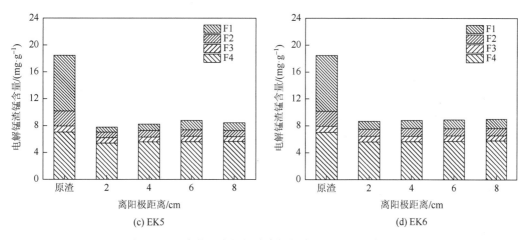

(c) EK5　　　　　　　　　(d) EK6

图 4-18　反应前后电解锰渣中锰的含量和赋存形态变化

态锰之间的迁移转化效果无明显差异，同时 SDBS 和柠檬酸混合预处理电解锰渣效果不明显，其原因是锰主要以 Mn^{2+} 形式存在，其主要通过电迁移去除，而受电渗析影响较小。

4.2.4　电动力修复前后电解锰渣物相变化规律分析

不同预处理条件下电解锰渣物相变化如图 4-19 所示。由图 4-19 可知，EK5 和 EK6 修复后的电解锰渣 XRD 图谱中出现了 $(NH_4)_2Ca(SO_4)_2·H_2O$ 物相峰，说明柠檬酸能够促进 $(NH_4)_2Mn(SO_4)_2·6H_2O$ 向 $(NH_4)_2Ca(SO_4)_2·H_2O$ 的转化；此外，柠檬酸预处理电解锰渣过程中释放出了 H^+，且随着反应实验进行，电解锰渣中的 pH 会不断减小，促使了 Mn^{2+} 的溶解迁移。另外，Nogueira 等（2007）和 Vanniel（1965）研究表明，柠檬酸与锰容易形成稳定的络合物，从而提升了复盐中 Mn^{2+} 的迁移转化。

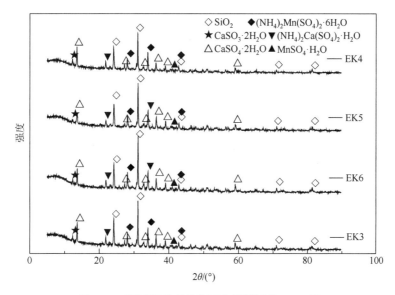

图 4-19　不同预处理条件下电解锰渣的 XRD 图

4.2.5　小结

　　本节通过选取 SDBS、柠檬酸以及 EDTA 作为电解锰渣预处理剂,研究了脉冲电场条件下,预处理剂对电解锰渣中氨氮和锰迁移转化的影响规律。主要结论如下:①不同预处理剂直接影响电动力修复电解锰渣体系的电流密度、EOF 以及电解锰渣 pH,其中 SDBS 对降低锰渣 pH、增大 EOF 的效果最好,而柠檬酸能够提升电迁移作用。②添加预处理剂能够增加电解锰渣中锰和氨氮的去除效果,其中柠檬酸对锰和氨氮的去除效果优于其他预处理剂,柠檬酸对锰的去除率可达 89.74%;SDBS 与柠檬酸混合预处理电解锰渣,电解锰渣中氨氮的去除率能够达到 88.20%,③电解锰渣中锰和氨氮主要通过电迁移去除,电渗析主要起辅助作用。

参 考 文 献

李敏, 孙照明, 马聪, 等, 2020. 以牺牲阳极强化的电化学联用方法修复铬污染土壤[J]. 环境工程, 38 (9): 224-230.

刘刚, 2015. 重金属复合污染场地电动力修复实验研究[D]. 北京: 北京化工大学.

杨珍珍, 耿兵, 田云龙, 等, 2021. 土壤有机污染物电化学修复技术研究进展[J]. 土壤学报, 58 (5): 1110-1122.

Bi R, Schlaak M, Siefert E, et al., 2011. Connolly. Influence of electrical fields (AC and DC) on phytoremediation of metal polluted soils with rapeseed (Brassica napus) and tobacco (Nicotiana tabacum) [J]. Chemosphere, 83 (3): 318-326.

Chu L G, Long C, Sun Z Y, 2022. Reagent-free electrokinetic remediation coupled with anode oxidation for the treatment of phenanthrene polluted soil[J]. Journal of Hazardous Materials, 433: 128724-128724.

Falciglia P P, Malarbi D, Greco V, et al., 2017. Vagliasindi. Surfactant and MGDA enhanced-Electrokinetic treatment for the simultaneous removal of mercury and PAHs from marine sediments[J]. Separation and Purification Technology, 175: 330-339.

Ferrarese E, Andreottola G, Oprea I A, 2008. Remediation of PAH-contaminated sediments by chemical oxidation[J]. Journal of Hazardous Materials, 152 (1): 128-139.

Fu R, Wen D, Xia X, et al., 2017. Electrokinetic remediation of chromium (Cr) -contaminated soil with citric acid (CA) and polyaspartic acid (PASP) as electrolytes[J]. Chemical Engineering Journal, 316: 601-608.

Gent D B, Bricka R M, Alshawabkeh A N, et al., 2004. Bench-and field-scale evaluation of chromium and cadmium extraction by electrokinetics[J]. Journal of Hazardous Materials, 110 (1-3): 53-62.

Habibul N, Hu Y, Sheng G P, 2016. Microbial fuel cell driving electrokinetic remediation of toxic metal contaminated soils[J]. Journal of Hazardous Materials, 318: 9-14.

Lee H S, Lee K, 2001. Bioremediation of diesel-contaminated soil by bacterial cells transported by electrokinetics[J]. Journal of Microbiology and Biotechnology, 11 (6): 1038-1045.

Lee K Y, Kim K W, 2010. Heavy metal removal from shooting range soil by hybrid electrokinetics with bacteria and enhancing agents[J]. Environmental Science & Technology, 44 (24): 9482-9487.

Lim J M, Salido A L, Butcher D J, et al., 2004. Phytoremediation of lead using Indian mustard (Brassica juncea) with EDTA and electrodics[J]. Microchemical Journal, 76 (1-2): 3-9.

Maini G, Sharman A K, Sunderland G, et al., 2000. An integrated method incorporating sulfur-oxidizing bacteria and electrokinetics to enhance removal of copper from contaminated soil[J]. Environmental Science & Technology, 34 (6): 1081-1087.

Missaoui, Said I, Lafhaj Z, et al., 2016. Influence of enhancing electrolytes on the removal efficiency of heavy metals from Gabes marine sediments (Tunisia) [J]. Marine Pollution Bulletin, 113 (1-2): 44-54.

Nogueira M G, Pazos M, Sanroman M A, et al., 2007. Improving on electrokinetic remediation in spiked Mn kaolinite by addition of complexing agents[J]. Electrochimica Acta, 52 (10): 3349-3354.

Pazos M，Ricart M T，Sanroman M A，et al.，2007. Enhanced electrokinetic remediation of polluted kaolinite with an azo dye[J]. Electrochimica Acta，52（10）：3393-3398.

Polcaro M，Vacca A，Mascia M，et al.，2007. Electrokinetic removal of 2，6-dichlorophenol and diuron from kaolinite and humic acid-clay system[J]. Journal of Hazardous Materials，148（3）：505-512.

Reddy K R，Karri M R，2008. Effect of oxidant dosage on integrated electrochemical remediation of contaminant mixtures in soils[J]. Environmental Letters，43（8）：881-893.

Rivas F J，2006. Polycyclic aromatic hydrocarbons sorbed on soils：a short review of chemical oxidation based treatments[J]. Journal of Hazardous Materials，138（2）：234-251.

Shu J C，Liu R L，Liu Z H，et al.，2015. Electrokinetic remediation of manganese and ammonia nitrogen from electrolytic manganese residue[J]. Environmental Science and Pollution Research International，22（20）：16004-16013.

Sposito G，1998. On points of zero charge[J]. Environmental Science & Technology，33（1）：2815-2819.

Suzuki T，Moribe M，Okabe Y，et al.，2013. A mechanistic study of arsenate removal from artificially contaminated clay soils by electrokinetic remediation[J]. Journal of Hazardous Materials，254-255（1）：310-317.

Vanniel B，1965. Principles and applications in aquatic microbiology-proceedings of rudolfs research conference[J]. Science，148（3668）：353.

Watts J，1999. Mineralization of sorbed and NAPL-phase hexadecane by catalyzed hydrogen peroxide[J]. Water Research，33：1405-1411.

Wen D D，Fu R B，Qian L，2021. Removal of inorganic contaminants in soil by electrokinetic remediation technologies：A review[J]. Journal of Hazardous Materials，401：123345-123345.

Xu J W，Liu C，Zhao J，2019. Remediation of heavy metal contaminated soil by asymmetrical alternating current electrochemistry[J]. Nature Communications，10（1）：1-8.

Yang X，Liu L H，Wang Y，2022. Remediation of As-contaminated soils using citrate extraction coupled with electrochemical removal[J]. Science of The Total Environment，817：153042-153042.

Yeung A T，Gu Y Y，2011. A review on techniques to enhance electrochemical remediation of contaminated soils[J]. Journal of Hazardous Materials，195：11-29.

Yeung T，2009. Remediation technologies for contaminated sites[J]. Advances in Environmental Geotechnics，328-369.

Yoo J C，Yang J S，Jeon E K，et al.，2015. Enhanced-electrokinetic extraction of heavy metals from dredged harbor sediment[J]. Environmental Science and Pollution Research，22（13）：9912-9921.

Zhang Y T，Boparai H K，Wang J G，2022. Effect of low permeability zone location on remediation of Cr（Ⅵ）-contaminated media by electrokinetics combined with a modified-zeolite barrier[J]. Journal of Hazardous Materials，426：127785-127785.

Zhou D M，Chen H F，Cang L，et al.，2007. Ryegrass uptake of soil Cu/Zn induced by EDTA/EDDS together with a vertical direct-current electrical field[J]. Chemosphere，67（8）：1671-1676.

第5章　磷镁基稳定固化电解锰渣研究

5.1　低品位氧化镁与磷酸盐稳定固化电解锰渣研究

国内外学者对电解锰渣的稳定固化研究开展了大量工作，常用的稳定固化剂包括：氧化钙、NaOH、硅酸盐、CO_2 以及碳酸钠等，上述稳定固化剂能够实现电解锰渣中锰的高效固定，但氨氮容易以氨气逸出，造成二次污染。事实上，采用磷酸盐和镁盐稳定固化技术具有操作简单、能耗低等优点被广泛应用于处理各种被污染的对象。例如，活性 MgO 被应用于稳定固化电弧炉中的重金属；联合土地颗粒聚合物和 MgO 对重金属和有机污染物污染的土壤具有较好的固化效果（Li et al.，2015）；Cho 等（2014）利用磷酸钠钙和磷酸钾镁稳定固化被铅污染的粉煤灰；另外，磷酸镁铵（$NH_4MgPO_4 \cdot 6H_2O$）沉淀法通常被应用于处理含高浓度氨氮的工业废水。因此，采用磷酸盐与低品位氧化镁稳定固化电解锰渣中的锰和氨氮在理论上是可行的。本节针对压滤车间刚排放出的电解锰渣，开展了低品位氧化镁与磷酸盐稳定固化电解锰渣中锰和氨氮实验研究，同时采用 BET、SEM 以及 XRD 等分析测试手段，揭示了电解锰渣中锰和氨氮稳定固化机理，研究结果将为电解锰渣无害化处理提供理论与技术支持。

5.1.1　实验材料与方法

（1）实验原料。本研究采用的电解锰渣来源于某电解锰企业压滤车间，电解锰渣在稳定固化前于 80℃条件下干燥 8h，通过球磨后过 80 目备用。采用的低品位氧化镁（LG-MgO）具体成分见表 5-1。

表 5-1　低品位氧化镁（LG-MgO）成分及含量组成

成分	SiO_2	SO_3	CaO	MgO	Al_2O_3	Fe_2O_3	Na_2O	其他
质量分数/%	11.09	0.18	1.81	84.16	0.33	0.34	0.01	2.08

（2）实验过程。本研究采用 P-LGMgO（LG-MgO 和 $NaH_2PO_4 \cdot 2H_2O$），P-CaO（CaO 和 $NaH_2PO_4 \cdot 2H_2O$）以及 P-MgCa（LG-MgO，CaO 和 $NaH_2PO_4 \cdot 2H_2O$）稳定固化电解锰渣，研究了不同 Mg：P 摩尔比（3：1，4：1，5：1，6：1，7：1），Ca：P 摩尔比（1.5：1，2.0：1，2.2：1，2.5：1，3.0：1）以及 Mg：Ca：P 摩尔比（5：2.2：2）对电解锰渣中锰和氨氮稳定固化的影响规律；同时探究了不同固化剂（P-LGMgO，P-CaO，P-MgCa）用量（质量分数 2.0%，5.0%，10.0%，12.0%）对电解锰渣中锰和氨氮稳定固化的影响规

律。在整个稳定固化实验过程中，电解锰渣与 LG-MgO、CaO 以及 MgO 充分混合后，再与 $NaH_2PO_4 \cdot 2H_2O$ 混合 5～8min，另外，在混合过程中加入设定比例的水。在设定的反应时间下测定稳定固化后电解锰渣浸出液中锰和氨氮的浓度，最后计算电解锰渣中锰和氨氮的稳定固化率。

5.1.2 电解锰渣中锰和氨氮稳定固化行为

由图 5-1 可知，随着 Mg：P 与 Ca：P 摩尔比的增加，电解锰渣稳定固化后的 pH 和锰渣中锰和氨氮固化率增加。当 Mg：P 与 Ca：P 摩尔比分别大于 5：1 和 2.2：1，电解锰渣中氨氮容易形成氨气而逸出电解锰渣。因此，为避免氨氮二次污染，Mg：P 和 Ca：P 最优摩尔比分别选择 5：1 和 2.2：1。由图 5-2 可知，随着固化剂用量的增加，电解锰渣稳定固化后 pH、氨氮以及锰的固化率增加。

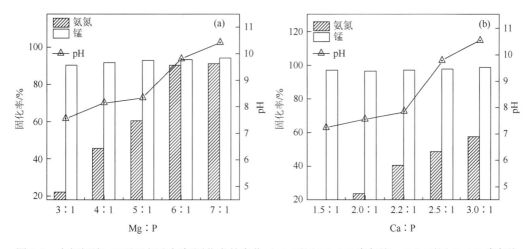

图 5-1 电解锰渣 pH 以及锰和氨氮固化率的变化（a）不同 Mg：P 摩尔比；（b）不同 Ca：P 摩尔比

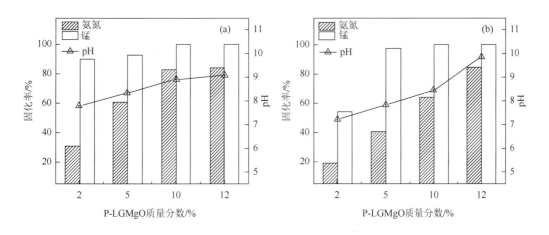

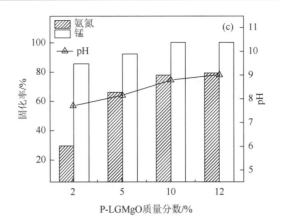

图 5-2　不同固化剂用量下电解锰渣 pH 以及锰和氨氮固化率变化（a）Mg：P 摩尔比为 5：1；
（b）Ca：P 摩尔比为 2.2：1；（c）Mg：Ca：P 摩尔比为 5：2.2：2

　　由图 5-2（a）可知，采用 P-LGMgO 稳定固化电解锰渣，P-LGMgO 用量（质量分数，下同）从 10%增加到 12%时，电解锰渣稳定固化后 pH、氨氮以及锰固化率变化较小。当采用 12%的 P-LGMgO 固化剂稳定固化电解锰渣，氨氮和锰的固化率分别为 84.0%和 99.9%。由图 5-2（b）可知，当采用 10%和 12%的 P-CaO 固化剂分别稳定固化电解锰渣，电解锰渣中氨氮固化率急剧增加，这是因为氨氮主要以氨气逸出电解锰渣，此时稳定固化后的电解锰渣 pH 分别为 8.5 和 9.9。由图 5-2（c）可知，当采用 P-MgCa 稳定固化电解锰渣，Mg：Ca：P 摩尔比为 5：2.2：2，固化剂用量为 12%，电解锰渣中锰和氨氮固化率分别为 99.9%和 79.0%。

5.1.3　电解锰渣稳定固化机理

　　电解锰渣在不同实验条件下稳定固化 28 天后的 XRD 图谱如图 5-3 所示。由图 5-3（a）可知，采用 P-LGMgO 稳定固化后的电解锰渣中出现了鸟粪石（$NH_4MgPO_4·6H_2O$）、水镁石[$Mg(OH)_2$]、板磷锰矿[$Mn_3(PO_4)_2(OH)_2·4H_2O$]以及羟锰矿[$Mn(OH)_2$]特征衍射峰。研究结果表明，采用 P-LGMgO 稳定固化电解锰渣，电解锰渣中锰和氨氮主要以板磷锰矿[$Mn_3(PO_4)_2(OH)_2·4H_2O$] 和羟锰矿 [$Mn(OH)_2$] 稳定固化，氨氮主要通过鸟粪石（$NH_4MgPO_4·6H_2O$）稳定固化（Rouff and Juarez, 2014）。由图 5-3（b）可知，采用 P-CaO 稳定固化电解锰渣，电解锰渣中氨氮主要通过磷钙铵石[$(NH_4)_2Ca(HPO_4)_2·H_2O$]、磷酸锰铵（$NH_4MnPO_4·6H_2O$）以及鸟粪石（$NH_4MgPO_4·6H_2O$）稳定固化，锰主要以 $Mn(OH)_2$、$NH_4MnPO_4·6H_2O$ 稳定固化。由图 5-3（c）可知，当采用 P-MgCa 稳定固化电解锰渣，电解锰渣中氨氮和锰主要通过 $NH_4MgPO_4·6H_2O$、$NH_4MnPO_4·6H_2O$ 以及 $Mn(OH)_2$ 稳定固化。

　　（1）P-LGMgO 稳定固化过程主要反应方程：

$$MgO + H_2O \longrightarrow Mg(OH)_2 \tag{5-1}$$

$$MgO + NaH_2PO_4 + (NH_4)_2SO_4 + H_2O \longrightarrow NH_4MgPO_4·6H_2O + Na_2SO_4 \tag{5-2}$$

$$MgO + NaH_2PO_4 + MnSO_4 + H_2O \longrightarrow Mn_3(PO_4)_2(OH)_2 \cdot 4H_2O + Na_2SO_4 + MgSO_4 \quad (5\text{-}3)$$

$$MnSO_4 + NaOH \longrightarrow Mn(OH)_2 + Na_2SO_4 \quad (5\text{-}4)$$

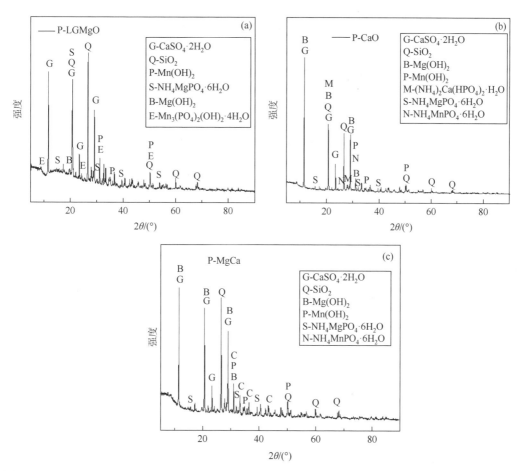

图 5-3　电解锰渣在不同实验条件下稳定固化 28 天后的 XRD 图谱分析（a）P-LGMgO 稳定固化样品；
（b）P-CaO 稳定固化样品；（c）P-MgCa 稳定固化样品

图 5-4　采用质量分数为 12%的固化剂稳定固化电解锰渣 28 天后的 SEM 图谱（a）P-LGMgO 稳定固化
样品；（b）P-CaO 稳定固化样品；（c）P-MgCa 稳定固化样品

（2）P-CaO 稳定固化过程主要反应方程：

$$CaO + H_2O \longrightarrow Ca(OH)_2 \tag{5-5}$$

$$NaH_2PO_4 + (NH_4)_2SO_4 + CaO + H_2O \longrightarrow (NH_4)_2Ca(HPO_4)_2 \cdot H_2O + CaSO_4 \cdot 2H_2O + Na_2SO_4 \tag{5-6}$$

$$MnSO_4 + CaO + 14H_2O + (NH_4)_2SO_4 + 2NaH_2PO_4 \longrightarrow NH_4MnPO_4 \cdot 6H_2O$$
$$+ NH_3(g) + CaSO_4 \cdot 2H_2O + Na_2SO_4 \tag{5-7}$$

$$CaO + H_2O + NaH_2PO_4 \longrightarrow CaPO_3(OH) \cdot 2H_2O + Na_2HPO_4 \tag{5-8}$$

（3）P-MgCa 稳定固化过程主要反应方程：

$$MgO + CaO + 2H_2O \longrightarrow Ca(OH)_2 + Mg(OH)_2 \tag{5-9}$$

$$NaH_2PO_4 + MnSO_4 + CaO + H_2O + (NH_4)_2SO_4 + MgO \longrightarrow NH_4MgPO_4 \cdot 6H_2O$$
$$+ CaSO_4 \cdot 2H_2O + Na_2SO_4 + NH_4MnPO_4 \cdot 6H_2O \tag{5-10}$$

$$MgO + CaO + H_2O + MnSO_4 \longrightarrow CaSO_4 \cdot 2H_2O + Mn(OH)_2 + Mg(OH)_2 \tag{5-11}$$

图 5-4 表示采用 P-LGMgO、P-CaO 以及 P-MgCa 稳定固化剂稳定固化电解锰渣 28 天后的 SEM 图。由图 5-4（a）可知，采用 P-LGMgO 稳定固化后的电解锰渣呈现无定形凝胶状，且相互堆积，稳定固化后的电解锰渣孔道数明显少于原样电解锰渣。由图 5-4（b）可知，采用 P-LGMgO 稳定固化后的电解锰渣存在石膏（CaSO₄·2H₂O）物相，且一些薄片晶型和一些非晶型物质相互堆积，相比于 P-LGMgO，采用 P-CaO 处理后的电解锰渣孔道数与裂缝增加，上述结果可以通过表 5-2 中 BET 数据进一步证明。根据格里菲斯断裂理论（Griffith Crack Theory）可知，孔道较少的样品压力浓度分布比孔道较多的样品小（Hu，2016；Wang et al.，2013a，2013b；Colorado et al.，2012）。

不同固化剂稳定固化后的电解锰渣 BET 见表 5-2。由表 5-2 可知，采用 P-LGMgO 和 P-MgCa 稳定固化后的电解锰渣比表面积比原样电解锰渣小；另外，采用 P-CaO 稳定固化后的电解锰渣比表面积比 P-LGMgO 和 P-MgCa 大，这是因为采用 P-CaO 稳定固化后的电解锰渣 pH 较高，电解锰渣中的氨氮以氨气逸出，氨气的逸出增加了电解锰渣疏松度，从而提高了电解锰渣的比表面积。采用 P-LGMgO 稳定固化电解锰渣机理如图 5-5 所示。

表 5-2　电解锰渣稳定固化后的比表面积

样品	原样电解锰渣	P-LGMgO	P-CaO	P-MgCa
BET 比表面积/m²·g⁻¹	5.47	3.74	9.92	4.97
BJH 解吸孔体积/mL·g⁻¹	0.040	0.024	0.055	0.024
BJH 解吸孔径/nm	3.76	3.82	3.77	3.82

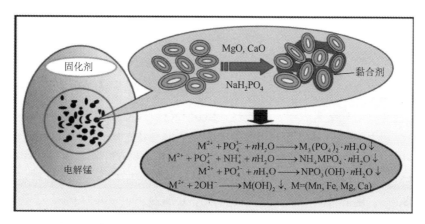

图 5-5　低品位氧化镁与磷酸盐稳定固化电解锰渣实验原理图

采用质量分数为 12%的不同固化剂稳定固化电解锰渣 3d、7d 以及 28d 后，电解锰渣浸出毒性见表 5-3 所示。由表 5-3 可知，稳定固化前电解锰渣中 Mn^{2+} 和氨氮浸出浓度分别为 1416.00mg·L⁻¹ 和 504.0mg·L⁻¹，同时，电解锰渣浸出液中还含有 Cr^{3+}、Pb^{2+}、Ni^{2+}、Cu^{2+}、Se^{4+}、Cd^{2+} 和 Zn^{2+} 等金属离子，其中 Ni^{2+} 浓度超过《污水综合排放标准》（GB 8978—1996）（1.0mg·L⁻¹）。采用 P-CaO、P-LGMgO 以及 P-MgCa 稳定固化电解锰渣，电解锰渣中重金属能够被稳定固化，氨氮浓度明显减少。此外，在稳定固化过程中，随着固化剂含量的增加，稳定固化 3d 后，电解锰渣中 Mn^{2+} 和氨氮固化率增加。电解锰渣经过 P-CaO、P-LGMgO 以及 P-MgCa 固化剂稳定固化 28d 后，电解锰渣浸出液中各金属离子浸出毒性达到国家安全排放标准，同时，采用 P-LGMgO 稳定固化 28d 后电解锰渣浸出液中氨氮浓度能够从 504.0mg·L⁻¹ 降低到 76.6mg·L⁻¹。

5-3　电解锰渣稳定固化 3d，7d，28d 后浸出液中金属离子浓度　　单位：mg·L⁻¹

	pH	Mn^{2+}	NH_4^+ -N	Pb^{2+}	Zn^{2+}	Cr^{3+}	Cu^{2+}	Se^{4+}	Cd^{2+}	Ni^{2+}
GB8978—1996	6~9	2.0	25.0	1.0	2.0	0.5	0.5	0.2	0.1	1.0
固化前电解锰渣	6.34	1416.00	504.0	0.745	0.453	0.007	0.091	0.021	0.034	1.830
P-LGMgO-3d	9.39	2.72	102.5	0.552	0.331	N.D.	0.043	0.011	0.009	0.355
P-LGMgO-7d	9.26	1.78	87.5	0.432	0.265	N.D.	0.034	0.009	0.002	0.342
P-LGMgO-28d	9.18	0.57	76.6	0.234	0.212	N.D.	0.031	0.009	N.D.	0.338
P-CaO-3d	10.11	1.76	121.8	0.432	0.342	0.002	0.054	0.010	0.021	0.673
P-CaO-7d	9.94	1.53	94.2	0.354	0.322	N.D.	0.048	0.004	0.018	0.598

续表

	pH	Mn^{2+}	NH_4^+-N	Pb^{2+}	Zn^{2+}	Cr^{3+}	Cu^{2+}	Se^{4+}	Cd^{2+}	Ni^{2+}
P-CaO-28d	9.87	1.42	89.2	0.342	0.312	N.D.	0.044	N.D.	0.011	0.551
P-MgCa-3d	9.37	4.15	134.5	0.565	0.423	0.002	0.059	0.013	0.028	0.921
P-MgCa-7d	9.15	2.14	112.3	0.432	0.320	0.001	0.052	0.011	0.024	0.894
P-MgCa-28d	9.05	1.84	105.9	0.267	0.332	0.001	0.049	0.011	0.020	0.884

注: N.D. 表示低于检出限.

5.1.4　小结

　　针对电解锰企业刚排放出的电解锰渣, 本章提出采用 LG-MgO、磷酸盐以及 CaO 稳定固化电解锰渣。研究结果表明, 磷酸盐、LG-MgO 以及 CaO 可以稳定固化电解锰渣中的锰和氨氮。利用 P-CaO 和 P-LGMgO 稳定固化电解锰渣, Mg∶P 和 Ca∶P 最优摩尔比为 5∶1 和 2.2∶1, 另外, 采用 P-LGMgO 稳定固化电解锰渣中锰和氨氮的固化效率高于 P-CaO 和 P-MgCa。当 P-LGMgO 固化剂用量 (质量分数) 为 12%, Mg∶P 摩尔比为 5∶1, 稳定固化 28d 后, 电解锰渣中锰和氨氮固化效率分别为 99.9% 和 84.0%。在 P-LGMgO 稳定固化电解锰渣过程中, 氨氮主要通过磷酸镁铵 ($NH_4MgPO_4 \cdot 6H_2O$) 稳定固化, 锰离子主要通过板磷锰矿[$Mn_3(PO_4)_2(OH)_2 \cdot 4H_2O$]、羟锰矿[$Mn(OH)_2$]稳定固化; 采用 P-CaO 稳定固化电解锰渣, 氨氮主要以氨气逸出电解锰渣; 此外, 采用 P-LGMgO 稳定固化电解锰渣 28d 后, 电解锰渣中重金属含量达到《污水综合排放标准》(GB 8978—1996), 氨氮浓度从 $504.0 mg \cdot L^{-1}$ 降低到 $76.6 mg \cdot L^{-1}$。

5.2　过磷酸钙与氧化镁稳定固化电解锰渣研究

　　国内外研究者对电解锰渣的稳定固化进行了大量研究, 如氧化钙 (CaO)、苛性氧化镁 (MgO)、氯化镁 ($MgCl_2$) 和磷酸钠 (Na_3PO_4) (Jia Li 等, 2020b) 以及无机化学试剂[$NaHCO_3$, Na_2CO_3, Na_3PO_4, Na_2HPO_4, $NH_4H_2PO_4$ 和 $Ca_{10}(PO_4)_6(OH)_2$] (Liu et al., 2007)。前期研究也证明, 采用低品位氧化镁和 CaO、低品位氧化镁和磷石膏、灼烧生料 (Shu et al., 2016a; 罗正刚, 2021)、不同磷酸盐 ($Na_3PO_4 \cdot 12H_2O$, Na_2H-$PO_4 \cdot 12H_2O$ 和 $NaH_2PO_4 \cdot 2H_2O$) (Shu et al., 2016b) 可用于稳定固化电解锰渣中的 NH_4^+-N 和 Mn^{2+}, 但稳定固化后的电解锰渣中仍存在大量可溶性硫酸根和钠离子, 导致稳定固化后的电解锰渣中可溶性盐大于 2%, 达不到渣场无害化堆存要求; 此外, 磷酸盐和氧化镁成本较高。因此, 急需寻找一种低成本固化剂稳定固化电解锰渣。

　　事实上,过磷酸盐和氧化钙可用于稳定固化土壤重金属(陈哲,2021),MgO 和 KH_2PO_4 可用于稳定固化汞, 低品位氧化镁可用于稳定电弧炉废渣。因此, 采用过磷酸钙和镁盐稳定固化电解锰渣中的 NH_4^+-N 和 Mn^{2+} 在理论上是可行的。本节开展了过磷酸钙与氧化镁稳定固化电解锰渣研究, 揭示了 NH_4^+-N 和 Mn^{2+} 的稳定固化机理, 研究成果将为电解锰渣的无害化处理提供理论与技术支撑。

5.2.1　实验材料与方法

（1）实验材料。本研究采用的电解锰渣样品由贵州省某电解金属锰企业提供。电解锰渣和低品位氧化镁（LG-MgO）样品在 60℃下干燥至恒重。实验过程采用的过磷酸钙，$C_2H_3NaO_2 \cdot 3H_2O$，$KNaC_4H_4O_6 \cdot 4H_2O$，$K_4O_7P_2$ 均属于分析纯级别。

（2）稳定固化实验。单一使用 LG-MgO 稳定固化电解锰渣实验：在电解锰渣与水固液比为 2∶1 条件下，将不同用量的 LG-MgO（电解锰渣质量的 0.3%，0.8%，1.5%，3.5% 和 4.5%）与电解锰渣充分混合 20min。单一使用过磷酸钙稳定固化锰渣实验：在 20℃条件下，电解锰渣与水固液比为 2∶1，将电解锰渣和不同用量的过磷酸钙（电解锰渣质量的 4%，6%，8%，10% 和 12%）充分混合 20min。采用 LG-MgO 和过磷酸钙协同稳定固化电解锰渣实验：过磷酸钙用量为电解锰渣质量的 8% 时，将不同用量的 LG-MgO（电解锰渣质量的 2.8%，3.2%，3.5%，4.2% 和 4.5%）加入过磷酸钙和电解锰渣混合体系，充分混合 20min。最后，在不同稳定固化时间条件下，测试稳定固化后电解锰渣样品浸出溶液 pH、NH_4^+-N 和 Mn^{2+} 的浓度。

（3）电解锰渣和 LG-MgO 理化特性。本研究采用的电解锰渣主要由 SiO_2，CaO，SO_3，Al_2O_3，Fe_2O_3 和 MnO 组成，约占 97.48%。LG-MgO 主要由 MgO，SiO_2，CaO，Al_2O_3，Fe_2O_3，P_2O_5，MnO 和 SO_3 组成，约占 98.64%（表 5-4）。由图 5-6（a）可知，电解锰渣主要包含

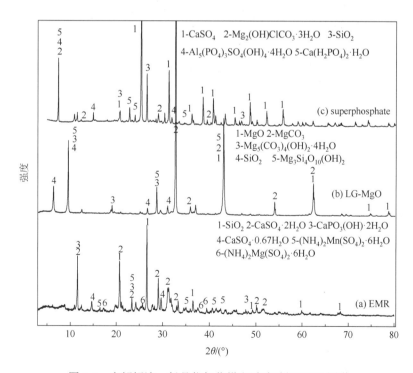

图 5-6　电解锰渣、低品位氧化镁和过磷酸钙 XRD 图谱

SiO_2，$CaSO_4 \cdot 2H_2O$，$CaPO_3(OH) \cdot 2H_2O$，$CaSO_4 \cdot 0.67H_2O$，$(NH_4)_2Mn(SO_4)_2 \cdot 6H_2O$ 和 $(NH_4)_2Mg(SO_4)_2 \cdot 6H_2O$ 等物相。图 5-6（b）显示 LG-MgO 主要包含 MgO，SiO_2，$MgCO_3$，$Mg_5(CO_3)_4(OH)_2 \cdot 4H_2O$ 和 $Mg_3Si_4O_{10}(OH)_2$。由图 5-6（c）可知，过磷酸钙的主要成分包括 SiO_2，$CaSO_4$，$Mg_2(OH)ClCO_3 \cdot 3H_2O$，$Al_5(PO_4)_3SO_4(OH)_4 \cdot 4H_2O$ 和 $Ca(H_2PO_4)_2 \cdot H_2O$。如图 5-7（a）电解锰渣 SEM 图显示，一些规则的圆柱形颗粒和不规则形状的颗粒彼此随机重叠。LG-MgO 样品 SEM 图[5-7（b）]显示大小颗粒彼此堆叠，且球形颗粒可能是碳酸盐矿物[$MgCO_3$，$Mg_5(CO_3)_4(OH)_2 \cdot 4H_2O$]。

表 5-4　低品位氧化镁和电解锰渣化学组分及占比（%）

	MgO	SiO$_2$	CaO	Al$_2$O$_3$	Fe$_2$O$_3$	SO$_3$	MnO	P$_2$O$_5$	BaO	其他
LG-MgO	67.25	11.57	7.20	1.52	0.76	0.82	3.16	6.36	0.15	1.21
电解锰渣	1.12	37.56	16.93	12.14	4.78	22.95	3.12	*	*	1.40

注：*表示低于检测限。

图 5-7　SEM 图分析（a）电解锰渣 SEM 图，（b）LG-MgO 样品 SEM 图

5.2.2　单一和组合固化剂稳定固化锰渣行为

（1）单一使用 LG-MgO 稳定固化电解锰渣

在不同 LG-MgO 用量条件下，稳定固化后样品 pH、浸出液中 NH_4^+-N 和 Mn^{2+} 浓度结果见图 5-8。由图 5-8（a）可知，随着 LG-MgO 用量的增加，更多的 NH_4^+-N 从电解锰渣中逸出，在固定的反应时间内，NH_4^+-N 的浓度随 LG-MgO 用量增加而降低；在固定的 LG-MgO 用量条件下，NH_4^+-N 的浓度随反应时间增加而降低，这是由于随着反应时间增加，一部分 NH_4^+-N 被吸附在絮凝体中。此外，当反应时间小于 10 天，随着 LG-MgO 固化剂用量的增加，Mn^{2+} 的浓度降低[图 5-8（b）]；由图 5-8（c）可知，在固定反应时间内，随着 LG-MgO 用量从 0.3% 增加到 4.5%，电解锰渣浸出溶液 pH 增加，而当反应时间大于 10 天，随着 LG-MgO 用量增加，电解锰渣浸出液 pH 变化不大。综上可知，当 LG-MgO 固化剂用量为 4.5%，反应 50 天，电解锰渣浸出液 pH 为 8.42，Mn^{2+} 和 NH_4^+-N 的浓度分别为 41mg·L^{-1} 和 175mg·L^{-1}，均高于《污水综合排放标准》（GB 8978—1996）允许排放值。

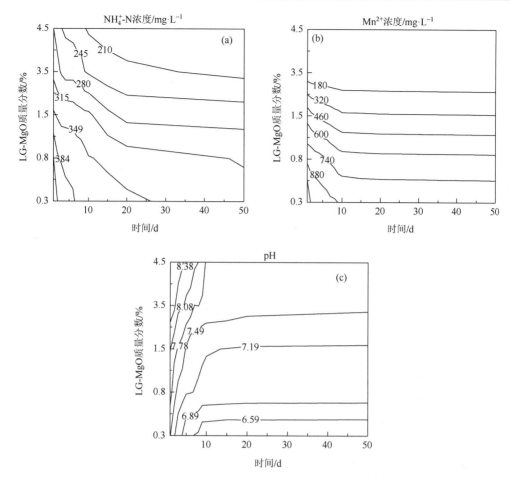

图 5-8 LG-MgO 用量对 NH$_4^+$-N、Mn^{2+} 和 pH 的影响（a）NH$_4^+$-N 浓度变化；（b）Mn^{2+}浓度变化；
（c）pH 变化

（2）单一使用过磷酸钙稳定固化电解锰渣

在不同过磷酸钙用量条件下，稳定固化后的电解锰渣样品 pH、浸出液中 NH$_4^+$-N 和 Mn^{2+}浓度见图 5-9。由图 5-9（a）可知，在不同过磷酸钙用量条件下，NH$_4^+$-N 的浓度均随反应时间增加而降低；当过磷酸钙用量从 4%增加到 12%，NH$_4^+$-N 的浓度先降低后升高，这是因为过磷酸钙溶于水会产生更多的 H$^+$。由图 5-9（b）可知，当反应时间小于 10 天，在不同过磷酸盐用量条件下，浸出液中 Mn^{2+}的浓度逐渐降低，这是因为 Mn^{2+}与过磷酸钙形成了磷酸盐沉淀物（Xue et al.，2020）。由图 5-9（c）可知，在固定反应时间内，当过磷酸钙添加量从 4%增加到 12%，电解锰渣浸出溶液 pH 降低，这是因为过磷酸钙溶于水时会产生更多的 H$^+$，降低了固化体系 pH。综上可知，当过磷酸钙用量为 4.5%，稳定固化反应 50 天，电解锰渣样品浸出溶液 pH 为 5.56，Mn^{2+}和 NH$_4^+$-N 的浓度分别为 578mg·L^{-1} 和 214mg·L^{-1}，均高于《污水综合排放标准》（GB 8978—1996）允许排放值。

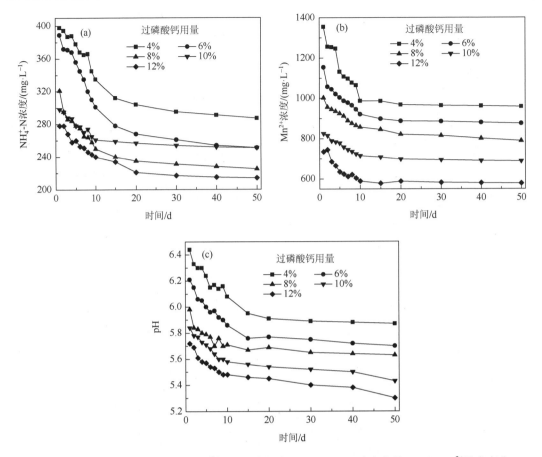

图 5-9　过磷酸钙用量对 NH_4^+-N、Mn^{2+} 和 pH 的影响（a）NH_4^+-N 浓度变化；（b）Mn^{2+} 浓度变化；（c）pH 变化

（3）LG-MgO 和过磷酸钙协同稳定固化

根据单一固化剂研究结果可知，仅通过 LG-MgO 或过磷酸钙很难实现电解锰渣中 NH_4^+-N 和 Mn^{2+} 的达标排放。因此，本节研究了 LG-MgO 与过磷酸钙协同作用下对电解锰渣中 NH_4^+-N 和 Mn^{2+} 稳定固化的影响。考虑到过磷酸钙成本和稳定体系 pH，本研究选择 8%（质量分数）的过磷酸钙作为最佳条件。由图 5-10（a）可知，在相同反应时间条件下，稳定固化体浸出液中 NH_4^+-N 的浓度随着 LG-MgO 用量增加而降低，这是因为随着 LG-MgO 用量增加，体系形成了更多的鸟粪石沉淀（Yang et al.，2014）；在固定 LG-MgO 用量条件下，NH_4^+-N 浓度随反应时间的增加而降低，而在相同反应时间条件下，随着 LG-MgO 用量从 2.8% 增加到 4.5%，稳定固化体浸出液中 Mn^{2+} 的浓度逐渐降低[图 5-10（b）]。图 5-10（c）表明，在相同反应时间条件下，电解锰渣浸出液 pH 随着 LG-MgO 用量增加而增加。综上可知，当 LG-MgO 和过磷酸钙用量分别为 4.5% 和 8%，反应时间大于 50 天，电解锰渣浸出液 pH 为 8.07，Mn^{2+} 浓度为 1.58mg·L^{-1}，均达到《污水综合排放标准》（GB 8978—1996），而固化体浸出液中 NH_4^+-N 浓度从 523.46mg·L^{-1} 降低到 32.00mg·L^{-1}。

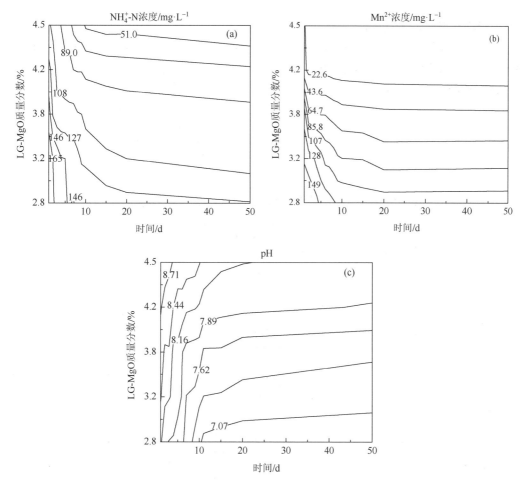

图 5-10　过磷酸钙用量为 8%，LG-MgO 用量对电解锰渣浸出液中 NH_4^+-N、Mn^{2+} 浓度和 pH 的影响：
（a）NH_4^+-N 浓度的变化；（b）Mn^{2+} 浓度的变化；（c）pH 的变化

5.2.3　电解锰渣稳定固化机理

由图 5-11（a）所示，原电解锰渣矿物成分主要含有 $CaSO_4·2H_2O$、SiO_2、$MnOOH$ 和 $Mg_5(CO_3)(OH)_2·4H_2O$。当采用 4.5% 的 LG-MgO 稳定固化 50 天，电解锰渣中 $CaSO_4·0.67H_2O$ 特征衍射峰消失。结果表明，单独采用 LG-MgO 稳定固化电解锰渣，Mn^{2+} 主要由 $MnOOH$ 稳定固化，同时 $CaSO_4·0.67H_2O$ 开始转化为 $CaSO_4·2H_2O$。当单独采用 8% 的过磷酸钙稳定固化电解锰渣 50 天，可观察到固化体中出现了 $Mn_3(H_2PO_4)_2·2H_2O$、$Mg(H_2PO_4)_2$、MnO_2 和 $Mn_2(P_2O_7)·5H_2O$ 衍射特性峰，说明电解锰渣中的 Mn^{2+} 主要以 $Mn_3(PO_4)·2H_2O$、$Mn(H_2PO_4)_2·2H_2O$ 和 $Mn_2(P_2O_7)·5H_2O$ 稳定固化。当采用 8% 的过磷酸钙和 4.5% 的 LG-MgO 协同稳定固化电解锰渣 50 天，固化体中出现了 $Mn_3(H_2PO_4)_2·2H_2O$、$Mg_5(CO_3)(OH)_2·4H_2O$、$MgHPO_4·7H_2O$、$Mn(H_2PO_4)_2·2H_2O$、$MnOOH$、Mn_3O_4 和 $NH_4MgPO_4·7H_2O$ 新的特征衍射峰，说明电解锰渣中的 Mn^{2+} 和 NH_4^+-N 主要以

$Mn(H_2PO_4)_2 \cdot 2H_2O$、$MnOOH$、$Mn_3O_4$ 和 $NH_4MgPO_4 \cdot 6H_2O$ 稳定固化。此外，由图 5-11（b）可知，随着 LG-MgO 用量从 2.8%增加到 4.5%，稳定固化反应 50 天，$Mg_5(CO_3)(OH)_2 \cdot 4H_2O$、$Mn_3(H_2PO_4)_2 \cdot 2H_2O$、$Mn(H_2PO_4)_2 \cdot 2H_2O$ 和 $NH_4MgPO_4 \cdot 6H_2O$ 的衍射峰强度增加，这是因为固化体系 pH 的增加促进了磷酸盐沉淀形成。

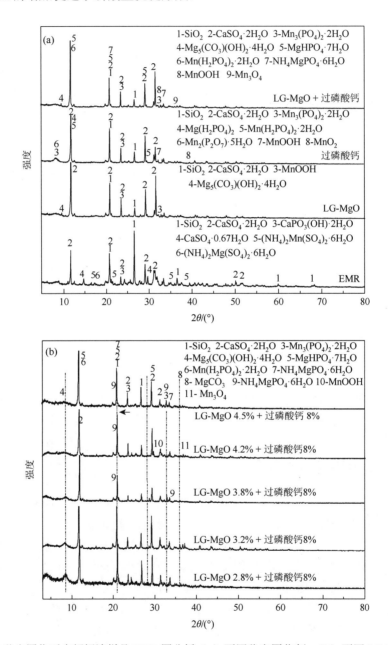

图 5-11　稳定固化后电解锰渣样品 XRD 图分析（a）不同稳定固化剂；（b）不同 LG-MgO 用量

不同反应条件下稳定固化后电解锰渣样品红外光谱分析如图 5-12 所示。由图 5-12（b）

可知，在 3415cm^{-1}、1683cm^{-1} 和 1407cm^{-1} 出峰位置可分别归因于—O—H、H—O—H 和 H—N—H 的弯曲振动（Ye et al.，2019）；在 1129cm^{-1} 和 1010cm^{-1} 出峰位置可分别归因于 SO$_4^{2-}$ 和 PO$_4^{3-}$ 的伸缩振动；421cm^{-1} 处的峰值可归因于 Si—O 的弯曲振动。结合 XRD 分析，可进一步证明稳定固化后的电解锰渣样品中含有 SiO$_2$、NH$_4^+$-N、SO$_4^{2-}$ 和 PO$_4^{3-}$。由图 5-12（a）可知，在 3410cm^{-1}、1617cm^{-1} 和 1423cm^{-1} 处的峰值可分别归因于—O—H、H—O—H 和 H—N—H 的弯曲振动。结果表明，当单独使用 LG-MgO、过磷酸钙作为稳

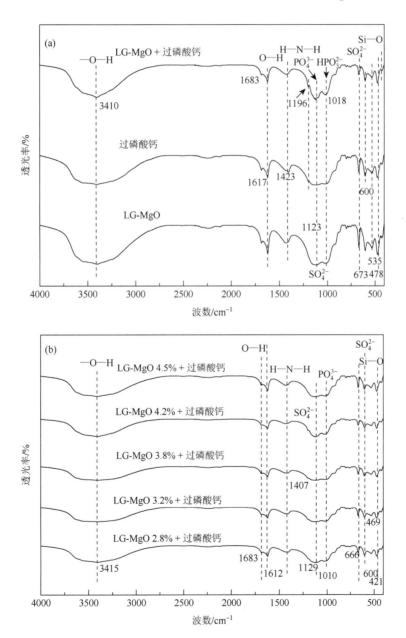

图 5-12　稳定固化后电解锰渣样品 FT-IR 光谱（a）不同稳定固化剂；（b）不同 LG-MgO 用量

定固化剂时，稳定固化后的样品中含有大量的结晶水、氢氧化物沉淀和 NH_4^+-N。与单独使用 LG-MgO 协同稳定固化相比，采用过磷酸钙和 LG-MgO 稳定固化电解锰渣时，在 1196cm^{-1} 处出现了磷酸盐新特征峰，说明稳定固化样品中含有大量磷酸盐。PO_4^{3-} 和 HPO_3^{2-} 的特征峰在 1123cm^{-1} 和 1018cm^{-1} 处分别出现，这表明电解锰渣中部分 NH_4^+-N 和 PO_4^{3-} 以磷酸氨镁沉淀被稳定固化（Zhang et al.，2019）。由图 5-12（b）可知，当过磷酸钙用量为 8%稳定固化 50 天，随着 LG-MgO 用量从 2.8%增加到 4.5%，稳定固化后的样品红外光谱主峰位置相似。

如图 5-13（a）所示，当单独使用 4.5% LG-MgO 稳定固化电解锰渣 50 天，样品 SEM 图像显示大颗粒和小颗粒相互堆积，且柱状颗粒表面覆盖有一层沉淀物（Zhang et al.，2019）。上述结果表明，电解锰渣中的部分物质开始与 LG-MgO 反应生成片状物质。由图 5-13（b）可知，当单独使用 8%过磷酸钙稳定固化电解锰渣 50 天，稳定固化后的电解锰渣 SEM 图中显示小颗粒物和大颗粒物相互堆积，柱状颗粒消失，表明过磷酸钙开始与 Mn^{2+} 反应形成磷酸盐沉淀。由图 5-13（c）可知，大小不均匀的颗粒堆积在圆柱形颗粒表面，圆柱形颗粒类似于直径在 10～30μm 的鸟粪石，表明 NH_4^+-N 主要以 $NH_4MgPO_4·6H_2O$ 稳定固化。EDS 进一步分析表明，圆筒状颗粒表面主要含有 N、O、Fe、Mg、K、Ca、P、S、Mn、S、Si 和 Al 元素[图 5-13（d）]。图 5-13（e）显示了稳定固化后电解锰渣样品的 Mn2p 结合能，641.5eV 和 654.3eV 的主峰分别为 Mn^{3+} 和 Mn^{2+}。结果表明，当单独采用 4.5% LG-MgO 稳定固化电解锰渣 50 天，锰主要以 Mn^{3+} 和 Mn^{2+}（Zhang et al.，2020a）稳定固化。当单独采用 8.0%过磷酸钙稳定固化电解锰渣 50 天，固化体表面出现的 643.4eV 主峰归属于 Mn^{4+}。当采用 LG-MgO 和过磷酸钙协同稳定固化电解锰渣，固化体表面出现了 Mn^{3+}（MnOOH）和 $Mn^{8/3+}$（Mn_3O_4）峰，结果表明电解锰渣中 Mn^{2+} 主要以 MnOOH 和 Mn_3O_4 稳定固化。此外，由图 5-13（e）可知，当 LG-MgO 和过磷酸钙协同稳定固化电解锰渣 50 天，531.7eV 和 531.9eV 处出现的特征峰可归因于 SO_4^{2-} 和 PO_4^{3-}；401.3eV，401.9eV 处出现的特征峰分别归因于$(NH_4)_2SO_4$ 和 $NH_4H_2PO_4$，402.2eV 处出现的特征峰可归因于鸟粪石（$NH_4MgPO_4·6H_2O$）（Zhang et al.，2020b），这表明当采用 LG-MgO 和过磷酸钙协同稳定固化电解锰渣，电解锰渣中的 NH_4^+-N 主要以 $NH_4MgPO_4·6H_2O$ 稳定固化。

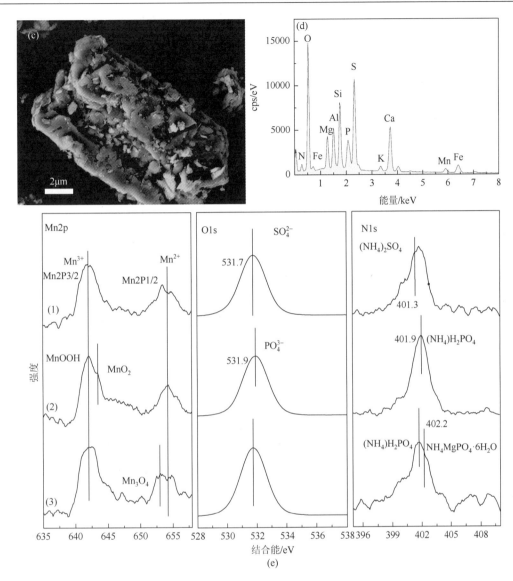

图 5-13　反应 50 天不同反应条件下电解锰渣稳定固化样品的 SEM 和对应 EDX 分析：（a）4.5% LG-MgO；（b）8%过磷酸钙；（c）4.5% LG-MgO 和 8 %过磷酸钙；（d）固化样品 EDS 分析；（e）Mn2p、O1s 和 N1s XPS 光谱图分析

表 5-5　电解锰渣稳定固化样品浸出液中各种离子浓度　　　　单位：mg·L^{-1}

	pH	NH_4^+-N	Mn^{2+}	Mg^{2+}	Ca^{2+}	Co^{2+}	Cd^{2+}	Cr^{6+}	Ni^{2+}	Zn^{2+}	Se^{4+}
EMR	5.89	523.5	1183.6	297.8	380.6	0.35	0.034	0.062	0.288	1.114	2.498
LG-MgO	11.04	*	4.13	132.4	0.053	*	*	*	0.039	7.45	0.245
LG-MgO 4.5% 20d	7.62	189.00	44.00	341.8	384.2	0.028	0.009	0.036	0.235	1.817	1.777
LG-MgO 4.5% 50d	7.60	175.00	41.00	325.2	375.2	0.027	*	*	*	1.354	1.354
过磷酸钙（8%）20d	5.75	221.00	588	272.8	357.3	0.493	0.038	0.054	0.816	0.038	2.211

续表

	pH	NH_4^+-N	Mn^{2+}	Mg^{2+}	Ca^{2+}	Co^{2+}	Cd^{2+}	Cr^{6+}	Ni^{2+}	Zn^{2+}	Se^{4+}
过磷酸钙（8%）50d	5.56	214.00	578	263.8	356.1	0.512	*	*	0.751	*	1.322
LGP（LG-MgO4.5%）20d	8.17	44	1.68	311.9	375.2	0.007	0.021	0.023	0.176	3.345	0.454
LGP（LG-MgO 4.5%）50d	8.07	32	1.58	302.5	371.2	0.014	*	*	*	1.024	0.151
GB 8978—1996	6～9	15	2	*	*	*	0.1	0.5	1.0	2.0	0.2

注：*表示低于检测限。

如表 5-5 所示，原样电解锰渣浸出液中 Se^{4+}、Mn^{2+} 和 NH_4^+-N 的浓度分别为 2.498mg·L^{-1}、1183.6mg·L^{-1} 和 523.5mg·L^{-1}，分别是《污水综合排放标准》（GB 8978—1996）一级标准的 12.5 倍、591.5 倍和 34.9 倍，此外原样电解锰渣浸出液中还存在微量的 Zn^{2+}、Ni^{2+}、Cr^{6+}、Cd^{2+} 和 Co^{2+}。LG-MgO 浸出液中 Mn^{2+} 和 Zn^{2+} 的浓度分别为 4.13mg·L^{-1} 和 7.45mg·L^{-1}，高于 GB 8978—1996 一级标准允许排放值。结果表明，原样电解锰渣和 LG-MgO 直接排放将造成环境污染。当采用 LG-MgO、过磷酸钙和 LGP 稳定固化电解锰渣后，电解锰渣浸出液中 Mn^{2+} 和 NH_4^+-N 的浓度随反应时间的增加而降低。当单独采用 4.5% LG-MgO 作为稳定固化剂，电解锰渣浸出液中其他重金属低于 GB 8978—1996 标准。当单独采用 8.0%过磷酸钙稳定固化电解锰渣 50 天，电解锰渣浸出液中 Mn^{2+} 和 NH_4^+-N 的浓度高于单独采用 4.5% LG-MgO 稳定固化条件，其原因是浸出液 pH 小于单独采用 4.5%LG-MgO 稳定固化条件。此外，当采用 4.5% LG-MgO 和 8%过磷酸钙协同稳定固化电解锰渣，电解锰渣浸出液中 NH_4^+-N 浓度由 523.5mg·L^{-1} 降至 32mg·L^{-1}，Mn^{2+} 和其他重金属浓度均低于 GB 8978—1996 排放标准。采用过磷酸钙和 LG-MgO 稳定固化电解锰渣可能发生如下反应：

（1）过磷酸钙和 LG-MgO 的溶解：

$$MgO + H_2O \Longrightarrow MgOH^+ + OH^- \tag{5-12}$$

$$MgCO_3 + 2H^+ \longrightarrow CO_2 + Mg^{2+} + H_2O \tag{5-13}$$

$$(H_2PO_4)^- + H_2O \longrightarrow (HPO_4)^{2-} + H_3O^+ \tag{5-14}$$

$$(HPO_4)^{2-} + H_2O \longrightarrow PO_4^{3-} + H_3O^+ \tag{5-15}$$

（2）Mn^{2+} 和 NH_4^+-N 的稳定固化：

$$Mn^{2+} + PO_4^{3-} + H_2O \longrightarrow Mn_3(PO_4)_2 \cdot 2H_2O \tag{5-16}$$

$$Mn^{2+} + (H_2PO_4)^- + H_2O \longrightarrow Mn(H_2PO_4)_2 \cdot 2H_2O \tag{5-17}$$

$$NH_4^+ + Mg^{2+} + PO_4^{3-} + H_2O \longrightarrow NH_4MgPO_4 \cdot 6H_2O \tag{5-18}$$

$$Mg^{2+} + (HPO_4)^{2-} + H_2O \longrightarrow MgHPO_4 \cdot 7H_2O \tag{5-19}$$

$$Ca(OH)_2 + (NH_4)_2SO_4 \longrightarrow CaSO_4 \cdot 2H_2O + NH_3 \tag{5-20}$$

$$Ca(OH)_2 + MnSO_4 \longrightarrow CaSO_4 \cdot 2H_2O + Mn(OH)_2 \tag{5-21}$$

$$Mn^{2+} + OH^- + O_2 \Longrightarrow MnOOH + H_2O \qquad (5-22)$$

$$Mn^{2+} + OH^- + O_2 \longrightarrow Mn_3O_4 + H_2O \qquad (5-23)$$

5.2.4　小结

本节开展了 LG-MgO 和过磷酸钙稳定固化电解锰渣中 Mn^{2+} 和 NH_4^+-N 研究。研究结果表明，当采用 4.5% LG-MgO 和 8.0%过磷酸钙稳定固化电解锰渣时，其固化体浸出液中 Mn^{2+} 和 NH_4^+-N 浓度低于单独使用 4.5% LG-MgO 和 8.0%过磷酸钙协同稳定固化剂；其中，当采用 4.5% LG-MgO 和 8%过磷酸钙稳定固化电解锰渣 50 天，电解锰渣稳定固化后样品浸出液 pH 为 8.07，Mn^{2+} 浓度为 1.58mg·L^{-1}，两者均符合《污水综合排放标准》（GB 8978—1996），同时稳定固化后的电解锰渣浸出液中 NH_4^+-N 浓度从 523.46mg·L^{-1} 降至 32mg·L^{-1}。稳定固化机理表明，采用 LG-MgO 和过磷酸钙协同稳定固化电解锰渣，电解锰渣中 Mn^{2+} 和 NH_4^+-N 主要以 $Mn_3(PO_4)_2·2H_2O$、$MnOOH$、Mn_3O_4、$Mn(H_2PO_4)_2·2H_2O$ 和 $NH_4MgPO_4·6H_2O$ 稳定固化。

5.3　磷石膏协同电解锰渣稳定固化研究

磷石膏是生产磷肥过程中产生的酸性副产物（Contreras et al.，2015；Rashad，2017；Cesur and Balkaya，2006；Zrelli et al.，2018；Zheng et al.，2018），其反应化学式如下：

$$Ca_5F(PO_4)_3 + 5H_2SO_4 + 10H_2O \longrightarrow 3H_3PO_4 + 5CaSO_4·2H_2O + HF \qquad (5-24)$$

根据上述方程式，每生产 1t 磷酸将排放 5t 的磷石膏。全球每年将产生 20 亿～30 亿 t 的磷石膏（Hua et al.，2016；Pérez-López et al.，2018），这些磷石膏中不到15%的部分被作为路基材料（Shen et al.，2008）、土壤肥料（Hentati et al.，2015）、水泥浆体填充物（Li et al.，2017）、稀土回收（Liang et al.，2017）、堆肥（Li et al.，2018）、α-半水石膏合成物（Ma et al.，2018）、建筑材料（Campos et al.，2017）以及其他产品（Dalia et al.，2018，Zhang et al.，2012）等，85%以上的磷石膏采用渣场堆存。磷石膏大部分由石膏组成，其中还含有 F^-（0.1%～1.5%）和 P_2O_5（0.1%～2.0%），以及 Fe^2、Zn^{2+}、Mg^{2+}、Cd^{2+}、Cr^{6+}、Pb^{2+}、PO_4^{3-}、F^-等杂质（Mohammed et al.，2018）；此外，磷石膏中可溶性 PO_4^{3-} 和 F^- 的浓度远超过《污水综合排放标准》规定限值（GB 8978—1996），如果直接堆存将严重破坏当地生态环境。

电解锰渣是碳酸锰矿经硫酸浸出后产生的一种工业固体废物（Li et al.，2018b；Shu et al.，2017a，2017b），每生产 1t 金属锰将排放 8～12t 电解锰渣，由于历史和技术原因，目前我国电解锰渣累计堆存量已超过 1.5 亿 t（Yang et al.，2018）。电解锰渣渗滤液中氨氮的浓度范围为 500～3000mg·L^{-1}，Mn^{2+} 浓度范围为 1000～3000mg·L^{-1}，均高于《污水综合排放标准》（GB 8978—1996）（$Mn^{2+} \leqslant 2$mg·L^{-1}，NH_4^+-N≤15mg·L^{-1}）（何德军等，2020；Liu et al.，2017；Li et al.，2004）。

电解锰渣渗滤液中含有的 NH_4^+-N 和 Mn^{2+}，以及磷石膏渗滤液中含有的 PO_4^{3-} 和 F^- 会对生态环境造成严重影响（Vanotti et al.，2017）。当人体摄入过量的氨氮会导致肝损伤和胃癌，水体中过量的氨氮和 PO_4^{3-} 也会导致水体富营养化（Liu et al.，2018）；人体摄入过量的锰会损伤神经系统（Muhmood et al.，2018）；摄入过量 F^- 会抑制身体酶促过程，扰乱正常的钙磷代谢。目前，磷化工企业常用生石灰处理磷石膏，磷石膏中的 PO_4^{3-} 和 F^- 主要与 Ca^{2+} 反应生成 $Ca_3(PO_4)_2$ 和 CaF_2。电解锰渣中的氨氮也常采用生石灰处理，但氨氮在碱性条件下容易形成氨气，造成二次污染。事实上，鸟粪石沉淀法是一种可同时去除废水中氨氮和磷的方法（Wu et al.，2018），其主要化学反应如下：

$$Mg^{2+} + NH_4^+ + PO_4^{3-} + H_2O \longrightarrow MgNH_4PO_4 \cdot 6H_2O\downarrow + H^+ \tag{5-25}$$

$$(Mn^{2+}, Ca^{2+}, Mg^{2+}) + F^- \longrightarrow (Mn, Ca, Mg)F_2\downarrow \tag{5-26}$$

$$(Mn^{2+}, Ca^{2+}, Mg^{2+}) + PO_4^{3-} \longrightarrow (Mn, Ca, Mg)_3(PO_4)_2\downarrow \tag{5-27}$$

值得关注的是，电解锰渣中的 NH_4^+-N、Mn^{2+} 和 Mg^{2+} 可用于稳定固化磷石膏中的 F^- 和 PO_4^{3-}；同时，磷石膏中的 F^- 和 PO_4^{3-} 可用于稳定固化电解锰渣中的 NH_4^+-N、Mn^{2+} 和 Mg^{2+}。目前，电解锰渣和磷石膏的资源化利用率较低，电解锰渣和磷石膏的单独分开堆存会严重破坏生态环境。为此，开展电解锰渣和磷石膏的协同稳定固化基础研究，对电解锰渣和磷石膏无害化处理都具有十分重要的意义。

本节研究了电解锰渣和磷石膏质量比、稳定固化体系 pH、固液比以及稳定固化温度对电解锰渣和磷石膏固化体浸出液中 NH_4^+-N、PO_4^{3-}、Mn^{2+} 和 F^- 浸出浓度的影响，同时结合 X 射线衍射（XRD）、扫描电子显微镜（SEM）、能量色散 X 射线光谱（EDS）和傅里叶变换红外光谱（FT-IR）等现代分析测试手段，探明了电解锰渣和磷石膏协同稳定固化机理。

5.3.1　实验材料与方法

本实验首先将不同质量比的电解锰渣和磷石膏充分混合（设定质量比：1∶3、1∶2、1∶1、2∶1 和 3∶1），其次，向电解锰渣和磷石膏混合物中加入设定比例的水（设定比例为 1∶0.4、1∶0.5、1∶0.7、1∶0.9 和 1∶1.1），最后，采用 H_2SO_4、NaOH 和 MgO 调节稳定固化体系的初始 pH（2、4、6、8、9、10 和 11），并在不同反应温度（20℃、30℃、40℃、50℃ 和 60℃）条件下进行稳定固化实验。稳定固化后的样品采用《固体废物浸出毒性浸出方法　水平振荡法》（HJ 557—2010）测定固化体浸出液中 NH_4^+-N、PO_4^{3-}、Mn^{2+} 和 F^- 的浓度。本实验采用的电解锰渣和磷石膏的化学组分见表 5-6 所示。由表 5-6 所示，电解锰渣中的 SiO_2、SO_3、CaO、Al_2O_3、Fe_2O_3、MgO 和 MnO 总占比为 96.3%；在磷石膏中 SO_3、CaO、SiO_2、P_2O_5、Al_2O_3、F、MgO 和 BaO 总占比为 99.6%，其中 SO_3 和 CaO 分别占比为 51.28% 和 39.60%。结合 XRD 进一步分析可知（图 5-14），电解锰渣和磷石膏中含有大量的 $CaSO_4 \cdot 2H_2O$，而电解锰渣中的主要矿物成分为石英（SiO_2）

和石膏（CaSO$_4$·2H$_2$O）以及少量的钠长石[（Na，Ca）AlSi$_3$O$_8$)]、高岭石[Al$_2$Si$_2$O$_5$(OH)$_4$]、铵镁矾[(NH$_4$)$_2$(Mn, Fe)(SO$_4$)$_2$·6H$_2$O]、白云母[KAl$_2$Si$_3$AlO$_{10}$(OH)$_2$]和黄铁矿（FeS$_2$）。上述分析结果表明，电解锰渣中的 MnSO$_4$·H$_2$O，(NH$_4$)$_2$SO$_4$ 和 MgSO$_4$ 在堆积的过程中形成了铵镁矾等复盐。磷石膏主要含有 CaSO$_4$·2H$_2$O、SiO$_2$ 以及少量的 CaPO$_3$(OH)·2H$_2$O，Ca$_3$(PO$_4$)$_2$，CaPO$_3$(OH)，Ca$_5$(PO$_4$)$_3$(OH)和 Ca$_5$F(PO$_4$)$_3$ 等矿物。

表 5-6　电解锰渣和磷石膏化学成分及占比　　　　　　　　单位：%

物质	SiO$_2$	SO$_3$	CaO	Al$_2$O$_3$	Fe$_2$O$_3$	MgO	MnO	K$_2$O	Na$_2$O	其他
电解锰渣	32.32	30.77	14.27	7.63	6.32	1.97	3.00	1.72	0.75	1.25

物质	SiO$_2$	SO$_3$	CaO	Al$_2$O$_3$	P$_2$O$_5$	MgO	F	BaO	其他
磷石膏	5.60	51.28	39.60	0.49	1.85	0.18	0.39	0.17	0.44

电解锰渣和磷石膏 SEM 图见图 5-15 所示。由图 5-15（a）可知，一些均匀的圆柱粒子和不均匀的规则粒子彼此随机重叠，前期实验也证实电解锰渣中的圆柱颗粒为 CaSO$_4$·2H$_2$O；此外，由图 5-15（b）可知，磷石膏中的大块状物质为 CaSO$_4$·2H$_2$O。由表 5-7 可知，在未经处理的电解锰渣中 Mn^{2+} 和 NH$_4^+$-N 的浓度分别为 1421.5mg·L^{-1} 和 523.2mg·L^{-1}，分别是 GB 8978—1996 一级标准限值的 710.8 倍和 34.9 倍。同时，电解锰渣中还存在微量的 Cr^{6+}、Pb^{2+}、Ni$^+$、Cu^{2+}、Se^{4+}、Cd^{2+}和 Zn^{2+}。磷石膏中 F$^-$和 PO$_4^{3-}$ 的浓度分别为 105.5mg·L^{-1} 和 485.5mg·L^{-1}，是一级标准（GB 8978—1996）限值的 10.5 倍和 971 倍。磷石膏中同样存在微量的 Fe^{2+}、Zn^{2+}、Mg^{2+}、Cd^{2+}、Cr^{6+}和 Pb^{2+}，且磷石膏中 Zn^{2+} 和 Cd^{2+} 的浓度远超 GB 8978—1996 标准。

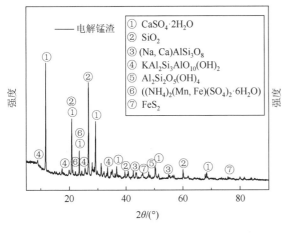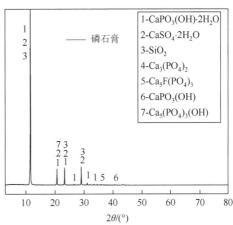

图 5-14　电解锰渣和磷石膏 XRD 图谱分析

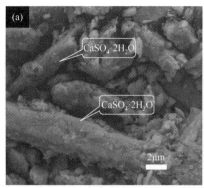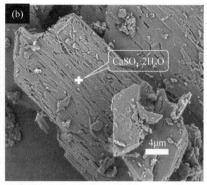

图 5-15　电解锰渣和磷石膏 SEM 分析

表 5-7　电解锰渣和磷石膏浸出实验　　　　　　　　　单位：mg·L⁻¹

物质	pH	Mn^{2+}	NH_4^+-N	Mg^{2+}	Fe^{2+}	Cu^{2+}	Cr^{6+}	Cd^{2+}	Ni^+	Se^{4+}
电解锰渣	6.53	1421.5	523.2	98.56	0.012	0.091	0.007	0.034	0.930	0.023

物质	pH	PO_4^{3-}	F^-	Mg^{2+}	Fe^{2+}	Zn^{2+}	Cd^{2+}	Cr^{6+}	Pb^{2+}
磷石膏	2.21	485.5	105.5	78.15	5.11	0.88	0.35	0.032	0.09

5.3.2　不同参数对电解锰渣和磷石膏稳定固化的影响

（1）电解锰渣和磷石膏质量比影响

图 5-16 中显示了不同电解锰渣和磷石膏质量比以及不同稳定固化时间下，稳定固化体浸出液中 NH_4^+-N、PO_4^{3-}、Mn^{2+}、F^-、Ca^{2+} 和 Mg^{2+} 浓度，以及 pH 变化。由图 5-16（a）可知，稳定固化体系的 pH 随电解锰渣和磷石膏质量比增加而增加，当电解锰渣和磷石膏质量比从 1∶3 增加到 3∶1，浸出液中 Mn^{2+} 和 NH_4^+-N 的浓度增加，Ca^{2+}、Mg^{2+}、PO_4^{3-} 的浓度逐渐降低，F^- 变化不大。这是因为随着电解锰渣与磷石膏质量比的增加，稳定固化体系中引入了更多的 OH^-；此外，当电解锰渣与磷石膏的质量比从 1∶3 增加到 3∶1 时，

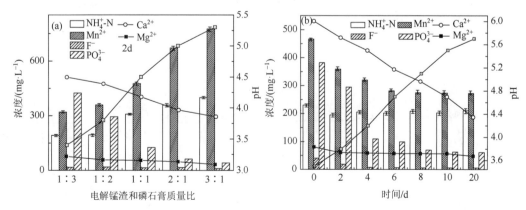

图 5-16　在不同质量比和稳定固化时间下电解锰渣及磷石膏中 NH_4^+-N、PO_4^{3-}、Mn^{2+}、F^- 的浓度及稳定固化体中 Ca^{2+}、Mg^{2+} 和 pH 变化

稳定固化体浸出液中的 NH_4^+-N 浓度从 192.6mg·L^{-1} 增加到 399.3mg·L^{-1}，Mn^{2+} 浓度从 320.3mg·L^{-1} 增加到 776.0mg·L^{-1}。由图 5-16（b）可知，在电解锰渣与磷石膏质量比为 1：2 时，稳定固化时间从 2 天增加到 20 天，稳定固化体的 pH 从 4.3 增加到 5.7，当稳定固化时间从 2 天增加到 20 天时，稳定固化体浸出液中 Ca^{2+}、Mg^{2+}、Mn^{2+}、F^- 和 PO_4^{3-} 浓度逐渐降低，但 NH_4^+-N 浓度变化不大。结果表明，当固化体初始 pH 升高时，PO_4^{3-}、F^- 和 Ca^{2+}、Mg^{2+}、Mn^{2+} 反应生成了不溶性沉淀物。此外，当电解锰渣和磷石膏的质量比为 1：2，稳定固化 20 天后，稳定固化体浸出液中 F^-、PO_4^{3-}、NH_4^+-N 和 Mn^{2+} 的浓度分别为 5.5mg·L^{-1}、61.2mg·L^{-1}、210.2mg·L^{-1} 和 272.1mg·L^{-1}，其中只有 F^- 浓度满足（GB 8978—1996）排放要求，而 PO_4^{3-}、NH_4^+-N 和 Mn^{2+} 则需进一步处理。本实验选择电解锰渣和磷石膏质量比为 1：2 作为较佳条件。上述过程涉及的主要方程式如下：

$$4Mn^{2+}+8OH^-+O_2 \Longrightarrow 4MnOOH+2H_2O \tag{5-28}$$

$$3Mn^{2+}+2PO_4^{3-}+3H_2O \longrightarrow Mn_3(PO_4)_2 \cdot 3H_2O\downarrow \tag{5-29}$$

$$Mn^{2+}+HPO_4^{2-}+2H_2O \longrightarrow MnHPO_4 \cdot 2H_2O\downarrow \tag{5-30}$$

$$Mn^{2+}+2H_2PO_4^-+2H_2O \longrightarrow Mn(H_2PO_4)_2 \cdot 2H_2O\downarrow \tag{5-31}$$

$$3Ca^{2+}+2PO_4^{3-} \longrightarrow Ca_3(PO_4)_2\downarrow \tag{5-32}$$

$$(Mn^{2+}, Ca^{2+}, Mg^{2+})+2F^- \longrightarrow (Mn, Ca, Mg)F_2\downarrow \tag{5-33}$$

（2）NaOH 对锰和氨氮稳定固化的影响

图 5-17 显示不同初始 pH 条件下（NaOH）稳定固化体系中 NH_4^+-N、PO_4^{3-}、Mn^{2+}、F^- 浓度变化规律。由图 5-17（a）可知，NH_4^+-N、PO_4^{3-}、Mn^{2+}、F^- 浓度随 pH 的升高而降低，当 pH 从 2 增加到 9，浸出液中 NH_4^+-N、Mn^{2+}、F^-、PO_4^{3-} 的浓度分别降至 183.8mg·L^{-1}、216.2mg·L^{-1}、3.4mg·L^{-1} 和 38.5mg·L^{-1}。结果表明，pH 的升高促进了固化体系中 F^-、PO_4^{3-}、Mn^{2+}、Ca^{2+} 和 Mg^{2+} 等离子的稳定固化；当 pH 高于 7.5，Mn^{2+} 开始与 OH^- 反应生成 $Mn(OH)_2$；当 pH 从 2 增加到 8 时，NH_4^+-N 浓度从 214.9mg·L^{-1} 降低到 201.6mg·L^{-1}；当浸出液 pH 为 10 时，NH_4^+-N 降至 137.1mg·L^{-1}。结果表明，当反应体系 pH 高于 10 时，氨氮开始转变成氨气从固化体中逸出。因此，稳定固化体系选择 pH 为 9 作为较佳条件。由图 5-17（b）可知，当 pH 为 9 时，NH_4^+-N、Mn^{2+}、F^- 和 PO_4^{3-} 的浓度随着稳定固化时间增加而下降，当

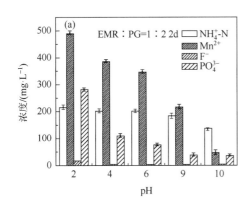
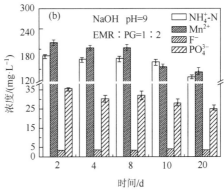

图 5-17　不同初始 pH 条件下（NaOH）稳定固化体系中 NH_4^+-N、PO_4^{3-}、Mn^{2+}、F^- 浓度变化

稳定固化 20 天，稳定固化体中 NH_4^+-N、Mn^{2+}、PO_4^{3-} 和 F^-的浓度分别为 130.4mg·L^{-1}、142.7mg·L^{-1}、35.5mg·L^{-1} 和 2.5mg·L^{-1}，其中只有 F^-满足 GB 8978—1996 排放要求，而 PO_4^{3-}、NH_4^+-N 和 Mn^{2+}需进一步处理。

（3）MgO 对锰和氨氮稳定固化的影响

鸟粪石沉淀是回收废水中氨氮的有效方法（Tansel et al.，2018；Huang et al.，2014）。在本研究中采用了质量分数为 2.0%、2.5%、10%以及 16.5%的 MgO 调节稳定固化体系的初始反应 pH（8、9、10、11）（Dafne et al.，2018）。由图 5-18（a）可知，在 pH 为 9 时，稳定固化体系浸出液中 NH_4^+-N、Mn^{2+}、F^-和 PO_4^{3-} 的浓度分别为 152.7mg·L^{-1}、3.4mg·L^{-1}、5.6mg·L^{-1} 和 28.5mg·L^{-1}。结果表明，当在稳定固化体系中加入 MgO，MgO 与 H_2O 反应时先形成 $Mg(OH)_2$ 和 $MgOH^+$，然后随着 pH 升高，Mn^{2+}被进一步稳定固化（Tansel et al.，2018）。当稳定固化体系引入 Mg^{2+}后，NH_4^+-N 和 PO_4^{3-} 的浓度会因为和 Mg^{2+}形成鸟粪石沉淀而降低；然而，当 pH 为 10 和 11 时，PO_4^{3-} 的浓度增加，这是因为较高反应体系的 pH 不利于鸟粪石的形成。此外，当 pH 高于 10.0 时，会产生氨气造成二次污染，因此，选择 MgO 调节稳定固化体系 pH 为 9 作为较佳条件。由图 5-18（b）可知，当稳定固化时间从 2 天增加到 20 天时，稳定固化体系浸出液中 NH_4^+-N、Mn^{2+}、PO_4^{3-} 和 F^-的浓度分别为 55.5mg·L^{-1}、0.8mg·L^{-1}、13.6mg·L^{-1} 和 4.5mg·L^{-1}，Mn^{2+}和 F^-的浓度均满足（GB 8978—1996）排放要求，而 PO_4^{3-}、NH_4^+-N 需要进一步处理。

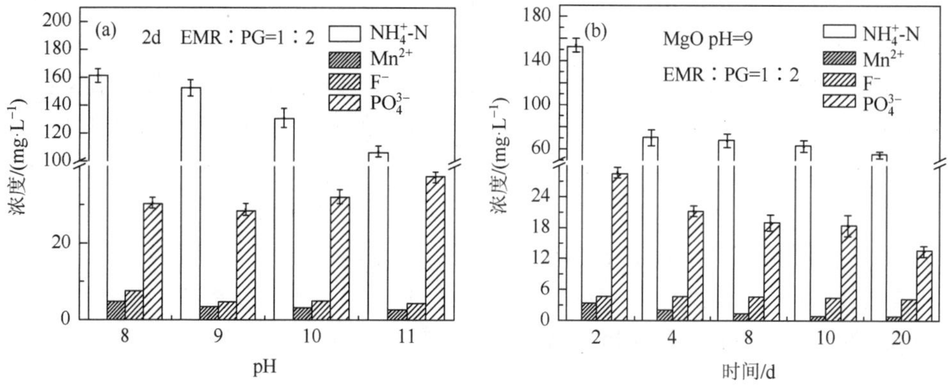

图 5-18　不同初始 pH 条件下（MgO）稳定固化体系中 NH_4^+-N、PO_4^{3-}、Mn^{2+}、F^-的浓度变化

（4）固液比对电解锰渣稳定固化的影响

不同固液比下对稳定固化体浸出液中 Mn^{2+}、NH_4^+-N、PO_4^{3-} 和 F^-浓度的影响如图 5-19 所示。由图 5-19 可知，当固液比从 1∶0.4 增加到 1∶1.1 时，稳定固化体浸出液中 NH_4^+-N 和 PO_4^{3-} 浓度以及 pH 升高，Mn^{2+}和 F^-浓度下降。当固液比为 1∶0.5、1∶0.7 和 1∶0.9 时，稳定固化体的初始 pH 分别为 9.1、9.8 和 10.1，稳定固化 2 天后，NH_4^+-N 浓度从 172.7mg·L^{-1} 降至 110.4mg·L^{-1}。结果表明，稳定固化体初始 pH 会直接影响 NH_4^+-N 的浓度，当 pH 低于 9.5，pH 的增加有利于鸟粪石形成，然而，当 pH 高于 10.0，氨氮容易形成氨气从固化体中逃逸。因此，考虑电解锰渣和磷石膏的实际含水量（28%～35%），同时为避免氨的二次污染，本研究选择电解锰渣和磷石膏与水的固液比为 1∶0.5 作为较佳条件。

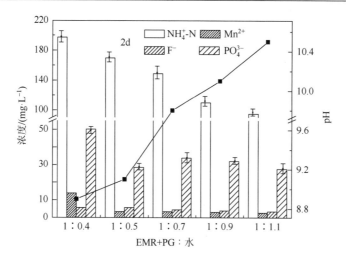

图 5-19　不同固液比条件下稳定固化体系中 NH_4^+-N、PO_4^{3-}、Mn^{2+}、F^-浓度变化

（5）不同温度对电解锰渣稳定固化的影响

不同温度下稳定固化体中浸出液中 Mn^{2+}、NH_4^+-N、PO_4^{3-} 和 F^- 浓度变化如图 5-20 所示。由图 5-20 可知，当稳定固化体系温度从 20℃升高到 40℃时，PO_4^{3-}、Mn^{2+}、F^- 的浓度几乎保持不变；当温度从 40℃升高到 50℃时，鸟粪石结晶效率随着温度的升高而增加，NH_4^+-N 浓度从 241.6mg·L^{-1} 下降到 63.8mg·L^{-1}；当温度从 50℃升高到 60℃时，NH_4^+-N 的浓度从 63.8mg·L^{-1} 增加到 330.4mg·L^{-1}，这是因为当温度高于 50℃时，鸟粪石开始分解，NH_4^+-N 在稳定固化体中被释放（Huang et al.，2014）。结合实际情况，选择 20℃为较佳稳定固化温度。

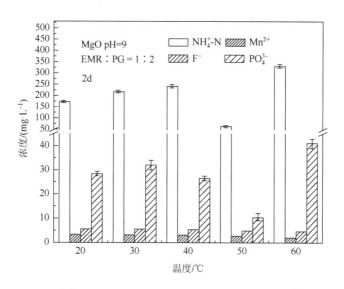

图 5-20　不同温度条件下稳定固化体系中 NH_4^+-N、PO_4^{3-}、Mn^{2+}、F^-浓度变化

5.3.3　电解锰渣与磷石膏稳定固化机理

不同稳定固化 20 天后的电解锰渣样品 XRD 图谱见图 5-21 所示。由图 5-21（a）可知，在不同电解锰渣和磷石膏质量比条件下样品的主要物相为 $CaPO_3(OH) \cdot H_2O$、$CaSO_4 \cdot 2H_2O$、CaF_2、MnF_2 和 SiO_2。结果表明，磷石膏中 F^- 和 PO_4^{3-} 和电解锰渣中与 Mn^{2+} 和 Ca^{2+} 反应，形成的产物主要为 CaF_2 和 MnF_2。由图 5-21（b）可知，使用 NaOH 调节稳定固化体系 pH 为 9 时，$CaPO_3(OH) \cdot 2H_2O$、$CaSO_4 \cdot 2H_2O$、CaF_2、$Mn(OH)_2$ 和 SiO_2 是稳定固化体的主要物相，与图 5-21（a）相比，$Mn(OH)_2$ 在 pH 为 9.0 时出现，说明当 pH 高于 9.0，MnF_2 可以向 $Mn(OH)_2$ 转化。由图 5-21（c）可知，$CaHPO_4 \cdot 2H_2O$ 在 pH 为 10.0 时出现，说明 $CaHPO_4 \cdot 2H_2O$ 在 pH 为 10.0 时开始形成。由图 5-21（d）和图 5-21（e）对比分析可知，与使用 NaOH 将 pH 调节至 9.0 和 10.0 相比，采用 MgO 调节 pH 后的电解锰渣固化体中出现了 $MgHPO_4 \cdot 3H_2O$、$(Mn, Ca, Mg)_3(PO_4)_2$、$(Mn, Ca, Mg)_3HPO_4$、$(Mn, Ca, Mg)F_2$、$NH_4MgPO_4 \cdot 6H_2O$ 和 MgO 等新的物相。结果表明，在稳定固化体系中引入 OH^- 和 Mg^{2+}，Mg^{2+} 开始与 NH_4^+ 和 PO_4^{3-} 发生反应形成鸟粪石（$NH_4MgPO_4 \cdot 6H_2O$）、$(Mn, Ca, Mg)_3(PO_4)_2$、$(Mn, Ca, Mg)HPO_4$、$(Mn, Ca, Mg)F_2$ 和 $MgHPO_4 \cdot 3H_2O$；此外，使用 MgO 调节稳定固化体系 pH，在 pH 为 10 时会形成 $Mg_3(PO_4)_2$。上述结果表明，当使用 MgO 将稳定固化体系的 pH 调节至 9.0 时，稳定固化 20 天后，锰主要以 $Mn_3(PO_4)_2 \cdot 7H_2O$ 和 $Mn(OH)_2$ 稳定固化，NH_4^+-N 主要以鸟粪石稳定固化，氟主要稳定固化为 $(Mn, Ca, Mg)F_2$，磷酸盐主要稳定固化为 $(Mn, Ca, Mg)_3(PO_4)_2$ 和 $(Mn, Ca, Mg)HPO_4$。

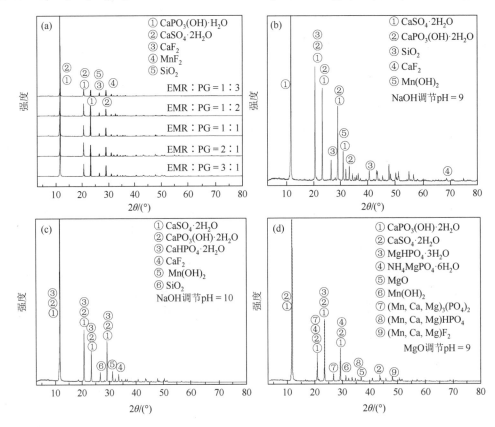

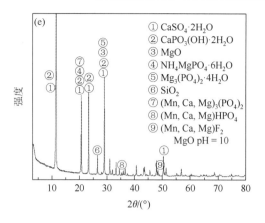

图 5-21　不同条件下稳定固化 20 天后的电解锰渣样品 XRD 图谱（a）电解锰渣与磷石膏质量比；（b）NaOH 调节初始 pH 为 9.0；（c）NaOH 调节初始 pH 为 10.0；（d）MgO 调节初始 pH 为 9.0；（e）MgO 调节初始 pH 为 10.0

图 5-22 中显示了不同稳定固化样品的 FT-IR 光谱图。由图 5-22（a）可知，不同质量比的电解锰渣和磷石膏条件下 FT-IR 光谱图出峰位置相似，其中在 3542cm^{-1} 和 3395cm^{-1} 之间观察到一个宽峰，可归因于—O—H 峰的伸缩振动（Radhouan et al.，2018），在 1680cm^{-1} 处观察到 H—O—H 峰的伸缩振动，在 1143cm^{-1} 处观察到 Si—O—Si 峰的伸缩振动，在 2306cm^{-1}、1619cm^{-1}、1095cm^{-1}、673cm^{-1} 和 605cm^{-1} 处观察到 P—O—H、PO$_4^{3-}$、P—O—P、H$_2$PO$_4^-$ 和 PO$_3^{2-}$ 的各种伸缩振动峰（Jiang et al.，2018）。由图 5-22（a）可知，在衍射峰接近 1095cm^{-1} 处变宽，这是因为当电解锰渣和磷石膏质量比从 1：3 增加到 3：1 时，更多 PO$_4^{3-}$ 被引入稳定固化体系。由图 5-22（b）可知，当采用 NaOH 调节稳定固化体系初始 pH 为 9 和 10 时，在 3526cm^{-1} 和 3394cm^{-1} 处观察到更明显的—O—H 拉伸振动峰值，1684cm^{-1} 处观察到水的 H—O—H 变形，793cm^{-1}、1106cm^{-1} 处观察到 Si—O—Si 键合，1624cm^{-1}、666cm^{-1} 和 597cm^{-1} 处观察到 PO$_3^{2-}$ 和 H$_2$PO$_4^-$ 振动带（Radhouan et al.，2018）。由图 5-22（c）可知，当采用 MgO 调节稳定固化体系 pH 初始值为 9 和 10 时，1449cm^{-1} 处可以观察到 N—H—N 拉伸振动峰，而采用 NaOH 调节稳定固化 pH 体系未出现（Zukhra et al.，2014；Sinha et al.，2014）；此外，PO$_4^{3-}$ 的振动带在 2394cm^{-1}、1619cm^{-1}、1079cm^{-1}、665cm^{-1} 和 598cm^{-1} 处观察到 H$_2$PO$_4^-$ 伸缩振动峰。上述结果表明，当使用 MgO 调节稳定固化体系 pH，固化体系中 NH$_4^+$ 与 Mg^{2+}、PO$_4^{3-}$ 发生反应生成了鸟粪石沉淀，而采用 NaOH 调节稳定固化 pH 体系，固化体系中氨氮主要以氨气溢出（Xuan et al.，2018）。

稳定固化 20 天后不同稳定固化样品的 SEM 图像如图 5-23 所示。由图 5-23（a）可知，使用 NaOH 将 pH 调节为 9.0 时，磷石膏表面被大量絮凝和不规则颗粒覆盖；在 pH 为 10.0 时，大量片状颗粒堆积形成大块[图 5-23（b）]。结果表明，pH 的增加有利于电解锰渣和磷石膏的稳定固化，这一结果可以通过比表面积结果进一步证实；由表 5-8 可知，当采用 NaOH 调节稳定固化体系的 pH 从 9 增加到 10，固化后的样品（MgO）比表面积从 18.23m^2·g^{-1} 下降到 15.57m^2·g^{-1}（表 2-8）。由图 5-23（c）可知，使用 MgO 调节 pH 的稳定固化样品与使用 NaOH 将 pH 调节至 9.0 相比，稳定固化体中的板状颗粒消失，此外，当使用 MgO 将稳定固化体系的 pH 从 9 调节到 10，稳定固化后的电解锰渣样品比表面积从 $20.17m^2 \cdot g^{-1}$ 降至 $16.47m^2 \cdot g^{-1}$，SEM 图显示样品中出现了大量松散和多孔絮凝颗粒。

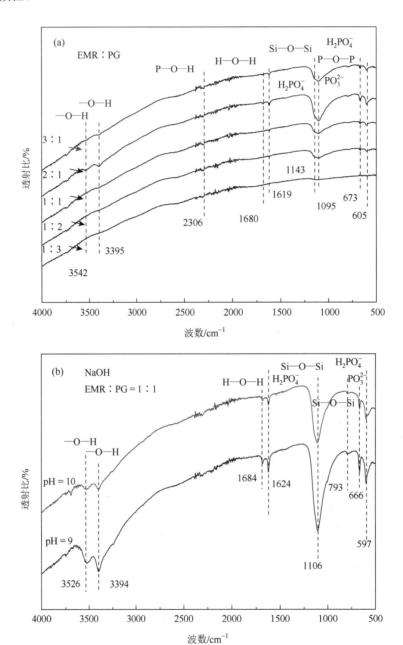

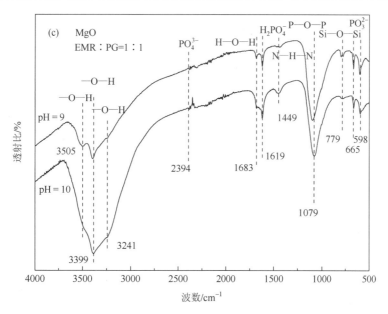

图 5-22　不同条件下稳定固化 20 天后的电解锰渣样品红外图谱（a）电解锰渣与磷石膏质量比；（b）NaOH 调节初始 pH 为 9.0 和 10；（c）MgO 调节初始 pH 为 9.0 和 10

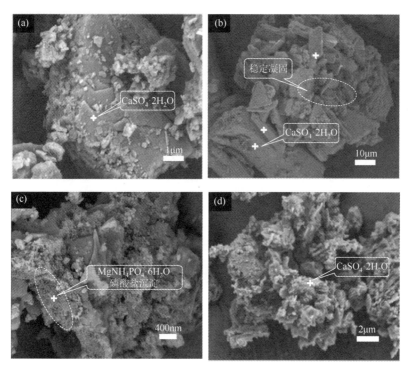

图 5-23　不同条件下稳定固化 20 天后的电解锰渣样品的 SEM 图（a）NaOH 调节初始 pH 为 9.0；（b）NaOH 调节初始 pH 为 10.0；（c）MgO 调节初始 pH 为 9.0；（d）MgO 调节初始 pH 为 10.0

表 5-8　不同稳定固化条件下样品的比表面积

样品	EMR	PG	NaOH^a（pH = 9）	NaOH^a（pH = 10）	MgO^a（pH = 9）	MgO^a（pH = 10）
比表面积/m^2·g^{-1}	5.47	29.66	18.23	15.75	20.17	16.47

注：a 代表电解锰渣与磷石膏质量比为 1:2，稳定固化 20 天。

不同稳定固化条件下样品浸出液中各离子浓度见表 5-9 所示。由表 5-9 可知，原样电解锰渣浸出液中含有的 Mn^{2+}（1421.5mg·L^{-1}）和 NH$_4^+$-N（523.2mg·L^{-1}）不满足《污水综合排放标准》（GB 8978—1996），原样磷石膏浸出液中含有的 PO$_4^{3-}$ （485.5mg·L^{-1}）、F$^-$（105.5mg·L^{-1}）、Zn^{2+}（0.880mg·L^{-1}）和 Cd^{2+}（0.351mg·L^{-1}）浓度也超过了《污水综合排放标准》（GB 8978—1996）排放标准。上述分析结果表明，当电解锰渣和磷石膏协同稳定固化后的固化体浸出液中 NH$_4^+$-N、Mn^{2+} 等离子浓度显著降低，其中稳定固化体渗滤液中 NH$_4^+$-N、Mn^{2+}、F$^-$、PO$_4^{3-}$ 以及重金属离子随着稳定固化时间增加而减小；此外，在相同稳定固化条件下，采用 MgO 调节 pH 得到渗滤液中各有害离子的浓度均低于采用 NaOH 调节。根据上述分析结果可知，采用 MgO 协同稳定固化电解锰渣可能涉及的反应方程如下：

（1）MgO 溶解：

$$MgO + H_2O \Longrightarrow Mg(OH)_2(s) \tag{5-34}$$

$$MgO + H_2O \Longrightarrow MgOH^+(surface) + OH^- \tag{5-35}$$

（2）Mn^{2+} 和 NH$_4^+$-N 的稳定固化：

$$Mn^{2+} + 2OH^- \Longrightarrow Mn(OH)_2 \tag{5-36}$$

$$Mn^{2+} + OH^- + O_2 \Longrightarrow MnOOH + 2H_2O \tag{5-37}$$

$$xMn^{2+} + yPO_4^{3-} + zH_2O \longrightarrow Mn_x(PO_4)_y \cdot zH_2O\downarrow \tag{5-38}$$

$$NH_4^+ + Mg^{2+} + PO_4^{3-} + H_2O \longrightarrow NH_4MgPO_4 \cdot 6H_2O\downarrow \tag{5-39}$$

（3）PO$_4^{3-}$ 和 F$^-$ 的稳定固化：

$$(Mn^{2+}, Ca^{2+}, Mg^{2+}) + F^- \longrightarrow (Mn, Ca, Mg)F_2\downarrow \tag{5-40}$$

$$NH_4^+ + Mn^{2+} + PO_4^{3-} + H_2O \longrightarrow NH_4MnPO_4 \cdot 6H_2O\downarrow \tag{5-41}$$

$$(Mn^{2+}, Ca^{2+}, Mg^{2+}) + PO_4^{3-} \longrightarrow (Mn, Ca, Mg)_3(PO_4)_2 \tag{5-42}$$

$$(Mn^{2+}, Ca^{2+}, Mg^{2+}) + HPO_4^{2-} \longrightarrow (Mn, Ca, Mg)HPO_4 \tag{5-43}$$

$$Ca^{2+} + PO_4^{3-} + H^+ + H_2O \longrightarrow Ca(PO_3)(OH) \cdot 2H_2O \tag{5-44}$$

表 5-9　不同稳定固化条件下样品的浸出实验结果

	pH	Mn^{2+}	NH$_4^+$-N	P(PO$_4^{3-}$)	F$^-$	Mg^{2+}	Cr^{6+}	Cu^{2+}	Pb^{2+}	Zn^{2+}	Ni$^+$	Cd^{2+}	Se^{4+}
GB 8978—1996	6~9	2.0	15.0	1.0	15	15	1.0	2.0	0.5	0.5	0.2	0.1	1.0
EMR	6.53	1421.5	523.2	N.D	N.D.	98.56	0.007	0.091	0.032	0.021	0.124	0.034	0.023
PG	2.21	N.D.	N.D.	485.5	105.5	78.15	0.032	N.D.	0.091	0.880	N.D.	0.351	N.D.
EMR:PG (1:2)-2d	4.0	466.6	230.0	382.1	40.0	67.25	N.D.	0.023	0.043	0.321	0.355	0.211	0.011
EMR:PG (1:2)-10d	5.5	273.3	202.1	63.0	5.6	63.21	N.D.	0.020	0.032	0.265	0.242	0.123	N.D.

	pH	Mn^{2+}	NH_4^+-N	$P(PO_4^{3-})$	F^-	Mg^{2+}	Cr^{6+}	Cu^{2+}	Pb^{2+}	Zn^{2+}	Ni^+	Cd^{2+}	Se^{4+}
EMR∶PG (1∶2)-20d	5.7	272.1	210.2	60.3	5.5	53.12	N.D.	0.031	0.021	0.112	0.123	0.243	N.D.
NaOH (pH=9)-2d	8.6	216.1	183.8	36.1	3.4	43.52	0.002	0.024	0.012	0.342	0.564	N.D.	0.010
NaOH (pH=9)-10d	8.4	155.7	168.2	28.3	4.1	40.21	N.D.	0.018	0.014	0.311	0.345	N.D.	N.D.
NaOH (pH=9)-20d	8.0	142.7	130.4	25.3	3.5	29.15	N.D.	0.009	0.011	0.112	0.231	N.D.	N.D.
MgO (pH=9)-2d	8.8	3.4	152.7	28.4	4.7	56.12	0.002	0.029	0.034	0.233	0.421	0.028	0.013
MgO (pH=9)-10d	8.6	0.9	63.3	18.4	4.5	48.21	N.D.	0.012	0.012	0.140	0.231	N.D.	N.D.
MgO (pH=9)-20d	8.3	0.8	55.5	13.6	4.2	44.21	N.D.	0.005	0.005	0.012	0.013	N.D.	N.D.

注：各离子浓度单位为 $mg \cdot L^{-1}$；N.D.表示低于检出限。

5.3.4　小结

磷石膏含有大量的可溶性 F^- 和 PO_4^{3-} 等污染物，电解锰渣含有 NH_4^+-N 和 Mn^{2+} 等污染物，电解锰渣和磷石膏的分开堆存将产生严重的环境污染。本节开展了电解锰与磷石膏协同稳定固化研究。研究结果表明，当电解锰渣和磷石膏质量比为 1∶2，采用 MgO 调节稳定固化体系反应 pH 为 9.0，固化体系中 PO_4^{3-} 和 NH_4^+-N 的浓度分别降低到 $13.6mg \cdot L^{-1}$ 和 $55.5mg \cdot L^{-1}$。磷石膏和电解锰稳定固化机理表明，Mn^{2+} 主要以 $Mn_3(PO_4)_2 \cdot 7H_2O$ 和 $Mn(OH)_2$ 稳定固化，NH_4^+-N 主要以鸟粪石稳定固化，氟主要以 $(Mn, Ca, Mg)F_2$ 稳定固化，磷酸盐主要以 $(Mn, Ca, Mg)_3(PO_4)_2$ 和 $(Mn, Ca, Mg)HPO_4$ 稳定固化。本研究结果为电解锰渣和磷石膏的协同无害化处理提供了一种新的思路。

参 考 文 献

陈哲，2021. 电解锰渣的氧化镁微生物修复固化试验研究[D]. 重庆：重庆大学.

何德军，舒建成，陈梦君，等，2020. 电解锰渣建材资源化研究现状与展望[J]. 化工进展，39（10）：4227-4237.

罗正刚，2021. 灼烧生料无害化处理电解锰渣研究[D]. 绵阳：西南科技大学.

Campos M P，Costa L J，Nisti M B，et al.，2017. Phosphogypsum recycling in the building materials industry：assessment of the radon exhalation rate[J]. Journal of Environmental Radioactivity，172：232.

Cesur H，Balkaya N，2006. Zinc removal from aqueous solution using an industrial by-product phosphogypsum[J]. Chemical Engineering Journal，131（1-3）：203-208.

Cho J H，Eom Y j，Lee T G，2014. Pilot-test of the calcium sodium phosphate（CNP）process for the stabilization/solidification of various mercury-contaminated wastes[J]. Chemosphere，117：374-381.

Colorado H A，Pleitt J，Hiel C，et al.，2012. Wollastonite based-Chemically Bonded Phosphate Ceramics with lead oxide contents under gamma irradiation[J]. Journal of Nuclear Materials，425：1-3.

Contreras M，Pérez-López R，Gázquez M J，et al.，2015. Fractionation and fluxes of metals and radionuclides during the recycling process of phosphogypsum wastes applied to mineral CO_2 sequestration[J]. Waste Management，45：412-419.

Dafne C，Rodrigues S，Ruddle D，et al.，2018. Evaluation of a low-cost magnesium product for phosphorus recovery by struvite crystallization: Evaluation of a low-cost magnesium product for phosphorus recovery by struvite crystallization[J]. Journal of Chemical Technology & Biotechnology, 93 (4): 26-35.

Dalia N, Danutè V, Boguslaw M, et al., 2018. The treatment of phosphogypsum with zeolite to use it in binding material[J]. Construction and Building Materials, 180: 134-142.

Hentati O, Abrantes N, Caetano A L, et al., 2015. Phosphogypsum as a soil fertilizer: Ecotoxicity of amended soil and elutriates to bacteria, invertebrates, algae and plants[J]. Journal of Hazardous Materials, 294: 80-89.

Hu C L, 2016. Comment on "Elastic modulus of a chemically bonded phosphate ceramic formulated with low-grade magnesium oxide determined by Nanoindentation" [J]. Ceramics International, 42 (2): 3720-3721.

Hua S D, Wang K J, Yao X, 2016. Developing high performance phosphogypsum-based cementitious materials for oil-well cementing through a step-by-step optimization method[J]. Cement and Concrete Composites, 72: 299-308.

Huang H M, Chen Y Q, Jiang Y, et al., 2014. Treatment of swine wastewater combined with MgO-saponification wastewater by struvite precipitation technology[J]. Chemical Engineering Journal, 254: 418-425.

Jiang G Z, Wu A X, Wang Y M, et al., 2018. Low cost and high efficiency utilization of hemihydrate phosphogypsum: Used as binder to prepare filling material[J]. Construction and Building Materials, 167: 263-270.

Li C X, Zhong H, Wang S, et al., 2014. Leaching Behavior and Risk Assessment of Heavy Metals in a Landfill of Electrolytic Manganese Residue in Western Hunan, China[J]. Human and Ecological Risk Assessment: An International Journal, 20 (5): 1249-1263.

Li C X, Zhong H, Wang S, et al., 2015. A novel conversion process for waste residue: Synthesis of zeolite from electrolytic manganese residue and its application to the removal of heavy metals[J]. Colloids and Surfaces A: Physicochemical and Engineering Aspects, 470: 258-267.

Li J, Du D Y, Peng Q J, et al., 2018a. Activation of silicon in the electrolytic manganese residue by mechanical grinding-roasting[J]. Journal of Cleaner Production, 192 (.10): 347-353.

Li J, Lv Y, Jiao X K, et al., 2020a. Electrolytic manganese residue based autoclaved bricks with $Ca(OH)_2$ and thermal-mechanical activated K-feldspar additions[J]. Construction and Building Materials, 2020, 230: 116848.

Li J, Sun P, Li J X, et al., 2020b. Synthesis of electrolytic manganese residue-fly ash based geopolymers with high compressive strength[J]. Construction and Building Materials, 248: 118489.

Li X, Du J, Gao L, et al., 2017. Immobilization of phosphogypsum for cemented paste backfill and its environmental effect[J]. Journal of Cleaner Production, 156 (10): 137-146.

Li Y, Luo W H, Li G X, et al., 2018b. Performance of phosphogypsum and calcium magnesium phosphate fertilizer for nitrogen conservation in pig manure composting[J]. Bioresource Technology, 250: 53.

Liang H, Zhang P, Jin Z, et al., 2017. Rare earths recovery and gypsum upgrade from Florida phosphogypsum[J]. Minerals & Metallurgical Processing, 34 (4): 201-206.

Liu H Y, Zhu L Y, Tian X H, et al., 2017. Seasonal variation of bacterial community in biological aerated filter for ammonia removal in drinking water treatment[J]. Water Research, 123 (15): 668-677.

Liu W, Langenhoff A A M, Sutton N B, et al., 2018. Biological regeneration of manganese (Ⅳ) and iron (Ⅲ) for anaerobic metal oxide-mediated removal of pharmaceuticals from water[J]. Chemosphere, 208: 122-130.

Liu Z Z, Qian G R, Zhou J Z, et al., 2007. Improvement of ground granulated blast furnace slag on stabilization/solidification of simulated mercury-doped wastes in chemically bonded phosphate ceramics[J]. Journal of Hazardous Materials, 157 (1): 146-153.

Ma B G, Lu W D, Su Y, et al., 2018. Synthesis of α-hemihydrate gypsum from cleaner phosphogypsum[J]. Journal of Cleaner Production,, 195: 396-405.

Mohammed F, Biswas W K, Yao H M, et al., 2018. Sustainability assessment of symbiotic processes for the reuse of phosphogypsum[J]. Journal of Cleaner Production, 188 (1): 497-507.

Muhmood A, Wu S B, Lu J X, et al., 2018. Nutrient recovery from anaerobically digested chicken slurry via struvite: Performance optimization and interactions with heavy metals and pathogens[J]. Science of the Total Environment，635：1-9.

Pérez-López R，Carrero S，Cruz-Hernandez P，et al.，2018. Sulfate reduction processes in salt marshes affected by phosphogypsum：Geochemical influences on contaminant mobility[J]. Journal of Hazardous Materials，350（15）：154.

Radhouan E Z，Rabaoui L，Daghbouj N，et al.，2018. Characterization of phosphate rock and phosphogypsum from Gabes phosphate fertilizer factories（SE Tunisia）：high mining potential and implications for environmental protection[J]. Environmental Science and Pollution Research International，25（2）：1-13.

Rashad A M，2017. Phosphogypsum as a construction material[J]. Journal of Cleaner Production，166：732-743.

Shen W G，Zhou M K，Ma W，et al.，2008. Investigation on the application of steel slag-fly ash-phosphogypsum solidified material as road base material[J]. Journal of Hazardous Materials，164：99-104.

Shu J C，Liu R L，Liu Z H，et al.，2016a. Simultaneous removal of ammonia and manganese from electrolytic metal manganese residue leachate using phosphate salt[J]. Journal of Cleaner Production，135（1）：468-475.

Shu J C，Liu R L，Liu Z H，et al.，2016b. Solidification/stabilization of electrolytic manganese residue using phosphate resource and low-grade MgO/CaO[J]. Journal of Hazardous Materials，317（5）：267-274.

Shu J C，Liu R L，Wu H P，et al.，2017a. Adsorption of methylene blue on modified electrolytic manganese residue：Kinetics，isotherm，thermodynamics and mechanism analysis[J]. Journal of the Taiwan Institute of Chemical Engineers，82：351-359.

Shu J C，Wu H P，Liu R L，et al.，2017b. Simultaneous stabilization/solidification of Mn^{2+} and NH_4^+-N from electrolytic manganese residue using MgO and different phosphate resource[J]. Ecotoxicology and Environmental Safety，148：220-227.

Shu J C，Chen M J，Wu H P，et al.，2019. An innovative method for synergistic stabilization/solidification of Mn^{2+}，NH_4^+-N，PO_4^{3-} and F^- in electrolytic manganese residue and phosphogypsum[J]. Journal of Hazardous Materials，376（15）：212-222.

Sinha A，Amit S，Sumit K，et al.，2014. Microbial mineralization of struvite: A promising process to overcome phosphate sequestering crisis[J]. Water Research，54：33-43.

Tansel B，Griffin L，Oscar M，2018. Struvite formation and decomposition characteristics for ammonia and phosphorus recovery：A review of magnesium-ammonia-phosphate interactions[J]. Chemosphere，194：504-514.

Vanotti M B，Dube P J，Szogi A A，et al.，2017. Recovery of ammonia and phosphate minerals from swine wastewater using gas-permeable membranes[J]. Water Research，112：137-146.

Wang A J，Yuan Z L，Zhang J，et al.，2013a. Effect of raw material ratios on the compressive strength of magnesium potassium phosphate chemically bonded ceramics[J]. Materials Science & Engineering C，33（8）：5058-5063.

Wang A J，Zhang J，Li J M，et al.，2013b. Effect of liquid-to-solid ratios on the properties of magnesium phosphate chemically bonded ceramics[J]. Materials Science & Engineering C，33（5）：2508-2512.

Wu Z Y，Zou S Q，Zhang B，et al.，2018. Forward osmosis promoted in-situ formation of struvite with simultaneous water recovery from digested swine wastewater[J]. Chemical Engineering Journal，342：274-280.

Xia W Y，Du Y J，Li F S，et al.，2019a. Field evaluation of a new hydroxyapatite based binder for ex-situ solidification/stabilization of a heavy metal contaminated site soil around a Pb-Zn smelter[J]. Construction and Building Materials，210（20）：278-288.

Xia W Y，Du Y J，Li F S，et al.，2019b. In-situ solidification/stabilization of heavy metals contaminated site soil using a dry jet mixing method and new hydroxyapatite based binder[J]. Journal of Hazardous Materials，369：353-361.

Xuan W，Selvam A，Lau S，et al.，2018. Influence of lime and struvite on microbial community succession and odour emission during food waste composting[J]. Bioresource Technology，247：652-659.

Xue F，Wang T，Zhou M，et al.，2020. Self-solidification/stabilisation of electrolytic manganese residue：Mechanistic insights[J]. Construction and Building Materials，255：118971.

Yang C，Lv X X，Tian X K，et al.，2014. An investigation on the use of electrolytic manganese residue as filler in sulfur concrete[J]. Construction and Building Materials，73：305-310.

Yang J，Ma L，Zheng D，et al.，2018. Reaction Mechanism for Syngas Preparation by Lignite Chemical Looping Gasification Using Phosphogypsum Oxygen Carrier[J]. Energy & Fuels，32（7）：7857-7867.

Ye Z L，Zhang J，Cai J，et al.，2019. Investigation of tetracyclines transport in the presence of dissolved organic matters during struvite recovery from swine wastewater[J]. Chemical Engineering Journal，385：123950.

Yi L，Han L，Huang Y R，et al.，2018. Bacterial mineralization of struvite using MgO as magnesium source and its potential for nutrient recovery[J]. Chemical Engineering Journal，351：195-202.

Zhang D Y，Luo H M，Zheng L W，et al.，2012. Utilization of waste phosphogypsum to prepare hydroxyapatite nanoparticles and its application towards removal of fluoride from aqueous solution[J]. Journal of Hazardous Materials，241-242（30）：418-426.

Zhang Y L，Liu X M，Xu Y T，et al.，2019a. Preparation and characterization of cement treated road base material utilizing electrolytic manganese residue[J]. Journal of Cleaner Production，232：980-992.

Zhang Y L，Liu X M，Xu Y T，et al.，2019b. Synergic effects of electrolytic manganese residue-red mud-carbide slag on the road base strength and durability properties[J]. Construction and Building Materials，220（30）：364-374.

Zhang Y L，Liu X M，Xu Y T，et al.，2020a. Preparation of road base material by utilizing electrolytic manganese residue based on Si-Al structure：Mechanical properties and Mn^{2+} stabilization/solidification characterization[J]. Journal of Hazardous Materials，390（3）：122188.

Zhang Y Y，Wei G，Wen N，et al.，2020a. Influence of calcium hydroxide addition on arsenic leaching and solidification/stabilisation behaviour of metallurgical-slag-based green mining fill[J]. Journal of Hazardous Materials，390：122161.

Zheng D L，Ma L P，Wang R M，et al.，2018. Decomposing properties of phosphogypsum with iron addition under two-step cycle multi-atmosphere control in fluidised bed[J]. Waste Management & Research，36（2）：186-193.

Zrelli R E，Rabaoui L，Abda H，et al.，2018. Characterization of the role of phosphogypsum foam in the transport of metals and radionuclides in the Southern Mediterranean Sea[J]. Journal of Hazardous Materials，363：258-267.

Zukhra C K，Hojamberdiev M，Bo L L，et al.，2014. Ion uptake properties of low-cost inorganic sorption materials in the $CaO-Al_2O_3-SiO_2$ system prepared from phosphogypsum and kaolin[J]. Journal of Cleaner Production，83：483-490.

第 6 章　钙基碱性物料稳定固化电解锰渣研究

6.1　灼烧生料与生石灰稳定固化电解锰渣对比分析研究

6.1.1　灼烧生料来源

灼烧生料是水泥生产过程中利用回转窑余热将石灰石在窑外分解窑中分解的产物，主要成分有 CaO、Al_2O_3、$CaCO_3$、SiO_2 等（罗正刚，2021）。水泥生产过程中，利用回转窑窑尾余热实现碳酸盐分解过程的窑外分解煅烧技术称为窑外分解技术，也称预分解技术。具体而言，通过在水泥回转窑外增设悬浮预热器，使均化后的生料粉进入五级旋风筒，实现其悬浮或者流化，再通过五级旋风筒的多次换热分解，最终实现水分蒸发、黏土水分去除及碳酸盐的分解。悬浮态或者流化态的碳酸盐相较于立窑或者湿法体系，换热过程更加充分，碳酸盐的分解效率大幅提高；同时，该过程实现了窑尾余热的合理利用，大大提高了水泥生产效率，降低了生产能耗（张小霞，2011）。本实验采用的灼烧生料来自五级旋风筒，它是水泥生产过程即将入窑、高 CaO 含量、活性高的碱性物料。灼烧生料产生的工艺环节如图 6-1 所示，该工艺环节主要发生的反应如下：

$$Al_2O_3 \cdot 2SiO_2 \cdot 2H_2O \longrightarrow Al_2O_3 + 2SiO_2 + 2H_2O \qquad (6\text{-}1)$$

$$MgCO_3 \longrightarrow MgO + CO_2\uparrow \qquad (6\text{-}2)$$

$$CaCO_3 \longrightarrow CaO + CO_2\uparrow \qquad (6\text{-}3)$$

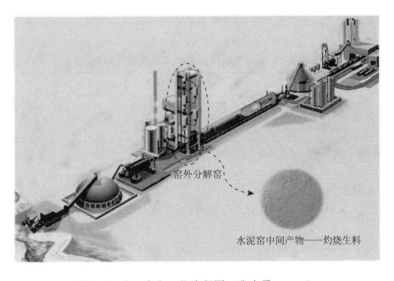

图 6-1　水泥生产工艺流程图（张小霞，2011）

前期研究证明采用传统生石灰、CaO、氢氧化钠等药剂，存在处理后电解锰渣 pH 高、物料防腐蚀性超标及二次污染等问题（陈红亮，2016；李明强，2015）。相比传统生石灰碱性物料，灼烧生料具有成本低、活性高等优势。本节对比分析了灼烧生料与生石灰的基本理化特性，研究了灼烧生料稳定固化电解锰渣的长期稳定性，探明了灼烧生料稳定固化电解锰渣机理，研究结果将为低成本无害化处理电解锰渣提供理论与技术支持。

6.1.2　灼烧生料与生石灰基本理化特性对比分析

（1）元素组成分析

灼烧生料和生石灰的化学组成见表 6-1 所示。由表 6-1 可知，灼烧生料和生石灰主要成分为 CaO，其次还含有 SiO_2、Fe_2O_3、Al_2O_3、SO_3 等，灼烧生料中 CaO 的含量为 74.64%，有效 CaO 含量为 46.29%，均远低于生石灰。其中，有效 CaO 是指从碳酸钙中分解出来的呈游离状态的 CaO，且能与氧化硅反应的活性 CaO。

表 6-1　灼烧生料和生石灰化学主要组成及质量分数（%）

物质	CaO	SiO_2	SO_3	Fe_2O_3	Al_2O_3	MgO	K_2O	TiO_2	有效 CaO
灼烧生料	74.64	9.53	4.43	3.95	2.91	1.51	1.13	0.65	46.29
生石灰	91.28	5.23	0.40	0.33	0.67	1.69	0.04	0.07	74.67

（2）浸出毒性分析

生石灰和灼烧生料浸出毒性测试分析结果如表 6-2 所示。由表 6-2 可知，生石灰浸出液 pH 为 13.40，浸出液中主要含有 Ca^{2+}（2252.5 $mg \cdot L^{-1}$）和 Zn^{2+}（5.35 $mg \cdot L^{-1}$）；灼烧生料浸出液 pH 为 12.10，浸出液中主要含有 Ca^{2+}（1122.4 $mg \cdot L^{-1}$）、Al^{3+}（2 $mg \cdot L^{-1}$）、Fe^{3+}（0.4 $mg \cdot L^{-1}$）、Mg^{2+}（0.8 $mg \cdot L^{-1}$）和 Pb^{2+}（1 $mg \cdot L^{-1}$）。

表 6-2　生石灰和灼烧生料浸出液中污染物浓度　　　　单位：$mg \cdot L^{-1}$

物质	Ca^{2+}	Al^{3+}	Fe^{3+}	Zn^{2+}	Mg^{2+}	Cd^{2+}	Pb^{2+}	Cr^{6+}	pH
生石灰	2252.5	N.D.	N.D.	5.35	N.D.	N.D.	N.D.	N.D.	13.40
灼烧生料	1122.4	2	0.4	N.D	0.8	N.D.	1	N.D.	12.10

注：N.D.表示低于检出限。

（3）矿物组分分析

生石灰、灼烧生料以及各自水化后矿物分析见图 6-2 和图 6-3。由图 6-2 和图 6-3 可知，生石灰主要由石灰（CaO）、方镁石（MgO）、氢氧钙石[$Ca(OH)_2$]、方解石（$CaCO_3$）、斜硅钙石（$CaSiO_4$）、铝矾[$Al_4SO_4(OH)_{10} \cdot 7H_2O$]等组成，水化后的生石灰主要由氢氧钙石[$Ca(OH)_2$]、斜硅钙石（$CaSiO_4$）、铝矾[$Al_4SO_4(OH)_{10} \cdot 7H_2O$]组成；灼烧生料主要由石灰（CaO）、方解石（$CaCO_3$）、二氧化硅（$SiO_2$）、氢氧钙石[$Ca(OH)_2$]、硬石膏（$CaSO_4$）、

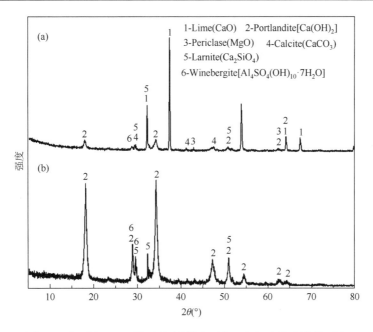

图 6-2 生石灰 XRD 图（a）原样生石灰；（b）水化后的生石灰

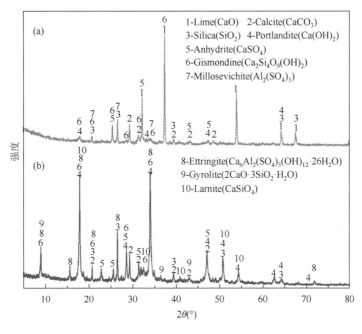

图 6-3 灼烧生料 XRD 图（a）原样灼烧生料；（b）水化后的灼烧生料

水钙沸石$[Ca_2Si_4O_9(OH)_2]$、铝矾$[Al_2(SO_4)_3]$等组成，水化后的灼烧生料主要由氢氧钙石$[Ca(OH)_2]$、方解石（$CaCO_3$）、二氧化硅（SiO_2）、硬石膏（$CaSO_4$）、钙矾石$[Ca_6Al_2(SO_4)_3(OH)_{12}·26H_2O]$、白钙沸石（$2CaO·3SiO_2·H_2O$）、斜硅钙石（$CaSiO_4$）等组成。上述研究结果表明，生石灰和灼烧生料水化产物主要为$Ca(OH)_2$，当采用$Ca(OH)_2$稳定固

化电解锰渣时，这些碱性物料可与电解锰渣中的金属离子（Mn^{n+}）和 NH_4^+-N 发生反应，金属离子以沉淀方式稳定固化，NH_4^+-N 转化为 NH_3；此外，灼烧生料水化产物中含有钙矾石[$Ca_6Al_2(SO_4)_3(OH)_{12}·26H_2O$]、水钙沸石[$2CaO·3SiO_2·H_2O$]等物质，这些矿物可通过吸附、包覆等作用将电解锰渣中的重金属离子稳定固化。

（4）粒径分布分析

生石灰、灼烧生料以及各自水化后的粒径分布如图 6-4 所示。由图 6-4 可知，生石灰颗粒主要集中在 10～200μm 粒径段，灼烧生料颗粒主要集中在 10～20μm 粒径段，而水化后生石灰的颗粒主要集中在 20～40μm 粒径段，水化后灼烧生料的颗粒主要集中在 6～20μm 粒径段。生石灰、灼烧生料以及各自水化后的粒径见表 6-3 所示。由表 6-3 可知，生石灰、水化后生石灰、灼烧生料和水化后灼烧生料的中值粒径 D_{50} 分别为 25.36μm、24.99μm、24.28μm、13.18μm，平均粒径分别为 48.59μm、33.36μm、42.75μm、28.50μm。从上述分析可知，灼烧生料的平均粒径小于生石灰，且水化后的灼烧生料平均粒径也小于水化后的生石灰平均粒径，这表明相比生石灰稳定固化电解锰渣，采用灼烧生料稳定固化电解锰渣，其接触面增加，对电解锰渣稳定固化效果更好。

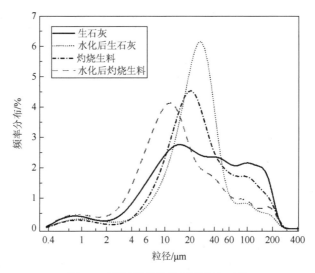

图 6-4　不同样品粒径频率分布对比

表 6-3　不同样品的粒径分析

样品	D_{10}/μm	D_{50}/μm	D_{90}/μm	平均粒径/μm
生石灰	4.676	25.36	134.2	48.59
水化后生石灰	7.623	24.99	61.23	33.36
灼烧生料	7.663	24.28	111.0	42.75
水化后灼烧生料	3.491	13.18	73.56	28.50

（5）比表面积分析

生石灰、灼烧生料以及各自水化后的比表面积、孔容积、平均孔半径分析见表 6-4。

由表 6-4 可知，生石灰、水化后生石灰的比表面积分别为 2.293m²·g⁻¹、4.894m²·g⁻¹，孔容积分别为 6.287×10⁻³m³·g⁻¹、1.698×10⁻²m³·g⁻¹，平均孔半径分别为 10.967nm、13.877nm；灼烧生料、水化后灼烧生料的比表面积分别为 4.088m²·g⁻¹、7.634m²·g⁻¹，孔容积分别为 1.058×10⁻²m³·g⁻¹、2.632×10⁻²m³·g⁻¹，平均孔半径分别为 10.348nm、13.790nm。生石灰、灼烧生料以及各自水化后的孔径分布见图 6-5 所示。由图 6-5 可知，生石灰和灼烧生料水化后，各个孔径频率分布均呈现增加趋势，其中，生石灰和水化后生石灰的孔径分布较均匀，而水化后的灼烧生料 3～5nm 段孔径分布增加。综上所述，水化前后灼烧生料的比表面积和孔容积均大于生石灰，由此可知，采用灼烧生料稳定固化电解锰渣，接触面积更大，反应更彻底，且灼烧生料水化后可形成比生石灰水化产物更加致密的结构，可进一步促进电解锰的稳定固化。

表 6-4　不同样品比表面积、孔容积及平均孔半径

样品	比表面积/m²·g⁻¹	孔容积/m³·g⁻¹	平均孔半径/nm
生石灰	2.293	6.287×10⁻³	10.967
水化后生石灰	4.894	1.698×10⁻²	13.877
灼烧生料	4.088	1.058×10⁻²	10.348
水化后灼烧生料	7.634	2.632×10⁻²	13.790

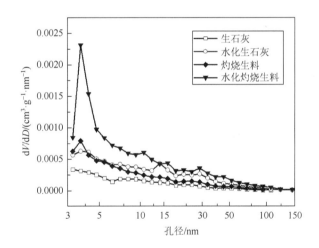

图 6-5　不同样品孔径频率分布

注：$\mathrm{d}V/\mathrm{d}D$ 代表单位孔径下的孔容积

6.1.3　灼烧生料与生石灰稳定固化锰渣效果对比分析

（1）固锰脱氨效果分析

生石灰、灼烧生料稳定固化电解锰渣前后浸出液中锰浓度变化见表 6-5 和表 6-6。由表 6-5 和表 6-6 可知，生石灰和灼烧生料对电解锰渣中锰的固化率分别为 96% 和 94%。当生石灰、灼烧生料添加量大于 6% 时，稳定固化后的电解锰渣浸出液中锰的浓度均达到《污水综合排放标准》（GB 8978—1996）一级排放标准。

表 6-5　不同条件下生石灰稳定固化后锰浸出浓度

添加量	有效 CaO	浓度/mg·L^{-1}						
		未处理	30min	4h	8h	12h	24h	48h
3%	2.24%	1481.22	113.18	84.44	63.62	59.29	58.64	57.96
6%	4.48%	1481.22	6.54	0.84	*	*	*	*
9%	6.72%	1481.22	2.31	*	*	*	*	*
12%	8.96%	1481.22	*	*	*	*	*	*
15%	11.20%	1481.22	*	*	*	*	*	*

注：*表示低于高碘酸钾分光光度法检出限，检出限为 0.02mg·L^{-1}

表 6-6　不同条件下灼烧生料稳定固化后锰浸出浓度

添加量	有效 CaO	浓度/mg·L^{-1}						
		未处理	30min	4h	8h	12h	24h	48h
3%	1.39%	1481.22	166.48	164.44	128.60	86.62	86.28	86.14
6%	2.78%	1481.22	11.88	11.54	6.76	5.05	1.98	1.78
9%	4.17%	1481.22	9.83	3.69	0.27	*	*	*
12%	5.55%	1481.22	4.37	*	*	*	*	*
15%	6.94%	1481.22	*	*	*	*	*	*

注：*表示低于高碘酸钾分光光度法检出限，检出限为 0.02mg·L^{-1}

　　生石灰、灼烧生料稳定固化电解锰渣后浸出液中氨氮含量及 pH 变化见图 6-6。由图 6-6 可知，灼烧生料与生石灰加入量分别为 3% 和 6% 时，前 8 小时灼烧生料对于电解锰渣中氨氮的去除效果优于生石灰，继续增加反应时间，生石灰处理效果较好，但浸出液氨氮浓度均不达标（GB 8978—1996）。当固化剂添加量增加至 9% 时，前 8 小时灼烧生料对于电解锰渣中氨氮的去除效果优于生石灰，反应时间达到 15 小时，浸出液氨氮浓度降低至 10mg·L^{-1} 以下。当固化剂添加量继续增加至 12% 和 15% 时，生石灰和灼烧生料对电解锰渣中氨氮的处理效果接近，均能降低至 15mg·L^{-1}。生石灰稳定固化电解锰渣后浸出液 pH 比灼烧生料高，对于设备腐蚀性较高，不能达到无害化处置电解锰渣的 pH（pH 在 6～9）要求，而灼烧生料对于后续处理降低 pH 要求更为有利。灼烧生料中有效 CaO 含量要远低于生石灰中，而灼烧生料处对电解锰渣的固锰脱氨效果同样较好，说明在稳定固化电解锰渣过程中，灼烧生料不仅依赖 CaO 水化形成的碱性环境，同时还有 Fe_2O_3、Al_2O_3、SiO_2 等物质的协同作用（罗正刚，2021；He et al.，2022）。

　　（2）微观形貌分析

　　采用 9% 的生石灰和灼烧生料稳定固化后的电解锰渣微观形貌如图 6-7 所示。由图 6-7 可知，电解锰渣结构疏松多孔，颗粒尺寸分布不均匀，粒径从几微米到几百微米，各种大颗粒之间还填充了一些不规则的小颗粒，且大颗粒表面附着一些小颗粒矿物。添加生石灰和灼烧生料后，电解锰渣稳定固化体均呈现出有一定规则的晶状体和团状颗粒；其中，生石灰稳定固化后的电解锰渣主要呈现片状物质聚集在一起，结构较为松散，而采用灼烧生料稳定固化后的电解锰渣结构更密实，且片状物质交错堆积在一起，可能是水化作用形成的钙矾石等物质将重金属离子包裹起来，在固化体中形成更稳定的体系。

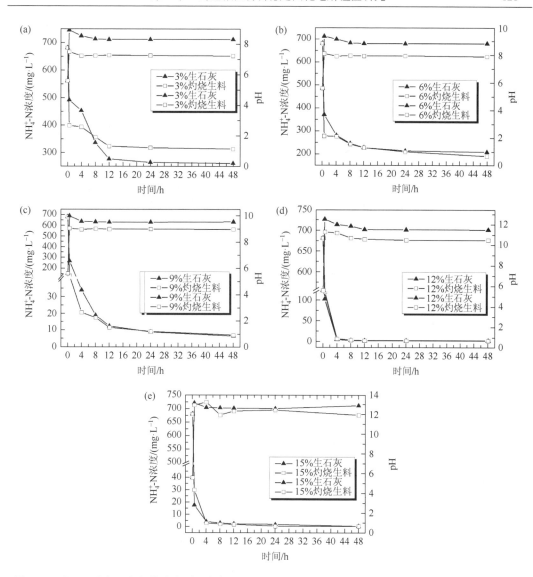

图 6-6　不同用量生石灰与灼烧生料对氨氮和 pH 的影响（a）质量分数为 3%；（b）质量分数为 6%；
（c）质量分数为 9%；（d）质量分数为 12%；（e）质量分数为 15%

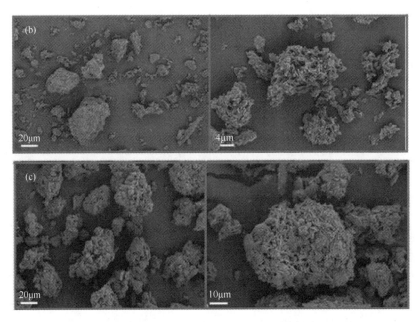

图 6-7 稳定固化前后电解锰渣 SEM（a）原样电解锰渣；（b）生石灰稳定固化后的电解锰渣；（c）灼烧生料稳定固化后的电解锰渣

（3）重金属形态分析

生石灰、灼烧生料稳定固化后的电解锰渣重金属形态分布见图 6-8 和图 6-9 所示。由图 6-8 和图 6-9 可知，电解锰渣中锰的以水溶态与弱酸态为主，总占比为 80%以上。当采用生石灰和灼烧生料稳定固化电解锰渣，添加量从 3%增加到 6%时，电解锰渣中的水溶态、弱酸态锰的含量显著减少，且当添加量大于 9%时，水溶态锰消失。当采用不同添加量的灼烧生料稳定固化后的电解锰渣中氧化态锰、残渣态锰占比均比生石灰高，说明灼烧生料对电解锰渣中锰的固化效果更好。

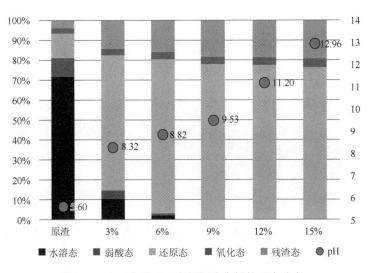

图 6-8 生石灰处理后电解锰渣中锰的形态分布

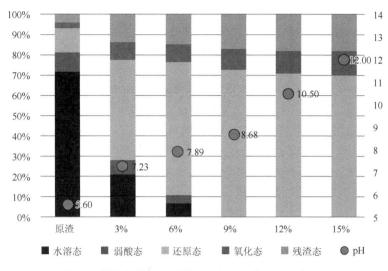

图 6-9　灼烧生料稳定固化后电解锰渣中锰的形态分布

6.1.4　小结

本节对比分析了灼烧生料与生石灰的基本理化特性，探明了灼烧生料与生石灰稳定固化电解锰渣中锰和氨氮的效果。具体结论如下：

（1）电解锰渣是一种黑色弱酸性物质，颗粒细小、含水率高。电解锰渣的主要化学成分为 SO_3、SiO_2、CaO、Al_2O_3、Fe_2O_3 和 MnO 等，主要矿物成分为 $CaSO_4·0.5H_2O$、SiO_2、$(NH_4)_2Ca(SO_4)_2·H_2O$、$MnFeSiO_4$、$MnFe_2(PO_4)_2·8H_2O$、$(NH_4)_2Mn(SO_4)_2·6H_2O$ 等。电解锰渣的微观形貌表现为大量不规则的块状、柱状、片状物质，并交替杂乱堆积在一起，且颗粒尺寸分布极不均匀。电解锰渣中各种重金属形态以水溶态、弱酸态为主。浸出毒性实验结果表明，电解锰渣浸出液中锰和氨氮的含量分别为 $1481.22 mg·L^{-1}$ 和 $680.99 mg·L^{-1}$，分别为《污水综合排放标准》（GB 8978—1996）一级标准的 741 倍和 45 倍。

（2）生石灰和灼烧生料主要成分均含有 CaO、SiO_2、Fe_2O_3、Al_2O_3、SO_3 等，都属于高碱性物料。对生石灰与灼烧生料进行毒性浸出实验发现，浸出液中主要都含有 Ca^{2+}，灼烧生料的浸出液中还含有少量 Al^{3+}、Fe^{3+}、Mg^{2+} 等。生石灰中主要物相由 CaO、MgO、$Ca(OH)_2$、$CaCO_3$、$CaSiO_4$、$Al_4SO_4(OH)_{10}·7H_2O$ 等组成，灼烧生料中主要物相由 CaO、SiO_2、$Ca(OH)_2$、$CaSO_4$、$Al_2(SO_4)_3$、$Ca_2Si_4O_9(OH)_2$ 等组成，此外，水化后的生石灰主要由 $Ca(OH)_2$、$CaSiO_4$、$Al_4SO_4(OH)_{10}·7H_2O$ 等组成，水化后的灼烧生料主要由 $Ca(OH)_2$、$CaCO_3$、SiO_2、$CaSO_4$、$Ca_6Al_2(SO_4)_3(OH)_{12}·26H_2O$、$2CaO·3SiO_2·H_2O$、$CaSiO_4$ 等组成。

（3）相比生石灰，灼烧生料粒径更小、比表面积及孔容积更大；同时，灼烧生料可替代传统生石灰稳定固化电解锰渣，且采用灼烧生料稳定固化后的电解锰渣 pH 在 6～9 范围，满足《污水综合排放标准》（GB 8978—1996）要求。此外，相比生石灰稳定固化电解锰渣效果，采用灼烧生料稳定固化后的电解锰渣微观形貌结构更为紧密。

6.2　灼烧生料稳定固化电解锰渣研究

如何低成本稳定固化电解锰渣中的锰、氨氮以及重金属，是突破电解锰渣无害化处理技术瓶颈的关键（杨玉珍等，2010；Duan et al.，2010）。前一节研究发现，相比传统生石灰碱性物料稳定固化电解锰渣，采用灼烧生料稳定固化电解锰渣具有低成本、活性高等优势。因此，本节在探明灼烧生料基本理化特性基础上，系统探究了电解锰渣粒径、含水率、灼烧生料用量及反应温度对锰离子、氨氮以及 pH 的影响规律，同时借助电子探针、扫描电镜、XRD 等现代分析手段，揭示了灼烧生料稳定固化电解锰渣中重金属机理（李昌新等，2014）。研究结果将为电解锰渣的无害化处理提供理论与技术支持。

6.2.1　各工艺参数对电解锰渣稳定固化影响

（1）电解锰渣粒径的影响

不同粒径电解锰渣稳定固化后浸出液中锰离子浓度变化见表 6-7 所示。由表 6-7 可知，随着电解锰渣粒径的减小，浸出液中 Mn^{2+} 的含量减少，当粒径从 2～4mm 减小到 1～2mm 和 0.45～1mm，反应 30min，电解锰渣浸出液中 Mn^{2+} 浓度从 1481.22mg·L^{-1} 分别降低至 0.31mg·L^{-1} 和 0.11mg·L^{-1}。不同粒径的电解锰渣稳定固化后浸出液中氨氮浓度变化见图 6-10（a）所示。由图 6-10（a）可知，随着电解锰渣粒径的减小，浸出液中氨氮浓度逐渐减小，当电解锰渣粒径从 2～4mm 减小至 1～2mm、0.45～1mm、0.15～0.45mm、<0.15mm 时，反应 30min，电解锰渣浸出液中的氨氮浓度分别从 680.99mg·L^{-1} 降低至 298.51mg·L^{-1}、227.46mg·L^{-1}、210.18mg·L^{-1}、180.44mg·L^{-1}、16.05mg·L^{-1}；当稳定固化反应 4h 时，浸出液氨氮浓度继续降低至 292.08mg·L^{-1}、119.56mg·L^{-1}、74.82mg·L^{-1}、45.58mg·L^{-1}、3.19mg·L^{-1}；当稳定固化反应 4h 后，电解锰渣浸出液中氨氮浓度变化均趋于平缓。图 6-10（b）为不同电解锰渣粒径条件下灼烧生料稳定固化后 pH 的变化，可以看出随着电解锰渣粒径减小，处理后的电解锰渣 pH 增加，当稳定固化反应 30min，电解锰渣粒径从 2～4mm 减小至 1～2mm、0.45～1mm、0.15～0.45mm、<0.15mm 时，处理后的电解锰渣 pH 从 5.6 分别升高到 11.38、11.98、12.22、12.45、12.85。105℃条件下稳定固化反应 4h 时，pH 略微降低，分别降低至 10.56、10.83、11.35、11.77、12.43。结合图 6-2（a）可以看出，较高的 pH 有利于氨氮的去除。当电解锰渣粒径较大时，灼烧生料主要吸附在其表面，导致与电解锰渣的混合不均匀，氨氮去除效果较差。

表 6-7　电解锰渣粒径对电解锰渣浸出液中 Mn^{2+} 浓度的影响

粒径/mm	浓度/mg·L^{-1}								
	未处理	30min	2h	4h	6h	8h	10h	12h	24h
2～4	1481.22	0.31	*	*	*	*	*	*	*
1～2	1481.22	0.14	*	*	*	*	*	*	*
0.45～1	1481.22	0.11	*	*	*	*	*	*	*

续表

粒径/mm	浓度/mg·L^{-1}								
	未处理	30min	2h	4h	6h	8h	10h	12h	24h
0.15～0.45	1481.22	*	*	*	*	*	*	*	*
<0.15	1481.22	*	*	*	*	*	*	*	*

注：*表示低于高碘酸钾分光光度法检出限，检出限为 0.02mg·L^{-1}

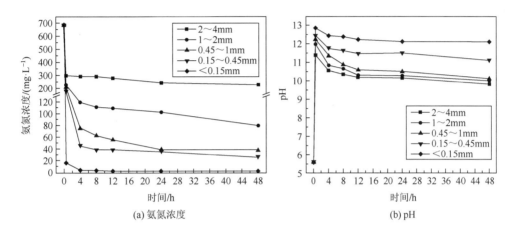

图 6-10　电解锰渣粒径对电解锰渣浸出液中氨氮浓度和 pH 的影响

（2）电解锰渣含水率的影响

图 6-11（a）显示了不同含水率条件下灼烧生料稳定固化后电解锰渣浸出液中氨氮浓度的变化。从图 6-11（a）中可知，当电解锰渣含水率从 10%增加到 15%、20%、25%和 30%时，稳定固化反应 30min 时，浸出液中氨氮浓度从 680.99mg·L^{-1} 分别降低至 183.3mg·L^{-1}、87.40mg·L^{-1}、44.71mg·L^{-1}、29.80mg·L^{-1}、16.05mg·L^{-1}。稳定固化反应 4h 时，浸出液中氨氮浓度分别持续降低至 174.23mg·L^{-1}、30.67mg·L^{-1}、8.45mg·L^{-1}、2.89mg·L^{-1}、3.19mg·L^{-1}；稳定固化反应 8h 时，浸出液中氨氮浓度分别降低至 171.61mg·L^{-1}、16.93mg·L^{-1}、5.23mg·L^{-1}、2.02mg·L^{-1}、2.60mg·L^{-1}，且在随后的 24h 内持续减少。由图 6-11（b）可知，随着电解锰渣含水率的增加，处理后的电解锰渣 pH 降低，当稳定固化反应 30min，电解锰渣含水率从 10%增加到 15%、20%、25%和 30%时，且处理后的电解锰渣 pH 迅速从 5.6 分别升高到 13.2、12.9、12.88、12.75、12.55。当电解锰渣在 105℃条件下稳定固化 4h 后，电解锰渣浸出液的 pH 分别为 13.3、13.0、12.9、12.8、12.43；稳定固化反应 8h 时，处理后的电解锰渣 pH 分别为 12.6、12.55、12.5、12.46、12.38。综上可知，当灼烧生料稳定固化电解锰渣体系含水量不足时，灼烧生料水化不完全，导致氨氮去除效果较差；而过高的电解锰渣含水率，虽然能提高电解锰渣与灼烧生料的混合效果，但过量的水会导致处理后的电解锰渣团聚，不利于氨氮的逸散，同时含水率过高会降低灼烧生料的相对浓度和整个体系的碱性，导致氨氮去除率下降。

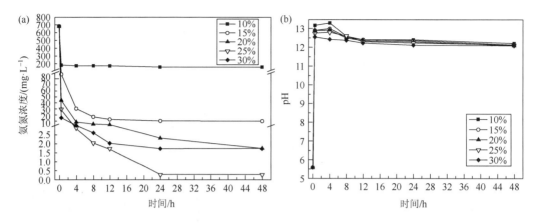

图 6-11　电解锰渣含水率的影响（a）氨氮浓度；（b）pH

（3）灼烧生料用量的影响

不同添加量的灼烧生料稳定固化后电解锰渣浸出液中 Mn^{2+} 浓度变化见表 6-8。由表 6-8 可知，随着灼烧生料添加量的增加，浸出液中 Mn^{2+} 浓度减小，当灼烧生料添加量从 3% 增加至 6%、7%、8%、9%、12% 和 15%，稳定固化反应 30min，电解锰渣浸出液中 Mn^{2+} 浓度从 1481.22mg·L^{-1} 分别降低至 166.48mg·L^{-1}、11.88mg·L^{-1}、10.67mg·L^{-1}、9.88mg·L^{-1}、9.83mg·L^{-1}、4.37mg·L^{-1}、小于 0.02mg·L^{-1}；此外，当电解锰渣稳定固化反应 4h 时，Mn^{2+} 浓度继续降低至 166.44mg·L^{-1}、11.54mg·L^{-1}、9.24mg·L^{-1}、4.58mg·L^{-1}、3.69mg·L^{-1}、小于 0.02mg·L^{-1}。综上可知，灼烧生料对 Mn^{2+} 具有较好的固化效果。

表 6-8　不同灼烧生料用量条件下电解锰渣浸出液中 Mn^{2+} 浓度变化

添加量	未处理	浓度/mg·L^{-1}					
		30min	4h	8h	12h	24h	48h
3%	1481.22	166.48	166.44	128.60	86.62	86.28	86.14
6%	1481.22	11.88	11.54	6.76	5.05	1.98	1.78
7%	1481.22	10.67	9.24	5.58	*	*	*
8%	1481.22	9.88	4.58	1.45	*	*	*
9%	1481.22	9.83	3.69	0.27	*	*	*
12%	1481.22	4.37	*	*	*	*	*
15%	1481.22	*	*	*	*	*	*

注：*表示低于高碘酸钾分光光度法检出限，检出限为 0.02mg·L^{-1}

由图 6-12（a）可知，随着灼烧生料用量的增加，电解锰渣浸出液中氨氮浓度逐渐减小，当灼烧生料用量从 3% 增加至 6%、7%、8%、9%、12% 和 15%，稳定固化反应 30min 时，浸出液中氨氮浓度从未反应时的 680.99mg·L^{-1} 分别降至 398.51mg·L^{-1}、277.46mg·L^{-1}、271.55mg·L^{-1}、266.64mg·L^{-1}、130.09mg·L^{-1}、118.98mg·L^{-1}、29.80mg·L^{-1}；当电解锰渣稳定固化反应 4h 时，氨氮浓度分别降低至 393.25mg·L^{-1}、275.99mg·L^{-1}、210.20mg·L^{-1}、191.49mg·L^{-1}、20.44mg·L^{-1}、6.4mg·L^{-1}、2.89mg·L^{-1}；当电解锰渣稳定固化反应 12h 时，

氨氮浓度分别降低至 323.65mg·L^{-1}、227.16mg·L^{-1}、173.36mg·L^{-1}、141.78mg·L^{-1}、11.37mg·L^{-1}、2.02mg·L^{-1}、1.73mg·L^{-1}。由图 6-12（b）可知，随着灼烧生料用量的增加，处理后的电解锰渣 pH 升高，当灼烧生料用量从 3%增加至 6%、7%、8%、9%、12%和 15%，稳定固化反应 30min 时，电解锰渣 pH 分别从未反应时的 5.60 升高到 7.50、8.10、8.43、8.73、9.05、11.30、12.75；此外，当电解锰渣稳定固化反应 4h，pH 分别为 7.23、7.92、8.23、8.46、8.82、11.2、12.8。结合图 6-12（a）和图 6-12（b）分析可知，pH 对氨氮的去除影响较大，当 pH 大于 9 时，浸出液中氨氮浓度显著降低。

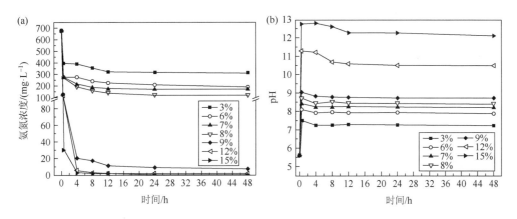

图 6-12　灼烧生料用量对氨氮浓度和 pH 的影响（a）氨氮浓度；（b）pH

（4）反应温度影响

由图 6-13（a）可知，当灼烧生料用量为 9%，稳定固化反应 30min 时，电解锰渣浸出液中氨氮浓度从 680.99mg·L^{-1} 降低至 130.09mg·L^{-1}；此外，当反应温度从 25℃升高到 60℃、75℃、90℃、105℃，稳定固化反应 4h 时，电解锰渣浸出液中氨氮浓度从未反应时的 130.09mg·L^{-1} 分别降低至 42.95mg·L^{-1}、11.08mg·L^{-1}、11.68mg·L^{-1}、18.98mg·L^{-1}、20.44mg·L^{-1}；当电解锰渣稳定固化反应 8h，氨氮浓度分别降低至 14.3mg·L^{-1}、2.02mg·L^{-1}、4.06mg·L^{-1}、15.18mg·L^{-1}、17.22mg·L^{-1}。由图 6-13（b）可知，随着反应时间的延长，pH

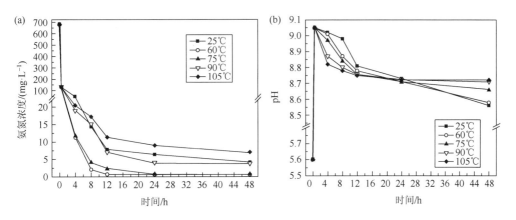

图 6-13　反应温度对电解锰渣中氨氮和 pH 的影响（a）氨氮浓度；（b）pH

呈现降低趋势。上述研究结果表明，温度升高有利于电解锰渣中氨氮的去除，而过高温度会加速水分的蒸发，不利于灼烧生料对电解锰渣的稳定固化。

综上所述，当电解锰渣粒径小于 0.15mm，含水率 25%，灼烧生料添加量 9%，反应温度 60℃时，电解锰渣稳定固化反应 48h，锰的浸出浓度小于 0.02mg·L^{-1}，电解锰渣中锰的固化率高于 99.9%，氨氮浸出浓度为 0.68mg·L^{-1}，去除率在 99.9%以上，且稳定固化体浸出液 pH 为 8.75，浸出液中锰和氨氮浓度以及 pH 均符合《污水综合排放标准》（GB 8978—1996）一级标准。

6.2.2 稳定固化前后物相变化规律

固化稳定后的电解锰渣电子探针微区分析（electron probe microanalysis，EPMA）显示，稳定固化的电解锰渣聚集在一起，形成小颗粒，其中，含 Ca 均匀的球形夹杂物被 O 元素包围。结合 O 元素分布可知，球形夹杂物可能是灼烧生料水化形成的硅酸盐；此外，球形夹杂物被 Ca、S 和 O 元素物质包裹，该物质可能是石膏。上述分析可知，由灼烧生料水合形成的硅酸盐可能被石膏包裹。由 Mn 富集区周围的元素分析表明，其外层被含 Ca 的成分覆盖，Mn 嵌入在 Ca、S、Si 等元素形成的物质中，可推断出电解锰渣中 Mn 的稳定固化可能是形成了 Ca-Si-Mn 固化体（锰镁云母、锰橄榄石和钙蔷薇辉石）（Mallampati et al.，2014；Chen et al.，2009a）。

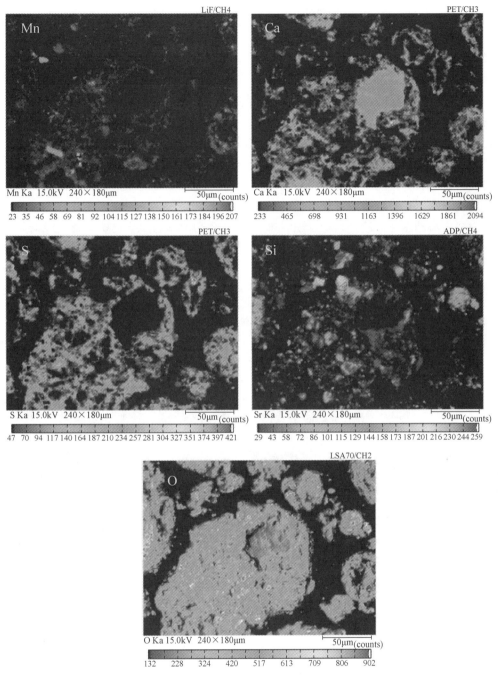

图 6-14　EMPA 准备、背散射图及能谱图

　　C-S-H 具有无序的层状结构，具有大量微孔（10～100nm）和较大的比表面积（约 700m²·g⁻¹），因此 C-S-H 对重金属离子具有很强的吸附能力。电解锰渣中的 Pb^{2+}、Cu^{2+} 和 Zn^{2+} 可以替代 C-S-H 中的 Ca^{2+}，而不影响 $[SiO_4]^{4-}$ 的结构，是源于它们与 Ca^{2+} 同价且半径接近。钙矾石具有柱状结构，主要包含柱芯 $[Ca_6Al(OH)_6·24H_2O]^{6+}$ 和柱间通道 $[(SO_4)_3·2H_2O]^{6-}$

两个基本单元。钙矾石中的 Ca^{2+} 可以被 Pb^{2+}、Ni^{2+} 和 Zn^{2+} 取代，而不会影响 $[SiO_4]^{4-}$ 和 $[Al(OH)_4]^-$ 的结构，是因为它们具有相同的化合价和接近的半径。此外，由于它们具有胶凝材料特性，重金属离子（如 Pb^{2+}、Cu^{2+}、Zn^{2+} 和 Ni^{2+}）可能被 C-S-H 凝胶和钙矾石包裹。因此，Pb^{2+}、Cu^{2+}、Zn^{2+} 和 Ni^{2+} 的稳定固化可以通过 C-S-H 凝胶和钙矾石取代来实现。

灼烧生料颗粒 SEM 图见图 6-15（a）。由图 6-15（a）所示，灼烧生料颗粒尺寸小于 1μm，颗粒形状不规则，主要呈现为小球状，并紧密堆积在一起。图 6-15（b）为灼烧生料在真空条件下的水化产物 SEM 图，可以观察到灼烧生料水化后形成了正六边形平板状、针状及片状物质,结合能谱分析,主要包括 Ca、O、Si、Al 等元素，推测产物可能为 $Ca(OH)_2$、钙矾石、钙沸石等。图 6-15（c）为灼烧生料在空气条件下的水化产物 SEM 图，可以观察到层次清晰可见的六边形平板结构物质，结合能谱分析，推断产物可能为 $Ca(OH)_2$，此外，灼烧生料的水化产物还观察到针状物质和堆叠在一起的片状物质，结合能谱分析，推断可能是钙矾石、水化硅酸钙、钙沸石和 $CaCO_3$ 等物质。

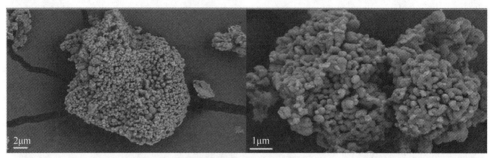

(a) 灼烧生料水化前

(b) 真空条件下灼烧生料水化产物

(c) 空气条件下灼烧生料水化产物

图 6-15　不同水化环境下灼烧生料 SEM 图

　　图 6-16 表示灼烧生料与电解锰渣在不同比例下水化产物颗粒 SEM 图。由图 6-16（a）可知，稳定固化后的产物中形成了六边形平板结构物质，结合能谱推断其为 Ca(OH)$_2$；此外，在 Ca(OH)$_2$ 周围观察到短棒状结构物质，可能是钙矾石、钙沸石等。由图 6-16（b）可知，灼烧生料与电解锰渣反应体系中出现了棒状结构，可能是生成了石膏、钙矾石等物质。由图 6-16（c）可知，水化产物中可观察到针状产物，结合能谱分析推测其可能是 CaCO$_3$ 等物质。

(a) 灼烧生料：电解锰渣 = 3：1

(b) 灼烧生料：电解锰渣 = 1：1

(c) 灼烧生料：电解锰渣 = 1：5

图 6-16　灼烧生料与电解锰渣在不同比例下的水化产物颗粒形貌图

　　图 6-17（a）和图 6-17（b）分别为灼烧生料及其水化产物 XRD 图。由图 6-17（a）和图 6-17（b）可知，灼烧生料主要由氧化钙（CaO）、方解石（CaCO$_3$）、二氧化硅（SiO$_2$）、

氢氧钙石[Ca(OH)$_2$]、硬石膏（CaSO$_4$）、水钙沸石[Ca$_2$Si$_4$O$_9$(OH)$_2$]、铝矾[Al$_2$(SO$_4$)$_3$]等物相组成，水化后的灼烧生料主要由氢氧钙石[Ca(OH)$_2$]、方解石（CaCO$_3$）、二氧化硅（SiO$_2$）、硬石膏（CaSO$_4$）、钙矾石[Ca$_6$Al$_2$(SO$_4$)$_3$(OH)$_{12}$·26H$_2$O]、水钙硅石（2CaO·3SiO$_2$·H$_2$O）、斜硅钙石（Ca$_2$SiO$_4$）等物相组成。当灼烧生料与电解锰渣在质量比为3∶1条件下反应后的产物 XRD 见图 6-17（c）。由图 6-17（c）可知，稳定固化产物主要由氢氧钙石[Ca(OH)$_2$]、水化硅酸钙[Ca$_5$Si$_6$O$_{16}$(OH)$_2$]、石膏（CaSO$_4$·2H$_2$O）、水钙沸石（CaAl$_2$Si$_2$O$_8$·4H$_2$O）、锰钙辉石（CaMnSi$_2$O$_6$）等物相组成。如图 6-17（d）所示，当灼烧生料与电解锰渣质量比为1∶1时，灼烧生料与电解锰渣产物主要由氢氧钙石[Ca(OH)$_2$]、方解石（CaCO$_3$）、石膏（CaSO$_4$·2H$_2$O）、水钙沸石（CaAl$_2$Si$_2$O$_8$·4H$_2$O）、锰镁云母[MnAl$_6$Si$_4$O$_{17}$(OH)$_2$]、钙蔷薇辉石[Ca（Mn，Ca）Si$_2$O$_6$]等物相组成。由图 6-17（e）中可知，当灼烧生料与电解锰渣质量比为1∶5时，稳定固化后的产物主要由石膏（CaSO$_4$·2H$_2$O）、方解石（CaCO$_3$）、水钙沸石（CaAl$_2$Si$_2$O$_8$·4H$_2$O）、锰镁云母[MnAl$_6$Si$_4$O$_{17}$(OH)$_2$]、锰橄榄石（Mn$_2$SiO$_4$）等物相组成。上述研究结果表明，随着灼烧生料与电解锰渣质量比的减少，产物中氢氧钙石[Ca(OH)$_2$]物相逐渐消失，方解石（CaCO$_3$）的特征峰出现，说明灼烧生料水化产物发生碳化；此外，

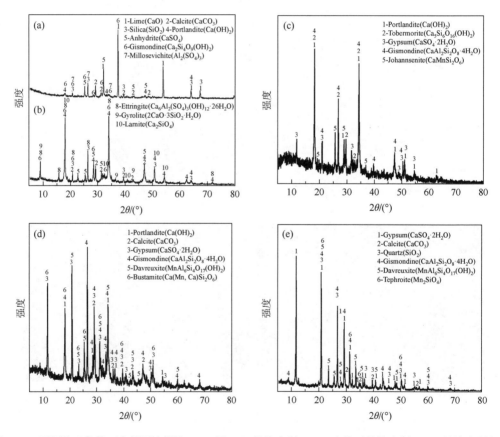

图 6-17　不同处理条件下电解锰渣样品 XRD 图（a）灼烧生料；（b）水化后灼烧生料；（c）灼烧生料与电解锰渣质量比为3∶1；（d）灼烧生料与电解锰渣质量比为1∶1；（e）灼烧生料与电解锰渣质量比为1∶5

稳定固化产物中钙矾石[Ca$_6$Al$_2$(SO$_4$)$_3$(OH)$_{12}$·26H$_2$O]、水钙硅石（2CaO·3SiO$_2$·H$_2$O）、斜硅钙石（Ca$_2$SiO$_4$）、水化硅酸钙[Ca$_5$Si$_6$O$_{16}$(OH)$_2$]的特征峰消失，而 Mn 与 Ca、Al、Si 等元素形成了新的物相，说明重金属离子能替代钙矾石等物质中的部分离子，形成新的稳定固化体。

6.2.3　灼烧生料稳定固化电解锰渣机理

水泥基材料稳定固化重金属机理主要包括：沉淀吸附、离子吸附、生成难溶沉淀物、离子置换等（Chen et al.，2009a；Qian et al.，2006；Batchelor，2006；Li et al.，2001；Gougar et al.，1996b）（图 6-18）。生成难溶物是重金属稳定固化的重要形式之一，而碱性环境能够促使重金属离子形成氢氧化物、硅酸盐以及其他难溶沉淀（Chen et al.，2009a；Li et al.，2001；Gougar et al.，1996）。此外，重金属离子可以通过取代、形成固溶体等方式固化在水化产物中，这些形式的发生主要与离子半径、价态、极性、配位数、电负性及所能形成的化学键强度有关（张联盟等，2004）。在碱性环境下，电解锰渣中的氨氮可转化为氨气，而重金属离子可通过吸附、沉淀或者离子替换等方式进入碱性水化物晶体结构。

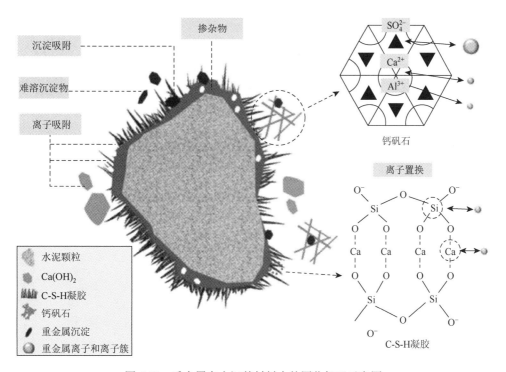

图 6-18　重金属在水泥基材料中的固化机理示意图

（1）稳定固化环境 pH

重金属的固化、吸附和形成难溶沉淀物都与反应体系的 pH 相关，只有当体系的 pH 达到合适的值后，才能使重金属稳定固化（Chen et al.，2009b）；体系 pH 对物理吸附作用和化学吸附作用都有重要的影响,提高环境 pH 能够增加黏土类物质对重金属的吸附能力,同时有利于形成羟基金属离子$[MOH]^{n+}$或促进金属离子形成氢氧化物和碳酸盐沉淀/共沉淀(缪德仁,2010)。灼烧生料的碱性主要由氧化钙、硅酸钙等物质在水化反应过程提供,具体涉及的反应如下:

$$CaO + H_2O \longrightarrow Ca^{2+} + 2OH^- \tag{6-4}$$

$$SiO_2 + 2OH^- \longrightarrow SiO_3^{2-} + H_2O \tag{6-5}$$

$$Al_2O_3 + 2OH^- \longrightarrow 2AlO_2^- (偏铝酸钠) + H_2O \tag{6-6}$$

（2）水化硅酸钙（C-S-H）

水化硅酸钙一般为非晶态,结晶性较差,其化学组成的多变性导致其结构多样性。因此水化硅酸钙具有多种形貌,其结构类似于高度变形的类托贝莫来石和类羟基硅钙石结构,均为六层硅氧四面体链夹一层钙氧层的层状结构。水化硅酸钙一般呈层状结构且高度无序,层与层之间遍布大量微孔,为此其比表面积较大,具有很强的吸附能力。

（3）钙矾石（C-A-H）

灼烧生料与水反应后可产生 Ca^{2+}、AlO_2^- 和 OH^- 等离子,而电解锰渣中的石膏等物质溶解会产生 Ca^{2+} 和 SO_4^{2-} 等离子,从而形成钙矾石。钙矾石$[Ca_6Al_2(SO_4)_3(OH)_{12}\cdot 26H_2O]$是一种非常"宽容"的结构,由八面体的柱芯 $\{Ca_6[Al(OH)_{12}]\cdot 24H_2O\}^{6+}$ 和柱间通道 $[(SO_4)_3\cdot 2H_2O]^{6-}$ 两个基本单元组成。钙矾石稳定固化重金属主要包括物理吸附和离子取代。钙矾石中的 Ca^{2+} 可以被 Mg^{2+}、Zn^{2+} 和 Fe^{2+} 等二价阳离子替换,Al^{3+} 可以被 Mn^{3+}、Fe^{3+} 和 Cr^{3+} 等三价阳离子替换。灼烧生料稳定固化电解锰渣可概括为:在水化过程中提供碱性环境,并释放热量促使氨氮转化为氨气,而电解锰渣中的重金属离子通过吸附、沉淀、离子替换等方式进行稳定固化。灼烧生料稳定固化电解锰渣过程可能发生的化学反应如下:

$$NH_4^+ + OH^- \longrightarrow NH_3(游离态) + H_2O \tag{6-7}$$

$$NH_3(游离态) \xrightarrow{Q(热量)} NH_3\uparrow \tag{6-8}$$

$$Ca(OH)_2 + Mn^{2+} + SO_4^{2-} + xH_2O \longrightarrow CaSO_4\cdot xH_2O\downarrow + Mn(OH)_2\downarrow \tag{6-9}$$

$$Mn^{2+} + OH^- + O_2 =\!=\!= MnOOH + H_2O \tag{6-10}$$

$$Mn(OH)_2 + O_2 \longrightarrow MnO_2 + H_2O \tag{6-11}$$

$$Mn(OH)_2 + O_2 \longrightarrow Mn_2O_3 + H_2O \tag{6-12}$$

$$Mn(OH)_2 + O_2 \longrightarrow Mn_3O_4 + H_2O \tag{6-13}$$

$$Mn(OH)_2 + O_2 + Ca(OH)_2 \longrightarrow CaMnO_3 + H_2O \tag{6-14}$$

$$CaO\cdot SiO_2\cdot H_2O + Mn(OH)_2 + O_2 \longrightarrow Ca(Mn, Ca)Si_2O_6 + H_2O \tag{6-15}$$

$$Ca_5Si_6O_{16}(OH)_2 + Mn(OH)_2 + O_2 \longrightarrow CaMnSi_2O_6 + H_2O \tag{6-16}$$

$$Ca_6Al_2(SO_4)_3(OH)_{12}\cdot 26H_2O + Mn(OH)_2 + O_2 \longrightarrow MnAl_6Si_4O_{17}(OH)_2 + CaSO_4 \tag{6-17}$$

6.2.4　小结

本节利用 EPMA、SEM、XRD 等分析手段,研究了灼烧生料稳定固化电解锰渣反应体系电解锰渣颗粒的微观结构、形貌及物相变化，揭示了灼烧生料稳定固化电解锰渣机理。具体结论如下：

（1）当电解锰渣粒径小于 0.15mm、含水率 25%、灼烧生料用量 9%、反应温度 60℃、稳定固化反应 48h 时，稳定固化后的电解锰渣浸出液中锰离子浓度小于 $0.02\text{mg}\cdot\text{L}^{-1}$，锰的固化率超过 99.9%；氨氮浓度为 $0.68\text{mg}\cdot\text{L}^{-1}$，氨氮去除率超过 99.9%，pH 为 8.75，浸出浓度及 pH 均符合《污水综合排放标准》（GB 8978—1996）一级标准。

（2）当灼烧生料与电解锰渣质量比增加时，水化产物主要为 $Ca(OH)_2$，随着灼烧生料与电解锰渣质量比的减少，灼烧生料水化产物与电解锰渣中的硫酸盐反应生成的 $CaSO_4\cdot2H_2O$ 逐渐增多；此外，灼烧生料水化过程形成的碱性环境能促进重金属的稳定固化，其中灼烧生料中的 CaO、Al_2O_3、SiO_2 与电解锰渣中高浓度的硫酸盐反应生成石膏、水化硅酸钙、钙矾石等物质。

6.3　灼烧生料稳定固化电解锰渣长期稳定性研究

6.3.1　长期稳定性

固体废物中污染物质的释放可能会在短时间内快速释放，也可能会逐渐缓慢释放。稳定固化处理后的物料，短时间内快速释放的可能性极小，更多以缓慢释放为主；同时，浸出液 pH 能够影响重金属的吸附、沉淀、氧化还原等过程。因此，pH 是影响重金属浸出的关键因素。本节采用水泥固化体长期稳定化评价方法——Method 1315，对灼烧生料稳定固化后的电解锰渣进行 73 天浸出实验，确定电解锰渣处理后锰的观测扩散速率，推测锰的释放机理，并预测灼烧生料稳定固化后电解锰渣中锰的长期固定效果；同时，探究了不同 pH 条件下电解锰渣中重金属的浸出浓度，确定了灼烧生料稳定固化后电解锰渣的稳定性。

（1）长期稳定性评价方法

Method 1315 是半动态罐浸出程序（semi-dynamic tank leaching procedure），其以时间为变量，来确定物料中某物质的质量转移速率，适用于整块物料如水泥、固化后的废物，压实的颗粒物料如土壤、沉积物、堆积的球形颗粒废物。针对电解锰渣为颗粒物料的特性，采用此方法评价电解锰渣固化后的长期稳定性是合适的。

不同浸出时段下的质量释放速率计算公式如式（6-18）所示：

$$M_{t_i} = \frac{C_i \times V_i}{A} \tag{6-18}$$

式中：M_{t_i} 为某一浸出时间段质量释放规律，$\text{mg}\cdot\text{m}^{-2}$；$C_i$ 为某一浸出时间段下某种物质的质量浓度，$\text{mg}\cdot\text{L}^{-1}$；$V_i$ 为浸出时间段的浸出体积，L；A 为暴露在浸提液中样品的外表面积，m^2。

（2）平均浸出时间段物质迁移量

样品中的某种组分穿过样品表面进入浸出液中的迁移量可以根据公式（6-19）计算：

$$F_i = \frac{M_i}{t_i - t_{i-1}} \tag{6-19}$$

式中：F_i 为某一浸出时间段的物质迁移量，mg·m^{-2}·s^{-1}；M_i 为某一浸出时间段物质释放量，mg·m^{-2}；t_i 为这一浸出时间段结束后的累计浸出时间，s；t_{i-1} 为上一浸出时间段结束后的累计浸出时间，s。

（3）累计释放量

根据圆柱体样品释放到无限水域的简单半扩散模型（Hockley and van der Sloot，1991）来对某组分的累计释放量进行计算，计算公式如下：

$$M_t = 2\rho C_0 \left(\frac{D^{obs}t}{\pi} \right)^{1/2} \tag{6-20}$$

式中：M_t 为某浸出时间段内的累计释放量，mg·m^{-2}；ρ 为压缩后样品的密度，kg·m^{-3}；C_0 为样品中某种组分可浸出的组分初始质量，mg·kg^{-1}；t 为浸出时间，s；D^{obs} 代表吸附态。

（4）观测扩散系数

观测扩散系数以累计释放速率的对数作为函数，以时间的对数作为自变量绘制曲线，进而确定每个浸出时间段的扩散系数，计算公式如下：

$$D_i^{obs} = \pi \left[\frac{M_{t_i}}{2\rho C_0 \left(\sqrt{t_i} - \sqrt{t_{i-1}} \right)} \right]^2 \tag{6-21}$$

若 $-\log(D_i^{obs}) \geqslant 9$，则表明这一时段下某物质得到了有效固定，如果所有浸出时段的观测扩散系数均大于 9，则表明这种处理方式具有较好的长期稳定性。

6.3.2　电解锰渣长期浸出行为

由图 6-19（a）可知，对加入 9% 灼烧生料稳定固化后的电解锰渣浸出 1.5 天，浸出液中锰的浓度低于 5mg·L^{-1}。由 6-19（b）可知，未处理的电解锰渣在 1.5 天前锰迁移量增加，此后锰的迁移量逐渐降低；灼烧生料稳定固化后的电解锰渣随着浸出时间的延长，锰的迁移量总体呈现下降趋势，而在 3.5 天内，锰迁移量降幅较大，可能是由于未反应完的灼烧生料逐渐水化，溶液中 OH$^-$ 增加，表现为该阶段 pH 增加[见图 6-19（f）]。图 6-19（c）为浸出液中锰的累计释放量，可看出灼烧生料处理前后电解锰渣中锰的释放主要集中在反应前期。对这两条曲线进行线性拟合，得到拟合方程、斜率及拟合度见表 6-9，从拟合方程的斜率可见，未处理的电解锰渣中锰的释放直线方程斜率接近 0.5±0.15，说明锰离子释放符合以溶解扩散为主的释放模型。而采用灼烧生料稳定固化后的电解锰渣中锰的释放直线方程斜率不在 0.5±0.15 范围内，说明锰的释放不符合以溶解扩散为主的释放模型，可能是电解锰渣颗粒孔隙间形成了锰的沉淀物。

表 6-9　拟合方程及拟合度

样品	拟合直线方程	斜率	相似度
原渣	$y = 0.64x + 556.97$	0.64	0.715
灼烧生料稳定固化后	$y = 0.06x + 4.235$	0.06	0.869

　　由图 6-19（d）可知，在添加 9%灼烧生料条件下得到的所有浸出时段锰的观测扩散系数值均小于 10⁻⁹，说明锰的固定效率高；而未经处理的电解锰渣，整个浸出时段锰的观测扩散系数值均高于 10⁻⁹，说明未处理的电解锰渣中的锰离子容易迁移出来。从浸出液的电导率变化可知[图 6-19（e）]，在相同时间段内，电导率与浸出液中锰浓度的变化呈正相关。

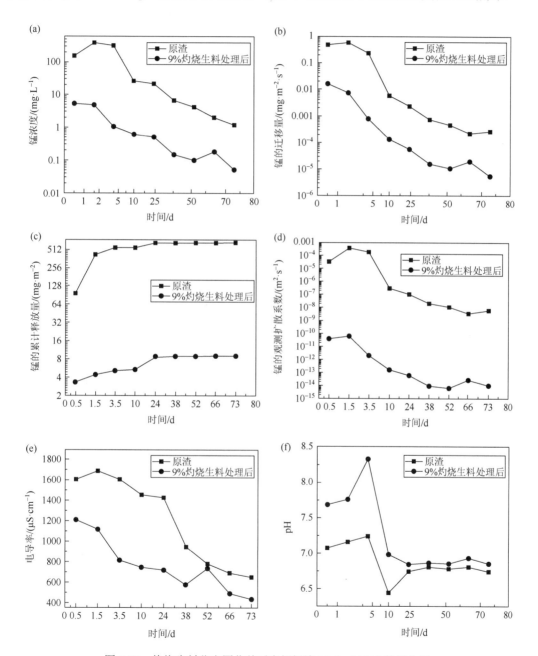

图 6-19　灼烧生料稳定固化前后电解锰渣 Method 1315 数据分析

（a）浸出液锰的浓度变化图，（b）锰的迁移量变化图，（c）锰的累计释放量的变化图，（d）锰的观测扩散系数，（e）浸出液电导率的变化图，（f）浸出液 pH 的变化图

6.3.3　浸出前后电解锰渣物相变化

图 6-20 为未处理的电解锰渣在长期浸出过程中的 XRD 图。由图 6-20 可知，浸出前电解锰渣中含有 $CaSO_4 \cdot 2H_2O$、SiO_2、$(NH_4)_2Fe(SO_4)_2 \cdot H_2O$、$(NH_4)_2Ca(SO_4)_2 \cdot H_2O$、$(NH_4)_2Mn(SO_4)_2 \cdot 6H_2O$ 等物质，且各特征峰峰形尖锐，结晶度好；而电解锰渣浸出 0.5d 后，物相中的铵盐及锰的物相消失，各个特征峰峰强减弱，且随着浸出时间的延长，各特征峰持续减弱；此外，固化体中 $CaSO_4 \cdot 0.5H_2O$ 特征峰的出现，可能是因为随着浸出时间的延长，过量的硫酸根与钙离子形成了 $CaSO_4 \cdot 0.5H_2O$。

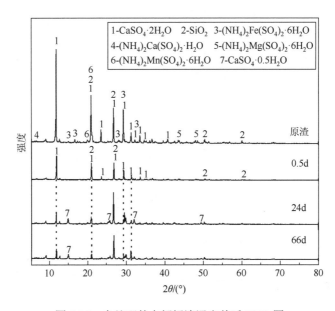

图 6-20　未处理的电解锰渣浸出前后 XRD 图

图 6-21 为灼烧生料稳定固化后电解锰渣在长期浸出过程中的 XRD 分析。由图 6-21 可知，经灼烧生料稳定固化后的电解锰渣主要包括：$CaSO_4 \cdot 2H_2O$、SiO_2、$(Mg, Mn)Mn_3O_7 \cdot 3H_2O$、$Ca_6(SiO_4)(Si_2O_7)(OH)_2$、$CaAl_2Si_2O_8 \cdot 4H_2O$、$CaSO_4 \cdot 0.5H_2O$ 等物相。稳定固化后的电解锰渣浸出 0.5d 时，电解锰渣固化体中的 $CaSO_4 \cdot 2H_2O$ 特征峰增强，新的$(Mn, Ca)Mn_4O_9 \cdot 3H_2O$ 特征峰出现，可能是灼烧生料在稳定固化电解锰渣过程生成了 $CaSO_4 \cdot 2H_2O$。此外，随着浸出时间的增加，部分 $CaSO_4 \cdot 2H_2O$ 特征峰消失，而其他物质的特征峰并未出现减弱或者消失。图 6-22 为长期浸出过程中未处理的电解锰渣 SEM 图。由图 6-22 可知，当电解锰渣浸出 0.5d 时，仍能观察到较为完整的片状、棒状结构，小颗粒物质附着其上，而随着浸出时间逐渐延长，颗粒之间排列逐渐松散，无完整的片状、棒状结构，主要为细碎颗粒团聚在一起，孔隙较多。结合能谱分析可知，团聚颗粒主要为 SiO_2、$CaSO_4 \cdot 2H_2O$ 等物质，其他金属元素如 Mn、Mg 和 Al 等含量较少。图 6-23 为长期浸出过程中灼烧生料稳定固化后电解锰渣的 SEM 图，从图 6-23 中可以看出，随着浸出时间的延长，灼烧

生料稳定固化后的电解锰渣形成的包裹体仍旧完整，并未出现孔隙增多、结构松散的现象。结合能谱分析可知，包裹体中 Mg、Al、Si 和 Ca 等元素含量均较多，说明采用灼烧生料稳定固化后的电解锰渣所形成的包裹体性质稳定。

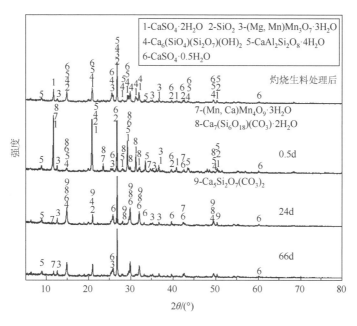

图 6-21　灼烧生料稳定固化后的电解锰渣长期浸出 XRD 图

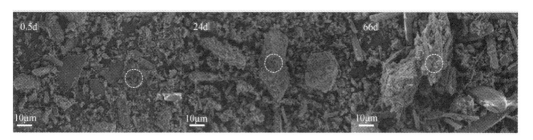

图 6-22　未处理的电解锰渣的长期浸出 SEM 图

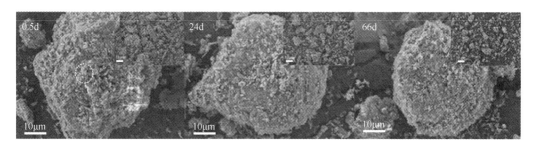

图 6-23　灼烧生料稳定固化后电解锰渣长期浸出 SEM 图

6.3.4　灼烧生料稳定固化前后锰的释放规律

由图 6-24 可知，灼烧生料稳定固化前后的电解锰渣浸出液中 Mn、Ca 和 Mg 的迁移速率相似。采用斯皮尔曼（Spearman）相关系数对 Ca 和 Mn、Mg 和 Mn 的浸出进行分析，结果如表 6-10 所示，未处理的电解锰渣水浸液中 Mn、Ca 和 Mg 的迁移速率相关性较高，说明 Mn、Ca、Mg 元素紧密度较高。灼烧生料稳定固化后的电解锰渣水浸液中 Mn 与 Ca、Mg 的迁移速率相关性也较高，其中 Mn 与 Mg 的迁移速率相关性更强，而 Mg、Ca 这两种元素在不同浸出时段的迁移速率均较低，说明 Mn 与 Ca、Mg 元素生成的产物较为稳定。

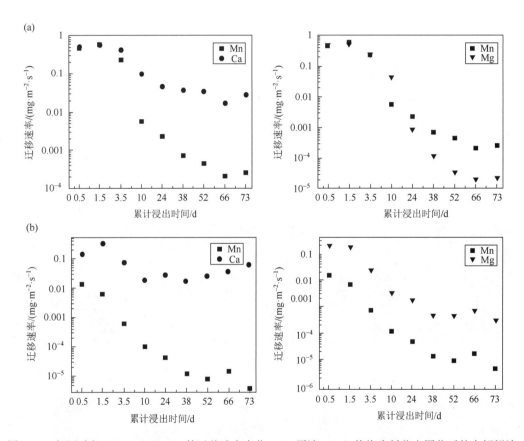

图 6-24　相同时段下 Mn、Ca、Mg 的迁移速率变化（a）原渣；（b）灼烧生料稳定固化后的电解锰渣

表 6-10　相同浸出时段下 Mn 和 Ca、Mn 和 Mg 迁移速率相关系数

样品	$r(Mn, Ca)$	$r(Mn, Mg)$
原渣	1.0	1
灼烧生料稳定固化后电解锰渣	0.714	1.0

电解锰渣与灼烧生料稳定固化后的电解锰渣在不同 pH 下的重金属浸出情况如图 6-25 所示。由图 6-25 可知，当 pH 大于 7 时，电解锰渣中重金属浓度逐渐减少，灼烧生料稳定固化后电解锰渣的 pH 安全范围有了明显的扩大；与未处理的电解锰渣相比，灼烧生料稳定固化后的电解锰渣中重金属稳定性更强；此外，在相同 pH 条件下，采用灼烧生料稳定固化后的电解锰渣中重金属浸出浓度相对更低。

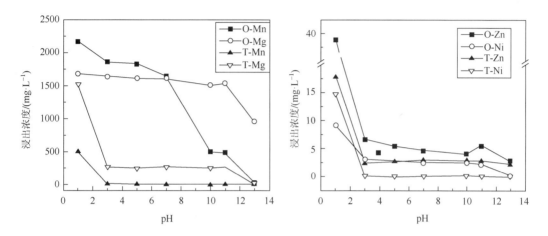

图 6-25　不同 pH 下灼烧生料稳定固化后电解锰渣中重金属的浸出情况（图中"O-"代表未经处理的电解锰渣，"T-"代表灼烧生料稳定固化后的电解锰渣）

6.3.5　小结

本节研究了灼烧生料稳定固化电解锰渣体系的长期稳定性，计算了锰的观测扩散系数，探讨了灼烧生料稳定固化后电解锰渣中锰的释放规律，具体结果如下：

（1）采用灼烧生料稳定固化后的电解锰渣具有较好的长期稳定性，表现在各个浸出时段锰的浸出浓度均低于 $5mg \cdot L^{-1}$，且观测扩散系数均低于 10^{-9}；此外，采用灼烧生料稳定固化电解锰渣，锰主要以$[(Mg, Mn)Mn_3O_7 \cdot 3H_2O$、$(Mn, Ca)Mn_4O_9 \cdot 3H_2O]$等物相稳定固化。

（2）经过灼烧生料稳定固化后的电解锰渣中的 Mn 与 Ca、Mg 的扩散系数相关性较好，且采用灼烧生料稳定固化后的电解锰渣中锰以 $(Mg, Mn)Mn_3O_7 \cdot 3H_2O$、$(Mn, Ca)Mn_4O_9 \cdot 3H_2O$ 等物相为主；此外，灼烧生料稳定固化后的电解锰渣表现出广泛的 pH 稳定性，仅在 pH 小于 3 时，电解锰渣中部分重金属被浸出。

6.4　电石渣稳定固化电解锰渣研究

电解锰渣中含有的氨氮、锰和重金属（Zn^{2+}、Cu^{2+}、Pb^{2+}、Ni^{2+} 和 Co^{2+} 等）极易造成环境污染（刘鹏程等，2022；朱志刚，2015）。前期研究表明，石灰、CaO 和 $NaHCO_3$、

磷酸盐和镁盐、磷石膏和 MgO/CaO 等常被用于稳定固化电解锰渣,但目前这些稳定固化剂成本较高。事实上,电石渣(carbide slag, CS)是电石水解生产 C_2H_2 过程产生的一种碱性固体废物,CS 的主要成分是 $Ca(OH)_2$ 和 $CaCO_3$(Cai et al., 2018)。目前,1t 电石水解约产生 2t CS,中国每年约排放 5.6×10^7 t CS,严重制约了 C_2H_2 工业的发展(Cai et al., 2018)。由于其良好的物理和化学特性,尤其是高 $Ca(OH)_2$ 含量(约 80%)和 $CaCO_3$ 含量(约 10%),CS 已成为生石灰的理想替代品(Li et al., 2019)。与传统生石灰或 $Ca(OH)_2$ 相比,CS 可视为一种免费的工业废物,其固化稳定成本较低。

本研究采用 CS 固化稳定电解锰渣中 Mn^{2+} 和 NH_4^+-N,利用化工热力学模拟软件(HSC Chemistry 6.0)分析了反应过程的可能性,研究了不同 CS 掺量、固液比、反应时间对电解锰渣 pH、Mn^{2+} 和 NH_4^+-N 浸出浓度的影响;此外,研究了 Mn^{2+} 和 NH_4^+-N 的稳定机理(何德军,2023)。研究结果将为电解锰渣的无害化处理提供新的思路。

6.4.1　实验材料和方法

(1)实验材料。本研究采用的电解锰渣来自贵州某电解锰企业,电解锰渣样品 pH 为 6.45 ± 0.05,含水率为 $16.42\% \pm 1.10\%$。本研究采用的 CS 主要矿物成分含有 $Ca(OH)_2$ 和方解石($CaCO_3$),CS 中 $Ca(OH)_2$ 和 $CaCO_3$ 的质量分数分别为 75.85% 和 10.66%,其中,电解锰渣中 Mn^{2+} 和 NH_4^+-N 的浓度分别为 1333.30mg·L^{-1} 和 955.85mg·L^{-1},是《污水综合排放标准》(GB 8978—1996)一级标准的 666.6 倍和 63.7 倍。

(2)稳定固化实验。首先将电解锰渣与 CS 在水泥浆搅拌机(NJ-160A)中慢速混合 2min,CS 用量设定为电解锰渣质量分数的 4%、5%、6%、7% 和 8%;然后,在混合过程中将上述搅拌均匀的电解锰渣样品加入一定比例的水,液固比分别设定为 15%、17.5%、20%、22.5%、25%,将混合物以慢速混合 10min,快速混合 5min,慢速混合 3min;最后,样品在设定的时间进行稳定固化(0.25h、0.5h、1h、2h、4h、8h 和 24h),对稳定固化的样品进行测试分析。此外,本实验使用 $Ca(OH)_2$ 和 $Ca(OH)_2 + CaCO_3$ 作为稳定固化对照组,其中,$Ca(OH)_2$ 与 $CaCO_3$ 的比例根据 CS 中两种物质的含量而设计。本研究具体稳定固化样品序号和实验条件见表 6-11。

表 6-11　实验序号和实验条件

序号	电解锰渣	CS 用量/(质量分数,%)	水用量/(质量分数,%)	$Ca(OH)_2$ 用量/(质量分数,%)	$CaCO_3$ 用量/(质量分数,%)
J1	100	4	25.0	0	0
J2	100	5	25.0	0	0
J3	100	6	25.0	0	0
J4	100	7	25.0	0	0
J5	100	8	25.0	0	0

序号	电解锰渣	CS 用量/ (质量分数，%)	水用量/ (质量分数，%)	Ca(OH)$_2$ 用量/ (质量分数，%)	CaCO$_3$ 用量/ (质量分数，%)
J6	100	7	15.0	0	0
J7	100	7	17.5	0	0
J8	100	7	20.0	0	0
J9	100	7	22.5	0	0
J10	100	0	17.5	7	0
J11	100	0	17.5	6.15	0.85

6.4.2　热力学分析

电解锰渣中的锰和氨氮主要以 $MnSO_4$ 和 $(NH_4)_2SO_4$ 形式存在，而电石渣的主要成分为 $Ca(OH)_2$ 和 $CaCO_3$，同时 $Mn(OH)_2$ 在空气中容易被氧化。因此电解锰渣和电石渣稳定固化过程可能发生如下反应：

$$MnSO_4 + Ca(OH)_2 \longrightarrow Mn(OH)_2 + CaSO_4 \tag{6-22}$$

$$Mn(OH)_2 + O_2 \longrightarrow MnO \cdot OH + OH^- \tag{6-23}$$

$$Mn(OH)_2 + O_2 \longrightarrow MnO_2 + H_2O \tag{6-24}$$

$$Mn(OH)_2 + O_2 \longrightarrow Mn_3O_4 + H_2O \tag{6-25}$$

$$MnSO_4 + CaCO_3 \longrightarrow MnCO_3 + CaSO_4 \tag{6-26}$$

$$(NH_4)_2SO_4 + Ca(OH)_2 \longrightarrow CaSO_4 + H_2O + NH_3\uparrow \tag{6-27}$$

$$(NH_4)_2Mn(SO_4)_2 \cdot 6H_2O + Ca(OH)_2 \longrightarrow Mn(OH)_2 + CaSO_4 + H_2O + NH_3\uparrow \tag{6-28}$$

$$(NH_4)_2Mg(SO_4)_2 \cdot 6H_2O + Ca(OH)_2 \longrightarrow Mg(OH)_2 + CaSO_4 + H_2O + NH_3\uparrow \tag{6-29}$$

$$(NH_4)_2Fe(SO_4)_2 \cdot 6H_2O + Ca(OH)_2 \longrightarrow Fe(OH)_2 + CaSO_4 + H_2O + NH_3\uparrow \tag{6-30}$$

上述化学反应的吉布斯自由能 $\Delta_r G_m^{\ominus}(T)$ 和平衡常数 $K^{\ominus}$ 可以根据以下热力学相关公式[式（6-31）～式（6-34）]，利用化工热力学模拟软件（HSC Chemistry 6.0）进行计算，结果如表 6-12 所示。

$$\Delta_r H_m^{\ominus}(T) = \Delta_r H_m^{\ominus}(298.15\,\text{K}) + \int_{298.15\text{K}}^{T} \Delta_r C_p, m\mathrm{d}T \tag{6-31}$$

$$\Delta_r S_m^{\ominus}(T) = \Delta_r S_m^{\ominus}(298.15\,\text{K}) + \int_{298.15\text{K}}^{T} (\Delta_r C_p, m / T)\mathrm{d}T \tag{6-32}$$

$$\Delta_r G_m^{\ominus}(T) = \Delta_r H_m^{\ominus}(T) - T\Delta_r S_m^{\ominus}(T) \tag{6-33}$$

$$\Delta_r G_m^{\ominus}(T) = -RT \ln K^{\ominus} \tag{6-34}$$

其中：$\Delta_r C_p, m = \Sigma v_B C_p, m(B)$。

表 6-12　室温下各反应的焓变、熵变、吉布斯自由能和平衡常数

反应	$\Delta_r H_m^{\ominus}(T)/(kJ\cdot mol^{-1})$	$\Delta_r S_m^{\ominus}(T)/(J\cdot mol^{-1}\cdot K^{-1})$	$\Delta_r G_m^{\ominus}(T)/(kJ\cdot mol^{-1})$	$\ln K^{\ominus}$
（6-22）	−74.103	10.19	−81.513	14.982
（6-23）	106.018	−143.545	148.817	−26.074
（6-24）	−223.861	−157.150	−177.004	31.016
（6-25）	−314.578	−68.250	−294.231	51.552
（6-26）	−47.271	8.490	−49.802	8.726
（6-27）	−65.588	−328.650	−32.401	5.677

由表 6-12 可知，在室温条件下，反应（6-22）和反应（6-24）～（6-27）的 $\Delta_r G_m^{\ominus}(T)$ 均为负，表明上述反应可自发进行；而反应（6-23）的 $\Delta_r G_m^{\ominus}(T)$ 为正，表示反应（6-23）不能自发进行。同时，$\ln K^{\ominus}$（6-25）$>\ln K^{\ominus}$（6-24）$>\ln K^{\ominus}$（6-22）$>\ln K^{\ominus}$（6-26）$>$ $\ln K^{\ominus}$（6-27）$>\ln K^{\ominus}$（6-23），表明化学反应的彻底性为（6-25）$>$（6-24）$>$（6-22）$>$（6-26）$>$（6-27）$>$（6-23）。在碱性条件下，化学反应（6-28）～反应（6-30）也可能会发生。

电解锰渣的电石渣固锰脱氨反应过程属于固-液-气三相反应体系，$Mn\text{-}MnCO_3\text{-}H_2O$ 体系电位与 pH 的关系如图 6-26 所示。由图 6-26 可知，$MnCO_3$、Mn_3O_4、$MnO\cdot OH$ 和 MnO_2 等化合物在自然环境中可以稳定存在，而 $Mn(OH)_2$ 容易被空气氧化为 $MnO\cdot OH$、MnO_2 和 Mn_3O_4。

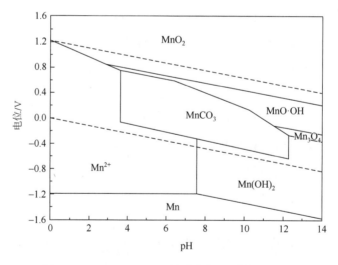

图 6-26　$Mn\text{-}CaCO_3\text{-}H_2O$ 体系电位-pH 图（25℃）

6.4.3　电解锰渣中锰和氨氮稳定固化效果

如图 6-27（a）所示，在固液比为 100∶25（电解锰渣和水的质量比）条件下，随着 CS 用量从 100∶4 增加到 100∶8（电解锰渣和 CS 质量比），稳定固化后的电解锰渣样品

pH 增加。对于恒定的 CS 用量，初始样品 pH 随着固化时间的增加先增加后降低，在 2h 时达到最大值。主要原因可能是 CS 的水化及其与电解锰渣的反应是同时发生。随着 CS 的持续水化，产生的 $Ca(OH)_2$ 并不能完全消耗，故固化时间少于 2h 时，稳定固化后的电解锰渣样品的 pH 会继续增加。后期 pH 的降低主要是因为 OH^- 的持续消耗以及 $Ca(OH)_2$ 与空气中 CO_2 反应。由图 6-27（b）可知，随着 CS 用量的增加，NH_4^+-N 的浓度显著降低。在恒定的 CS 用量下，NH_4^+-N 浓度随稳定固化时间的增加而降低。当 CS 用量为 100：7，固化时间为 8h 时，NH_4^+-N 浓度低于 $15.00mg \cdot L^{-1}$，满足《污水综合排放标准》（GB 8978—1996）一级标准。上述结果主要归因于在碱性条件下电解锰渣中的 NH_4^+-N 以 NH_3 逸出。如图 6-27（c）所示，在给定的固液比和室温条件下，随着 CS 用量的增加，Mn^{2+} 浓度显著降低。当 CS 用量大于 100：7（电解锰渣与 CS 的质量比）时，Mn^{2+} 浓度低于 $2.00mg \cdot L^{-1}$，满足《污水综合排放标准》（GB 8978—1996）一级标准。主要原因是 Mn^{2+} 在碱性条件下可形成 $Mn(OH)_2$、碳酸盐、硅酸盐和铁氧体，其中 $Mn(OH)_2$ 可继续被空气中的 O_2 氧化成 MnOOH、MnO_2 和 Mn_3O_4 等。如图 6-27（d）所示，室温下在给定的固液比条件下，随着 CS 用量的增加，Mg^{2+} 的浓度显著降低。当 CS 用量为 100：7 时，Mg^{2+} 浓度低于 $15.00mg \cdot L^{-1}$。对于相同 CS 用量的样品，Mg^{2+} 浓度呈现先降低后随稳定固化时间增加而增加的趋势。

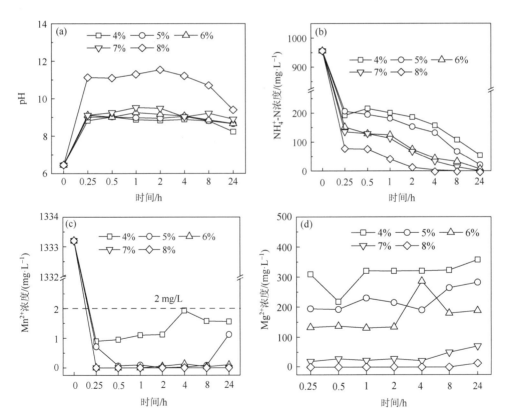

图 6-27　CS 用量对电解锰渣样品 pH、NH_4^+-N、Mn^{2+} 和 Mg^{2+} 浓度的影响（固液比为 100：25，25℃）

（a）pH；（b）NH_4^+-N；（c）Mn^{2+}；（d）Mg^{2+}

　　如图 6-28（a）所示，室温时在电解锰渣和 CS 质量比为 100∶7 条件下，稳定固化后的电解锰渣样品 pH 随固液比（100∶15.0～100∶25.0）增加而增加。在恒定的 CS 用量条件下，pH 先升高后随着稳定固化时间的延长而降低，在 2h 达到最大值。如图 6-28（b）所示，室温时在固液比恒定的条件下，NH_4^+-N 浓度随稳定固化时间的增加而降低，当固液比为 100∶17.5（电解锰渣与水质量比），固化时间 8h 时，NH_4^+-N 浓度低于 15.00mg·L^{-1}，满足《污水综合排放标准》（GB 8978—1996）一级标准。主要原因是固液比过低时，CS 的水化不完全，导致 NH_4^+-N 去除率低；当固液比过高时，电解锰渣样品分散性差，导致 NH_4^+-N 的去除效果差。如图 6-28（c）所示，在给定的 CS 用量和固液比条件下，Mg^{2+} 浓度呈现先下降后随着稳定固化时间增加而增加，当固液比为 100∶17.5 时，Mg^{2+} 浓度增加至 30.00mg·L^{-1}。

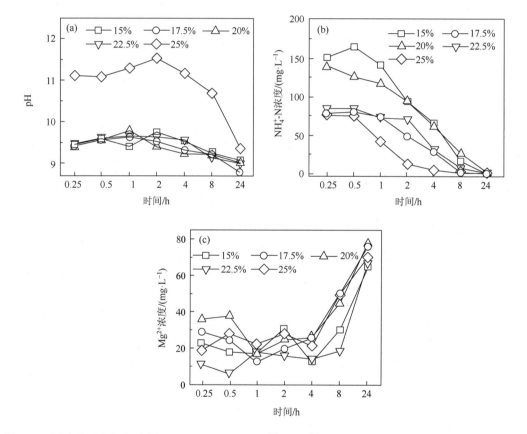

图 6-28　固液比对电解锰渣样品 pH、NH_4^+-N、Mn^{2+}和 Mg^{2+} 浓度的影响（电解锰渣和 CS 质量比为 100∶7，25℃）（a）pH；（b）NH_4^+-N；（c）Mg^{2+}

　　为进一步对比分析 CS 对电解锰渣的固化稳定效果，本研究设定了不同组合稳定固化剂（J7、J10 和 J11）对电解锰渣 pH、NH_4^+-N 和 Mg^{2+} 浓度的影响，具体研究结果如图 6-29 所示。由图 6-29（a）可知，随着稳定固化时间的增加，添加三种不同稳定固化试剂的电解锰渣样品 pH 持续降低，在 24h 内降至约 9.00。由图 6-29（b）可知，随着固化时间的增加，三种不同稳定固化试剂处理后的电解锰渣中的 NH_4^+-N 浓度逐渐降低。采用 Ca(OH)$_2$ 和 Ca(OH)$_2$ + CaCO$_3$ 稳定固化后的电解锰渣样品中 NH$_4^+$-N 浓度低于
15.00mg·L^{-1}，满足《污水综合排放标准》（GB 8978—1996）一级标准。采用 CS 稳定固
化后的电解锰渣样品中 NH$_4^+$-N 浓度在 8h 内降至 15.00mg·L^{-1} 以下，满足《污水综合排放
标准》（GB 8978—1996）一级标准。由图 6-29（c）可知，掺加不同固化剂处理后的
样品中 Mg^{2+}浓度呈现先降低后随着固化时间增加而升高的趋势。

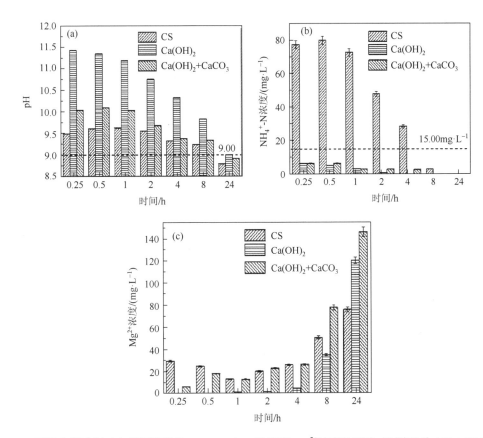

图 6-29　不同化学试剂对电解锰渣样品 pH、NH$_4^+$-N 浓度和 Mg^{2+}浓度的影响（固液比为 100∶17.5，室
温，电解锰渣和化学试剂质量比为 100∶7）（a）pH；（b）NH$_4^+$-N 浓度；（c）Mg^{2+}浓度

6.4.4　电石渣稳定固化电解锰渣机理

　　稳定固化后电解锰渣的 XRD 分析如图 6-30 所示，由图 6-30 可知，石膏(CaSO$_4$·2H$_2$O)、
石英(SiO$_2$)、方解石(CaCO$_3$)、蒙脱石[(Al, Mg)$_2$(Si$_4$O$_{10}$)(OH)$_2$·nH$_2$O]、莫赫石[(NH$_4$)$_2$
(Mn, Fe)(SO$_4$)$_2$·6H$_2$O]、软镁石(Mn$_2$SiO$_4$)、黄铁矿(FeS$_2$)、钠长石((Na, Ca)AlSi$_3$O$_8$)、白云
母[KAl$_2$Si$_3$AlO$_{10}$(OH)$_2$]、水铝石[(NH$_4$)$_2$Mg(SO$_4$)$_2$·6H$_2$O]、锰铁尖晶石(MnFe$_2$O$_4$)和锰硅灰
石(CaMnSi$_2$O$_6$)是原样电解锰渣的主要矿物组分。在 11.62° 和 28.28° 出现的 X 射线衍射宽
峰属于 CaSO$_4$·2H$_2$O 特征峰，该特征峰随着 CS 用量的增加而增强，说明稳定固化后电解
锰渣中的 CaSO$_4$·2H$_2$O 结晶度随着 CS 用量的增加而增强。此外，随着 CS 用量的增加，

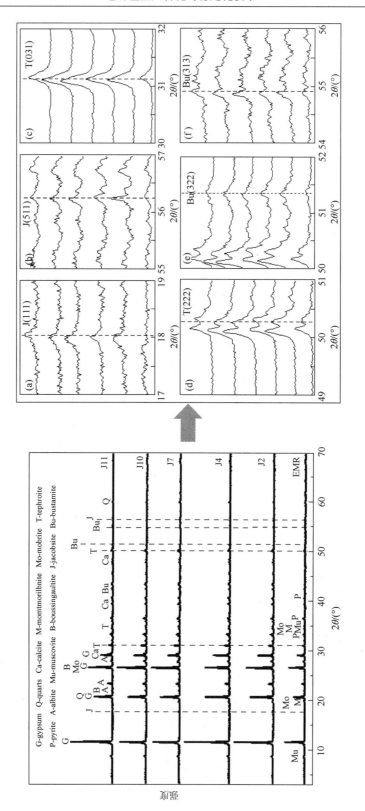

图 6-30　不同稳定固化实验条件下电解锰渣样品的 XRD 图谱　(a) $MnFe_2O_4$ 的 (111) 晶面；(b) $MnFe_2O_4$ 的 (511) 晶面；(c) Mn_2SiO_4 的 (031) 晶面；(d) Mn_2SiO_4 的 (222) 晶面；(e) $CaMnSi_2O_6$ 的 (322) 晶面；(f) $CaMnSi_2O_6$ 的 (313) 晶面

莫尔铁矿和水铝石的特征峰强度降低，这表明电解锰渣在稳定固化过程中，莫尔铁矿和水铝石发生了反应。同时，随着 CS 用量增加，稳定固化后的电解锰渣样品中出现了锰铁尖晶石（$MnFe_2O_4$）、锰橄榄石（Mn_2SiO_4）和锰硅灰石（$CaMnSi_2O_6$）特征峰。图 6-30（a）、（b）分别对应于 $MnFe_2O_4$ 的（111）和（511）晶面，图 6-30（c）和图 6-30（d）分别是 Mn_2SiO_4 的（031）和（222）晶面，图 6-30（e）和图 6-30（f）分别代表 $CaMnSi_2O_4$ 的（322）和（313）晶面。上述结果表明，电解锰渣中的 Mn^{2+} 主要以 $MnFe_2O_4$、Mn_2SiO_4 和 $CaMnSi_2O_6$ 稳定固化（He et al.，2022；Shu et al.，2016）。具体涉及的反应方程式如下：

$$Ca^{2+} + SO_4^{2-} + 2H_2O \longrightarrow CaSO_4 \cdot 2H_2O\downarrow \tag{6-35}$$

$$Mn^{2+} + Fe^{3+} + OH^- \longrightarrow MnFe_2O_4\downarrow + H_2O \tag{6-36}$$

$$SiO_2 + 2OH^- \longrightarrow SO_3^{2-} + H_2O \tag{6-37}$$

$$SiO_3^{2-} + 2Mn^{2+} + 2OH^- \longrightarrow Mn_2SiO_4\downarrow + H_2O \tag{6-38}$$

$$SiO_3^{2-} + 2Mn^{2+} + Ca^{2+} + 2OH^- \longrightarrow CaMnSiO_4\downarrow + H_2O \tag{6-39}$$

图 6-31 表明，J7、J10 和 J11 实验组稳定固化后的电解锰渣样品衍射峰几乎相同，这表明 CS 和电解锰渣的反应历程与 $Ca(OH)_2$ 和 $Ca(OH)_2 + CaCO_3$ 中的反应相似。由图 6-32（a）可知，采用 CS、水合 $Ca(OH)_2 + CaCO_3$ 以及水合 CS 稳定固化后的电解锰渣中主要物相含有 $Ca(OH)_2$ 和方解石（$CaCO_3$）。由图 6-31 可知，在 3546cm^{-1} 处的特征谱带与 $Ca(OH)_2$ 中 —O—H 的伸缩振动有关，在 3403cm^{-1} 处的特征谱带与 H_2O 中 —O—H 的伸缩振动有关；此外，在图 6-32（b）中 1433cm^{-1} 和 873cm^{-1} 处观察到了 CO_3^{2-} 的特征峰，在 1639cm^{-1} 处观察到了 Ca—O 的特征谱带。

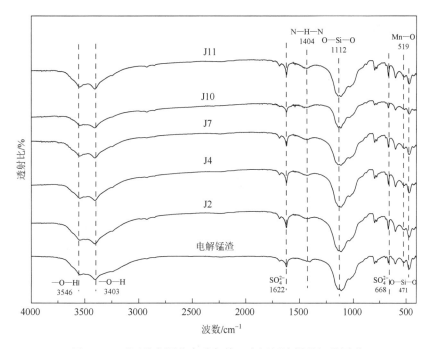

图 6-31　不同稳定固化实验条件下电解锰渣样品红外图谱

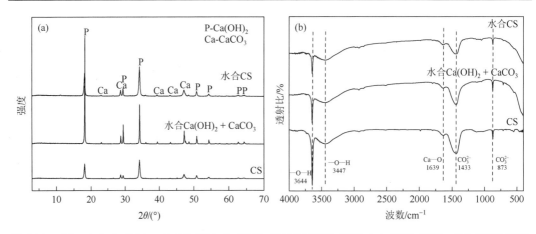

图 6-32　CS、水合 Ca(OH)$_2$ + CaCO$_3$ 和水合 CS 的 XRD 和 FT-IR 谱图（a）XRD 谱图；（b）FT-IR 谱图

6.4.5　电解锰渣中重金属化学形态

图 6-33 显示了电解锰渣稳定固化前后固化体中 Mn、Zn、Cu、Pb、Ni 和 Co 等重金属的化学形态变化规律。由图 6-33（a）到图 6-33（f）可知，随着 CS 用量的增加，电解锰渣中还原态、氧化态和残渣态的 Mn 比例显著增加，酸溶态的 Mn 比例显著降低；随着 CS 用量增加，电解锰渣中酸溶态 Zn 占比降低，残渣态 Zn 占比增加；随着 CS 用量增加，电解锰渣中还原态 Cu 占比降低，残渣态 Cu 占比增加；随着 CS 用量增加，电解锰渣中酸溶态 Ni 的占比减少，残渣态 Co 的占比增加。由图 6-33（a）可知，电解锰渣中酸溶态 Mn 占比为 75%，还原态、氧化态和残渣态的 Mn 总含量为 25%。由图 6-33（c）可知，当 CS 用量为 7% 时，电解锰渣酸溶态 Mn 占比 13.8%，其他形态占比为 86.2%；当 CS 用量为 7% 时，氧化态的 Co 由原样电解锰渣中占比的 71.5% 降低到 3.3%；当 CS 用量为 7% 时，酸溶态的 Pb 由原样电解锰渣中占比的 4.4% 下降到 0%，残渣态 Pb 从 39.6% 增加到 55.6%；当采用 7%CS 稳定固化电解锰渣，酸溶态的 Zn 由原样电解锰渣中占比的 6.1% 降低到 0%，残渣态 Zn 从 36% 增加到 56%；当 CS 用量为 7% 时，还原态的 Cu 占比降低到 28%，残渣态 Cu 占比增加到 69.3%；当 CS 用量为 7% 时，电解锰渣中酸溶态 Ni 占比从 14.6% 降至 0%；当 CS 添加量为 7% 时，电解锰渣中残渣态 Ni 的占比从 68.2% 增加到 93.7%。

如图 6-33（d）所示，当 CS 用量为 7% 时，液固比为 17.5% 时，酸溶态、还原态、氧化态和残渣态的 Mn 占比分别为 13.8%、73.5%、7% 和 5.7%；如图 6-33（c）所示，当 CS 用量为 7% 时，液固比为 25% 时，酸溶态、还原态、氧化态和残渣态的 Mn 占比分别为 11.8%、69.3%、8.9% 和 10%[图 6-33（d）]。由图 6-33（e）到图 6-33（f）可知，当采用 7%Ca(OH)$_2$ 和 6.15%Ca(OH)$_2$ + 0.85%CaCO$_3$ 稳定固化电解锰渣，酸溶态的 Mn 由原样电解锰渣中占比的 75% 分别降低到 13.7% 和 17.3%，氧化态的 Mn 由原样电解锰渣中占比的 22.8% 分别增加到 69.4% 和 65.1%，残留态的 Mn 由原样电解锰渣中占比的 1.5% 分别增加到 10% 和 10.5%；此外，当采用 7%Ca(OH)$_2$ 和 6.15%Ca(OH)$_2$ + 0.85%CaCO$_3$ 稳定固化电解锰渣时，酸溶态的 Zn 分别降低到 0.9% 和 1.7%，残渣态 Zn 增加到 54.5%，还原态的 Cu 由原样电解锰渣中占比的 97% 分别下降到 20.1% 和 14.5%，残渣态的 Cu

由原样电解锰渣中占比的 0%分别增加到 78.3%和 83.1%；当采用 7%Ca(OH)$_2$ 和
6.15%Ca(OH)$_2$ + 0.85%CaCO$_3$ 稳定固化电解锰渣时，酸溶态的 Pb 由原样电解锰渣中占比的
6.1%分别降低到 0%和 0%，残渣态的 Pb 由原样电解锰渣中占比的 39.6%分别增加到 47.8%
和 44.2%，残渣态 Ni 的占比分别增加到 71.4%和 87.5%。结果表明，CS 对电解锰渣中 Pb、
Ni 的稳定固化效果优于 Ca(OH)$_2$ 和 Ca(OH)$_2$ + CaCO$_3$，上述研究结果也证明，CS 不仅可稳
定固化电解锰渣中的 Mn，也可同时稳定固化电解锰渣中的 Zn、Cu、Pb、Ni 以及 Co。

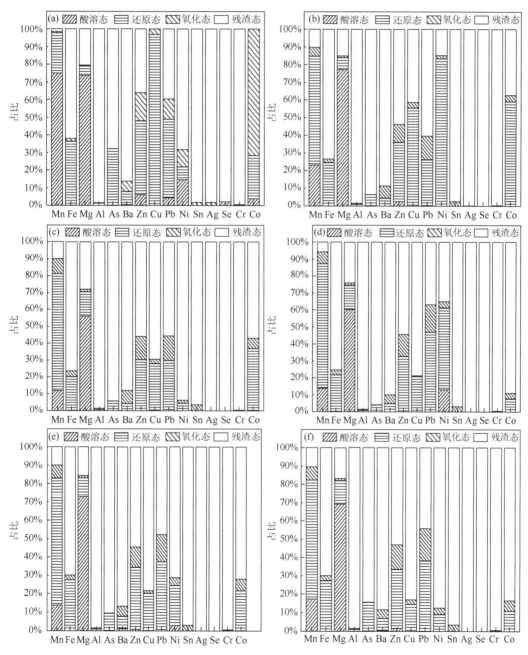

图 6-33　不同稳定固化条件下电解锰渣样品中重金属形态（a）J0；（b）J2；（c）J4；（d）J7；（e）J10；（f）J11

6.4.6　小结

本研究采用 CS 稳定固化电解锰渣，结果表明，当液固比为 17.5%，CS 投加量为 7%，室温下反应 24h 时，稳定固化后的电解锰渣样品中 Mn^{2+} 和 NH_4^+ 浸出浓度均低于检测限（$0.02mg \cdot L^{-1}$ 和 $0.10mg \cdot L^{-1}$），在此条件下，稳定固化后的电解锰渣样品 pH 为 8.8，符合 GB 8978—1996 的限值（pH 为 6～9）。由 CS 稳定固化电解锰渣机理表明，Mn^{2+} 主要以 $MnFe_2O_4$、Mn_2SiO_4 和 $CaMnSi_2O_6$ 稳定固化，NH_4^+-N 主要以 NH_3 逸出；此外，CS 对电解锰渣中的 Zn、Cu、Pb、Ni、Co 等重金属也具有良好的稳定固化效果。本研究为电解锰渣的低成本稳定固化提供了一种新方法。

参 考 文 献

陈红亮，2016. 电解锰渣中锰稳定化与氨氮控制的方法研究[D]. 重庆：重庆大学.

李昌新，钟宏，王帅，等，2014. 电解金属锰渣中重金属的固化新技术[J]. 中国锰业，32（4）：23-26，35.

李明强，2015. 电解锰渣中锰元素的浸取研究[D]. 重庆：重庆大学.

刘鹏程，郑凯，苏向东，等，2022. 电解锰渣资源化综合利用现状与展望[J]. 辽宁化工，51（2）：235-238.

罗正刚，2021. 灼烧生料无害化处理电解锰渣研究[D]. 绵阳：西南科技大学.

缪德仁，2010. 重金属复合污染土壤原位化学稳定化试验研究[D]. 北京：中国地质大学（北京）.

张联盟，黄学辉，宋晓岚，2004. 材料科学基础[M]. 武汉：武汉工业大学出版社.

张小霞，2011. 新型干法水泥生产线预热与窑外分解过程控制研究[D]. 济南：济南大学.

周建雄，1998. 电子探针分析[M]. 北京：地质出版社.

朱志刚，2015. 电解金属锰渣资源化的研究进展[J]. 中国锰业，33（4）：1-3.

Batchelor B，2006. Overview of waste stabilization with cement[J]. Waste Management，26（7）：689-698.

Cai L，Li X，Ma B，et al.，2018. Effect of binding materials on carbide slag based high utilization solid-wastes autoclaved aerated concrete（HUS-AAC）：Slurry，physic-mechanical property and hydration products[J]. Construction and Building Materials，188：221-236.

Chen Q，Luo Z，Hills C，et al.，2009a. Precipitation of heavy metals from wastewater using simulated flue gas：Sequent additions of fly ash，lime and carbon dioxide[J]. Water Research，43（10）：2605-2614.

Chen Q Y，Tyrer M，Hills C D，et al，2009b. Immobilisation of heavy metal in cement-based solidification/stabilisation：A review[J]. Waste Management，29（1）：390-403.

Duan N，Fan W，Changbo Z，et al.，2010. Analysis of pollution materials generated from electrolytic manganese industries in China[J]. Resources，Conservation and Recycling，54：506-511.

Gougar M L D，Scheetz B E，Roy D M，1996. Ettringite and C-S-H Portland cement phases for waste ion immobilization：A review[J]. Waste Management，16（4）：295-303.

He D J，Shu J C，Zeng X F，et al.，2022. Synergistic solidification/stabilization of electrolytic manganese residue and carbide slag[J]. Science of the Total Environment，810：152175.

Hockley D E，van der Sloot H A，1991. Long-term processes in a stabilized coal-waste block exposed to seawater[J]. Environmental Science & Technology，8（25）：1408-1414.

Li W，Yi Y，Puppala A J，2019. Utilization of carbide slag-activated ground granulated blastfurnace slag to treat gypseous soil[J]. Soils and Foundations，59（5）：1496-1507.

Li X D，Poon C S，Sun H，et a.l，2001. Heavy metal speciation and leaching behaviors in cement based solidified/stabilized waste materials[J]. Journal of Hazardous Materials，82（3）：215-230.

Mallampati S R，Mitoma Y，Okuda T，et al.，2014. Simultaneous decontamination of cross-polluted soils with heavy metals and PCBs using a nano-metallic Ca/CaO dispersion mixture[J]. Environmental Science and Pollution Research International，15（21）：9270-9277.

Qian G，Cao Y，Chui P，et al.，2006. Utilization of MSWI fly ash for stabilization/solidification of industrial waste sludge[J]. Journal of Hazardous Materials，129（1）：274-281.

Shu J，Liu R，Liu Z，et al.，2016. Solidifification/stabilization of electrolytic manganese residue using phosphate resource and low-grade MgO/CaO[J]. Journal of Hazardous Materials，317：267-274.

Shu J C，Wu H P，Liu R L，et al.，2018. Simultaneous stabili zation/solidifification of Mn^{2+} and NH_4^+ -N from electrolytic manganese residue using MgO and different phosphate resource[J]. Ecotoxicology & Environmental Safety，148：220-227.

Sun J，Wang L，Yu J，et al.，2022. Cytotoxicity of stabilized/solidified municipal solid waste incineration fly ash[J]. Journal of Hazardous Materials，424：127369.

Zhao Y，Zhan J，Liu G，et al.，2017. Evaluation of dioxins and dioxin-like compounds from a cement plant using carbide slag from chlor-alkali industry as the major raw material[J]. Journal of Hazardous Materials，330：135-141.

第7章　碳酸盐体系稳定固化电解锰渣研究

前期研究者在电解锰中锰的稳定固化方面开展了大量研究，事实上稳定固化锰主要是把电解锰渣中的可溶性 Mn^{2+} 转化成难溶性矿物质进行固定，减少其迁移能力。Zhou 等（2013）对比了 NaOH、CaO 等碱性试剂直接固定电解锰渣中锰，发现 CaO 和电解锰渣的质量比为 1∶8 时，锰的固定率可达到 99.98%。前期大量研究也表明，CaO 是较好的重金属稳定剂，但单独使用 CaO 易造成稳定固化体系的 pH 升高（Guo et al.，2006；Dutré and Vandecasteele，1998），不利于电解锰渣的安全填埋。

碳酸化技术因高效、低成本、过程简单等优点，被广泛应用于污染物处置等（Soroushian et al.，2013；Shi et al.，2012；Shi and Wu，2008）。Huijgen 等（2005）分析了钢渣碳酸化封存 CO_2 的影响因素。Zhan 等（2013）发现采用 CO_2 碳酸化处理混凝土配料可提高混凝土砌块的性能。Kovtun 等（2015）研究了碳酸钠活化高炉矿渣的方法。此外，在电解锰生产的浸矿过程中，碳酸锰矿与硫酸反应会产生大量的 CO_2 气体。因此，开展碳酸盐体系稳定固化电解锰渣技术研发，对电解锰渣稳定固化和电解锰企业 CO_2 减排具有十分重要的现实意义。本章研究了碳酸盐（$NaCO_3$、$NaHCO_3$）和碱性试剂（NaOH、CaO）辅助作用下 CO_2 对电解锰渣中锰稳定固化的效果，同时探究了碳酸盐体系电解锰渣中石膏的转变行为（陈红亮，2016），研究结果将为电解锰渣无害化处理与 CO_2 减排提供理论与技术支撑。研究成果将带动我国电解锰企业及相关产业低碳科技创新和绿色发展，为构建生态文明、达成"双碳"目标提供支撑。

7.1　碳酸盐稳定固化电解锰渣中锰的研究

7.1.1　实验方法

在常温（25℃）、电解锰渣和水按液固比为 $2mL\cdot g^{-1}$ 的条件下，实验研究不同量的 Na_2CO_3、$NaHCO_3$ 对电解锰渣中锰的稳定固化效果，以及对电解锰渣的 pH 和 NH_4^+-N、硫酸钙等含量的影响；同时，通过 XRD、扫描电镜和能谱（SEM-EDS）等表征手段，分析了电解锰渣物相的转化规律。

电解锰渣中锰的固化率 ζ_{Mn}：

$$\zeta_{Mn} = \frac{m - m_t}{m} \times 100\% \tag{7-1}$$

式中，m 为稳定固化前电解锰渣中锰的含量，mg；m_t 为稳定固化一定时间后电解锰渣浸出液中锰的含量，mg。

7.1.2　碳酸盐种类与用量的影响

常温（25℃）、电解锰渣和水按液固比为 $2mL\cdot g^{-1}$ 的条件下，实验研究两种碳酸盐

（NaCO$_3$、NaHCO$_3$）对电解锰渣中可溶性锰的稳定固化效果。由图 7-1 可知，当反应时间为 90min，随着 Na$_2$CO$_3$ 与电解锰渣质量比和 NaHCO$_3$ 与电解锰渣质量比的增加，电解锰渣中锰的固定率增加。Na$_2$CO$_3$ 与电解锰渣质量比从 0.02 增加到 0.04，锰固定率由 50.2%增加到 94.8%；NaHCO$_3$：电解锰渣质量比从 0.02 增加到 0.08，锰固定率由 29.4%增加到 98.8%。上述研究表明，采用 Na$_2$CO$_3$ 和 NaHCO$_3$ 能够有效稳定固化电解锰渣中的可溶性锰。Na$_2$CO$_3$ 对锰的稳定固化效果优于 NaHCO$_3$，Na$_2$CO$_3$ 与电解锰渣质量比为 0.05 时，电解锰渣中锰固定率达到 99.9%，而 NaHCO$_3$ 与电解锰渣质量比为 0.10 时，锰固定率为 99.9%。这可能是因为采用 Na$_2$CO$_3$ 引起电解锰渣浆液的 pH 高于 NaHCO$_3$（图 7-2）。当 Na$_2$CO$_3$ 与电解锰渣质量比大于 0.05 时，浆液 pH 大于 7.5，而在 NaHCO$_3$ 稳定固化过程中，浆液 pH 均小于 7.5。

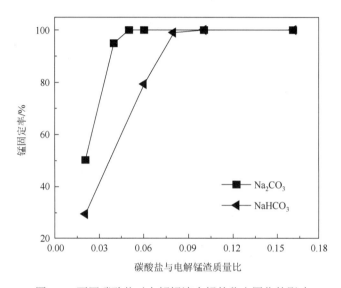

图 7-1　不同碳酸盐对电解锰渣中锰的稳定固化的影响

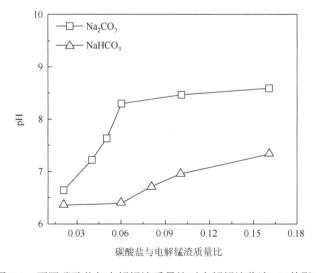

图 7-2　不同碳酸盐与电解锰渣质量比对电解锰渣浆液 pH 的影响

7.1.3　反应时间对锰稳定固化的影响

在电解锰渣和水按液固比为 2mL·g^{-1}、Na_2CO_3 与电解锰渣质量比为 0.05、$NaHCO_3$ 与电解锰渣质量比为 0.10 的条件下,实验测试了反应时间对电解锰渣中锰稳定固化的影响。由图 7-3 可知,随着反应时间的增加,锰的固定率增加,浆液中可溶性锰的浓度下降。反应时间为 90min 时,Na_2CO_3 和 $NaHCO_3$ 对锰的稳定固化率(固定率)均为 99.9%,浆液中可溶性锰的浓度均下降至 5.7mg·L^{-1}。

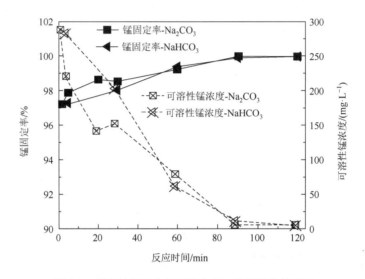

图 7-3　反应时间对电解锰渣中 Mn 稳定固化的影响

7.1.4　电解锰渣碳酸盐稳定固化过程物相变化

图 7-4 给出了碳酸盐稳定固化电解锰渣前后的 XRD 图谱。$NaHCO_3$ 稳定固化电解锰渣的条件为:$NaHCO_3$ 与电解锰渣质量比为 0.10、反应时间 90min 等[图 7-4(b)]。Na_2CO_3 稳定固化电解锰渣的条件为 Na_2CO_3 与电解锰渣质量比为 0.05、反应时间 90min 等[图 7-4(c)]。与原样电解锰渣相比[图 7-4(a)],采用 $NaHCO_3$ 和 Na_2CO_3 稳定固化后的电解锰渣中 $MnSO_4·H_2O$、$(NH_4)_2SO_4$、$(NH_4)_2Mn(SO_4)_2·6H_2O$、$(NH_4)_2Mg(SO_4)_2·6H_2O$ 的矿物相特征峰消失,而新矿物相 $MnCO_3$(菱锰矿)形成。这主要是在浆液体系下电解锰渣中的 $MnSO_4·H_2O$、$(NH_4)_2Mn(SO_4)_2·6H_2O$、$(NH_4)_2Mg(SO_4)_2·6H_2O$ 等物相开始与 $NaHCO_3$、Na_2CO_3 发生反应形成了金属碳酸盐沉淀物,具体反应见反应式(7-2)~式(7-4)。

$$MnSO_4·H_2O + Na_2CO_3 \longrightarrow MnCO_3 + Na_2SO_4 + H_2O \tag{7-2}$$

$$(NH_4)_2Mn(SO_4)_2·6H_2O + Na_2CO_3 \longrightarrow MnCO_3 + (NH_4)_2SO_4 + Na_2SO_4 + 6H_2O \tag{7-3}$$

$$(NH_4)_2Mg(SO_4)_2·6H_2O + Na_2CO_3 \longrightarrow MgCO_3 + (NH_4)_2SO_4 + Na_2SO_4 + 6H_2O \tag{7-4}$$

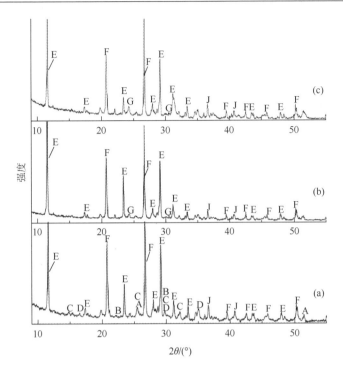

图 7-4　稳定固化前后电解锰渣 XRD 衍射图（a）原样电解锰渣；（b）NaHCO₃ 稳定固化后的电解锰渣；
（c）Na₂CO₃ 稳定固化后的电解锰渣(A-MnSO₄·H₂O、B-(NH₄)₂SO₄、C-(NH₄)₂Mn(SO₄)₂·6H₂O、
D-(NH₄)₂Mg(SO₄)₂·6H₂O、E-CaSO₄·2H₂O、F-SiO₂、G-MnCO₃、J-CaMn₂O₄)

图 7-5 为碳酸盐稳定固化电解锰渣后的 SEM 图。由图 7-5 可知，与原样电解锰渣 SEM 图谱相比，采用 NaHCO₃ 和 Na₂CO₃ 稳定固化后的电解锰渣中出现了明显的球状晶体颗粒物，EDS 分析球状物颗粒主要成分是 MnCO₃ 矿物（Jordens et al.，2015）。这表明碳酸盐能够有效稳定固化电解锰渣中的可溶性锰，其稳定固化的产物是 MnCO₃。

图 7-5　稳定固化后的电解锰渣 SEM 图（a）NaHCO₃ 稳定固化后的电解锰渣；（b）Na₂CO₃ 稳定固化后的电解锰渣

7.1.5　碳酸盐对电解锰渣中硫酸钙和氨氮的影响

　　为进一步认识碳酸盐对电解锰渣中矿物相成分的影响，在电解锰渣矿浆体系中加入不同量的碳酸钠，经过一定反应时间后，分析电解锰渣中矿物相成分的变化规律。图 7-6 显示在 Na_2CO_3 与电解锰渣质量比分别为 0.05、0.3、0.4 时，反应时间 120min，电解锰渣中矿物相成分的变化特征。由图 7-6 可知，随着 Na_2CO_3 用量的增加，电解锰渣中碳酸盐矿物[$MnCO_3$、$CaMg(CO_3)_2$、$CaCO_3$]逐渐形成，$CaSO_4·2H_2O$ 成分逐渐减少。在 Na_2CO_3 与电解锰渣质量比为 0.05 时，形成了明显的 $MnCO_3$（菱锰矿），上述过程主要发生的反应方程见式（7-2）和式（7-3）。在 Na_2CO_3 与电解锰渣质量比为 0.3 时，稳定固化后的电解锰渣体系中生成了 $MnCO_3$、$CaMg(CO_3)_2$（白云石）和 $CaCO_3$（方解石）等物相，且 $CaSO_4·2H_2O$ 的特征峰明显减弱。当 Na_2CO_3 与电解锰渣质量比为 0.4 时，$CaSO_4·2H_2O$ 的特征峰消失。在碳酸盐稳定固化电解锰渣过程，稳定固化体系发生了明显的硫酸钙溶解行为[式（7-5）]，同时形成了 $CaMg(CO_3)_2$ 矿物。

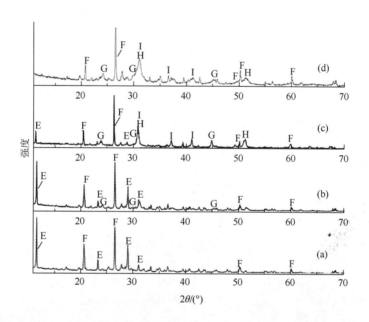

图 7-6　不同反应条件下电解锰渣的 XRD 衍射图（a）电解锰渣；（b）Na_2CO_3 与电解锰渣质量比为 0.05；（c）Na_2CO_3 与电解锰渣质量比为 0.3；（d）Na_2CO_3 与电解锰渣质量比为 0.4（E-$CaSO_4·2H_2O$、F-SiO_2、G-$MnCO_3$、H-$CaMg(CO_3)_2$、I-$CaCO_3$）

$$CaSO_4·2H_2O + Na_2CO_3 \longrightarrow CaCO_3 + Na_2SO_4 + 2H_2O \qquad (7-5)$$

　　依据难溶物沉淀溶解的平衡常数，$MnCO_3$ 的溶度积 $K_s = 2.24 \times 10^{-11}$、$CaSO_4$ 的溶度积 $K_s = 7.10 \times 10^{-5}$、$CaCO_3$ 的溶度积 $K_s = 4.96 \times 10^{-9}$（北京师范大学等，2003）。

$$K_{\text{转化}} = \frac{K_s(CaCO_3)}{K_s(MnCO_3)} = \frac{4.96 \times 10^{-9}}{2.24 \times 10^{-11}} \approx 221 \tag{7-6}$$

$$K_{\text{转化}} = \frac{K_s(CaSO_4)}{K_s(CaCO_3)} = \frac{7.10 \times 10^{-5}}{4.96 \times 10^{-9}} \approx 14315 \tag{7-7}$$

事实上，$MnCO_3$ 的溶度积小于 $CaCO_3$ 的溶度积，$CaCO_3$ 的溶度积远小于 $CaSO_4$ 的溶度积。所以，电解锰渣在 Na_2CO_3 作用下先形成 $MnCO_3$，然后 $CaSO_4 \cdot 2H_2O$ 再向 $CaCO_3$ 转化。不同含量 Na_2CO_3 稳定固化后的电解锰渣 SEM 图谱显示（图 7-7），随着电解锰渣中 Na_2CO_3 用量的增加，电解锰渣中的柱状、条状颗粒（$CaSO_4 \cdot 2H_2O$）逐渐减少。当 Na_2CO_3 与电解锰渣质量比大于 0.3 时，基本看不到柱状和条状颗粒。图 7-8 给出了不同反应温度条件下，Na_2CO_3 对电解锰渣中矿物相成分的影响。当 Na_2CO_3 与电解锰渣质量比为 0.3，反应时间 120min 时，增加反应温度有利于电解锰渣中 $CaSO_4 \cdot 2H_2O$ 的溶解。但反应温度为 60℃时，电解锰渣中 $CaSO_4 \cdot 2H_2O$ 的特征峰完全消失，说明电解锰渣中的 $CaSO_4 \cdot 2H_2O$ 基本上转变成了 $CaCO_3$。

图 7-7　不同反应条件下电解锰渣的 SEM 图（a）电解锰渣；（b）Na_2CO_3 与电解锰渣质量比为 0.05；（c）Na_2CO_3 与电解锰渣质量比为 0.3；（d）Na_2CO_3 与电解锰渣质量比为 0.4

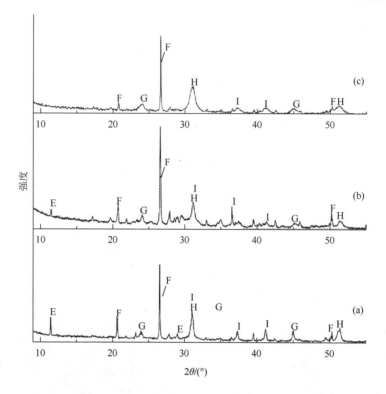

图 7-8　不同反应温度下 Na_2CO_3 对稳定固化电解锰渣后的 XRD 衍射图（a）25℃；（b）45℃；（c）60℃；
（E-$CaSO_4 \cdot 2H_2O$、F-SiO_2、G-$MnCO_3$、H-$CaMg(CO_3)_2$、I-$CaCO_3$）

　　Na_2CO_3、$NaHCO_3$ 用量对电解锰渣中 NH_4^+-N 的影响见图 7-9。由图 7-9 可知，电解锰渣和水按液固比为 $2mL \cdot g^{-1}$，Na_2CO_3 与电解锰渣质量比由 0.02 增加到 0.16，电解锰渣中 NH_4^+-N 浓度由 $2786mg \cdot L^{-1}$ 降低到 $2610mg \cdot L^{-1}$。$NaHCO_3$ 与电解锰渣质量比由 0.02 增加到 0.16，电解锰渣中 NH_4^+-N 浓度由 $2786mg \cdot L^{-1}$ 降低到 $2698mg \cdot L^{-1}$。上述研究结果表明，采用 Na_2CO_3 或者 $NaHCO_3$ 稳定固化电解锰渣，电解锰渣中 NH_4^+-N 浓度较小。

7.1.6　小结

　　本节研究了碳酸盐（$NaCO_3$、$NaHCO_3$）种类和用量对电解锰渣中可溶性锰稳定固化的影响。研究结果表明，采用 Na_2CO_3、$NaHCO_3$ 作为固化剂能够稳定固化电解锰渣中的可溶性锰，锰主要形成了球状 $MnCO_3$，而 Na_2CO_3 对锰的固化效果优于 $NaHCO_3$。当 Na_2CO_3 与电解锰渣质量比大于 0.4 时，电解锰渣中的 $CaSO_4 \cdot 2H_2O$ 转化为 $CaCO_3$；此外，在采用 Na_2CO_3 作为稳定固化剂条件下，升高温度有利于 $CaSO_4 \cdot 2H_2O$ 的溶解。本研究结果为电解锰渣中锰的稳定固化和 $CaSO_4 \cdot 2H_2O$ 的转化提供了一种新方法。

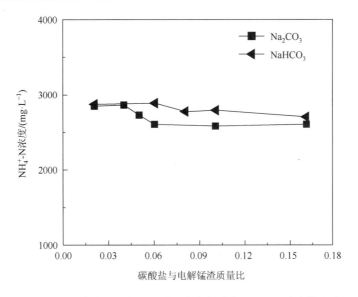

图 7-9　不同碳酸盐种类和用量对电解锰渣中 NH_4^+-N 浓度的影响

7.2　CO_2 稳定固化电解锰渣中锰的研究

在电解锰生产的锰矿浸矿工艺过程中，碳酸锰矿与硫酸反应会排放大量的 CO_2（Duan et al.，2010）。研究利用 CO_2 固化电解锰渣中可溶性锰的方法，既可以无害化处置电解锰渣，又可以减少电解锰企业 CO_2 的排放。本研究实验设计如下：在常温（25℃）、电解锰渣和水按液固比 2mL·g^{-1} 的条件下，研究碱性试剂（NaOH、CaO）辅助作用下 CO_2 对电解锰渣中锰稳定固化的效果，以及对电解锰渣的 pH、NH_4^+-N 含量的影响（图 7-10）。通过 XRD、SEM-EDS、FTIR 等表征手段，分析电解锰渣矿物相的转化规律，并对 CO_2 稳定固化电解锰渣中锰的机理进行分析。

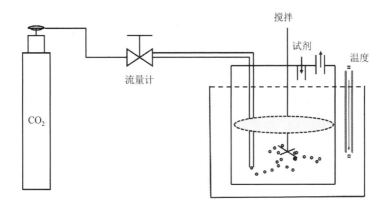

图 7-10　CO_2 稳定固化电解锰渣中锰的实验示意图

7.2.1　未加试剂条件下 CO_2 对电解锰渣中锰的影响

电解锰渣与水按液固 $2mL\cdot g^{-1}$ 混合成浆液，未加任何试剂，直接通入 CO_2 反应（图 7-11）。随着反应时间的增加，电解锰渣中锰的固定率基本不变，保持在 29.5%～31.2%。在实验过程中，浆液 pH 随反应时间逐渐降低，并趋于稳定，这主要是因为 CO_2 溶于电解锰渣浆液，形成了碳酸（Zhang and Cheng，2007）。

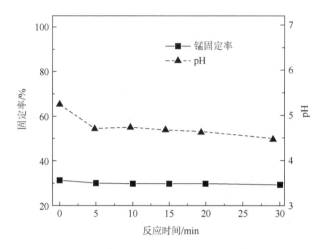

图 7-11　未加试剂条件下 CO_2 稳定固化电解锰渣中的锰

7.2.2　碱性试剂对 CO_2 稳定固化锰的影响

NaOH 和 CaO 碱性试剂能有效促进 CO_2 稳定固化电解锰渣中的可溶性锰（图 7-12）。在 CO_2 气流量为 $0.8L\cdot min^{-1}$，反应时间 30min 时，增加 NaOH、CaO 的用量，锰的固定率均逐渐增加。这是因为 NaOH、CaO 用量的增加提升了浆液 pH（图 7-13），有助于 CO_2 与电解锰渣浆液中可溶性锰形成碳酸锰沉淀。此外，当添加相同量的 NaOH 和 CaO，CaO 作用下 CO_2 对锰的固定率要高于 NaOH。当 CaO 与电解锰渣、NaOH 与电解锰渣的质量比均为 0.05 时，锰的固定率分别为 99.99%、95.63%。这可能是因为 CaO 水解反应较温和，释放 OH^- 较缓慢[式（7-8）～式（7-10）]；而 NaOH 属于强碱，在浆液中完全电离产生 OH^-，OH^- 与 CO_2 迅速反应造成浆液 pH 降低较快，不利于锰沉淀的形成。当 CaO：电解锰渣质量比大于 0.05 时，电解锰渣中锰的固定率高于 99.99%。当 NaOH 与电解锰渣质量比高达 0.075 时，锰的固定率为 99.99%。

$$CaO + H_2O \longrightarrow Ca(OH)_2 \tag{7-8}$$

$$Ca(OH)_2 \longrightarrow Ca(OH)^+ + OH^- \tag{7-9}$$

$$Ca(OH)^+ + OH^- \longrightarrow Ca^{2+} + 2OH^- \tag{7-10}$$

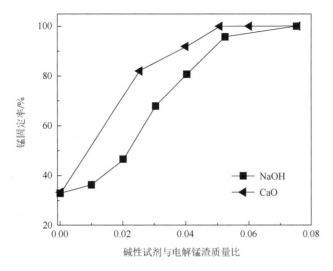

图 7-12　不同碱性试剂对 CO_2 固定电解锰渣中锰的影响

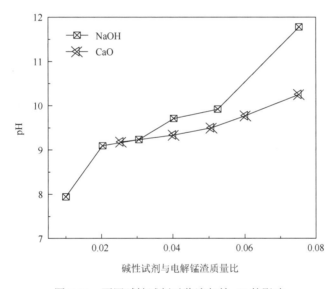

图 7-13　不同碱性试剂对浆液起始 pH 的影响

图 7-14 给出了 CaO：电解锰渣和 NaOH：电解锰渣的质量比分别为 0.05 和 0.075、CO_2 流量为 0.8L·min^{-1} 时，反应时间对电解锰渣中 Mn 固定率的影响。CaO 作用下，反应 20min 时电解锰渣中 Mn 的固定率达到 99.99%；NaOH 作用下，反应 30min 时电解锰渣中 Mn 的固定率为 99.99%。另外，两种碱性试剂作用下浆液 pH 在反应 20min 以后基本保持稳定，CaO 作用下，20min 后 pH 基本稳定在 7，NaOH 作用下浆液 pH 略低于 CaO。相关资料表明 CaO 已广泛应用于土壤的污染修复，能够促使污染土壤与孔隙水之间发生絮凝、离子交换、石灰碳化、黏土矿物溶解等反应（Schifano et al., 2007）；另外，CaO 的价格低于 NaOH，为此 CaO 更适合作为 CO_2 稳定固化电解锰渣中 Mn 的添加剂。

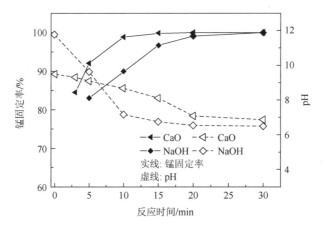

图 7-14 反应时间对锰稳定固化和浆液 pH 的影响

7.2.3 CaO 作用下 CO₂ 对浆液氧化还原电位的影响

图 7-15 显示了 CaO 与电解锰渣质量比为 0.05、CO_2 流量为 $0.4L \cdot min^{-1}$ 时，电解锰渣中氧化还原电位（oxidation-reduction potential，ORP）的变化。由图 7-15 可知，初始电解锰渣浆液的 ORP 为 403mV（a 点），当 CaO 和 CO_2 加入浆液中后 ORP 迅速下降到 277mV（b 点），4min 时 ORP 降到 133mV（c 点）。上述原因主要是在反应初期 CaO 的碱性作用强于 CO_2 溶于浆液的酸性作用（Wu and Wang，2012），在反应 4min 后 ORP 上升，反应 20min 以后基本稳定在 320mV，这主要是因为随着 CaO 的消耗，CaO 的水解作用减弱，CO_2 在浆液中水解起主要作用（Beaulieu et al.，2011）。依据 Mn-H_2O 系统 ORP 和 pH 的关系（图 7-16），在 CaO 与电解锰渣质量比为 0.06，CO_2 流量为 $0.8L \cdot min^{-1}$ 作用下，反应 20min 后电解锰渣浆液的 pH 和 ORP 分别为 7 和 320mV，上述环境有利于形成的碳酸盐矿物的稳定存在。

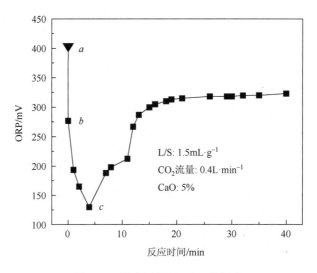

图 7-15 反应时间对 ORP 的影响

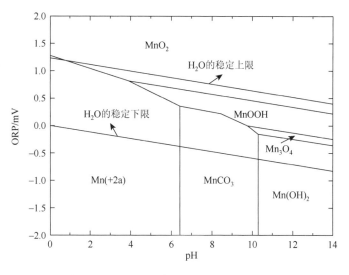

图 7-16　Mn-H$_2$O 系统 ORP 与 pH 的关系图

7.2.4　稳定固化后电解锰渣物相特征分析

图 7-17（b）显示在 CaO 与电解锰渣质量比为 0.05，反应 20min 条件下，CO$_2$ 流速为 0.8L·min^{-1} 稳定固化电解锰渣的 XRD 图谱。由图 7-17（b）可知，与原样电解锰渣相比 [图 7-17（a）]，CaO 作用下 CO$_2$ 稳定固化后电解锰渣中 $(NH_4)_2Mn(SO_4)_2\cdot 6H_2O$、$(NH_4)_2Mg(SO_4)_2\cdot 6H_2O$、$MnSO_4\cdot H_2O$ 和 $(NH_4)_2SO_4$ 的特征峰消失，新矿物相 $MnCO_3$（菱锰矿）、$CaMg(CO_3)_2$（白云石）、$CaCO_3$（方解石）形成[图 7-17（b）]。$CaSO_4\cdot 2H_2O$（石膏）和 SiO_2（石英）均存在于原样电解锰渣和 CO$_2$ 稳定固化后的电解锰渣中，说明这两种矿物相不能被 CO$_2$ 稳定固化。另外相比原样电解锰渣，CO$_2$ 稳定固化后的电解锰渣中 $CaSO_4\cdot 2H_2O$ 的特征峰增强，说明稳定固化过程可能生成了晶型较好的 $CaSO_4\cdot 2H_2O$。综上可知，CaO 作用下 CO$_2$ 稳定固化电解锰渣可能发生的反应如式（7-11）～式（7-14）。

$$CaO + H_2O \longrightarrow Ca(OH)_2 \qquad (7\text{-}11)$$

$$(NH_4)_2Mn(SO_4)_2\cdot 6H_2O + CO_2 + Ca(OH)_2 \longrightarrow MnCO_3 + (NH_4)_2SO_4 + CaSO_4\cdot 2H_2O + H_2O \qquad (7\text{-}12)$$

$$(NH_4)_2Mg(SO_4)_2\cdot 6H_2O + CO_2 + Ca(OH)_2 \longrightarrow CaMg(CO_3)_2 + (NH_4)_2SO_4$$
$$+ CaSO_4\cdot 2H_2O + H_2O \qquad (7\text{-}13)$$

$$CO_2 + Ca(OH)_2 \longrightarrow CaCO_3 + H_2O \qquad (7\text{-}14)$$

图 7-17（c）显示在 NaOH 与电解锰渣质量比为 0.075，反应 30min 条件下，0.8L·min^{-1}CO$_2$ 稳定固化电解锰渣的 XRD 图谱。由图 7-17（c）可知，NaOH 作用下，CO$_2$ 稳定固化后电解锰渣中 $(NH_4)_2Mn(SO_4)_2\cdot 6H_2O$、$(NH_4)_2Mg(SO_4)_2\cdot 6H_2O$、$MnSO_4\cdot H_2O$ 和 $(NH_4)_2SO_4$ 的特征峰消失，新矿物相 $MnCO_3$ 和 $CaMg(CO_3)_2$ 形成。与图 7-17（b）相比，未发现 $CaCO_3$ 的特征峰。NaOH 作用下，电解锰渣矿浆体系中 $MnCO_3$ 的形成反应如式（7-15）～式（7-16）。在反

应初始阶段，$CaSO_4 \cdot 2H_2O$ 与 NaOH 反应生成少量 $Ca(OH)_2$（Bang et al.，2014），$Ca(OH)_2$、CO_2 和浆液中的$(NH_4)_2Mg(SO_4)_2 \cdot 6H_2O$ 进一步反应生成了 $CaMg(CO_3)_2$[式（7-17）～式（7-18）]。

$$(NH_4)_2Mg(SO_4)_2 \cdot 6H_2O + CO_2 + NaOH \longrightarrow MgCO_3 + (NH_4)_2SO_4 + Na_2SO_4 + H_2O \quad (7\text{-}15)$$

$$MnSO_4 \cdot H_2O + CO_2 + NaOH \longrightarrow MnCO_3 + Na_2SO_4 + H_2O \quad (7\text{-}16)$$

$$CaSO_4 \cdot 2H_2O + NaOH \longrightarrow Ca(OH)_2 + Na_2SO_4 + H_2O \quad (7\text{-}17)$$

$$(NH_4)_2Mg(SO_4)_2 \cdot 6H_2O + CO_2 + Ca(OH)_2 + NaOH \longrightarrow CaMg(CO_3)_2$$
$$+(NH_4)_2SO_4 + Na_2SO_4 + H_2O \quad (7\text{-}18)$$

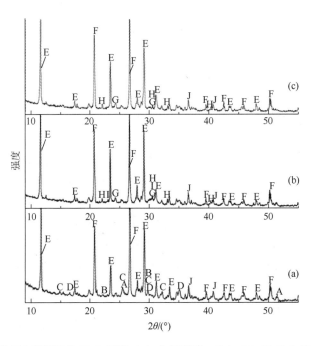

图 7-17　稳定固化前后电解锰渣的 XRD 图谱（a）电解锰渣；（b）CO_2 和 CaO 稳定固化电解锰渣；（c）CO_2 和 NaOH 稳定固化电解锰渣[A-$MnSO_4 \cdot H_2O$、B-$(NH_4)_2SO_4$、C-$(NH_4)_2Mn(SO_4)_2 \cdot 6H_2O$、D-$(NH_4)_2Mg(SO_4)_2 \cdot 6H_2O$、E-$CaSO_4 \cdot 2H_2O$、F-$SiO_2$、G-$MnCO_3$、H-$CaMg(CO_3)_2$、I-$CaCO_3$、J-$CaMn_2O_4$]

　　图 7-18 显示 CaO、NaOH 分别作为稳定固化剂，CO_2 稳定固化后的电解锰渣的 SEM-EDS 图谱。图 7-18（a）和图 7-18（b）与原电解锰渣（图 7-17）相比，CO_2 稳定固化后的电解锰渣中出现了明显的碳酸锰球状晶体颗粒。表明 CaO、NaOH 稳定固化剂能够促进 CO_2 稳定固化电解锰渣中的可溶性锰。

　　CaO 与电解锰渣质量比为 0.05，CO_2 流速为 $0.8L \cdot min^{-1}$ 作用下电解锰渣红外谱见图 7-19。由图 7-19 可知，随着稳定固化反应时间的增加，$1418cm^{-1}$、$864cm^{-1}$ 和 $725cm^{-1}$ 处的吸收谱带强度逐渐增加，稳定固化反应 20min 后基本稳定。$1418cm^{-1}$ 吸收谱带主要与碳酸盐矿物中 C—O 的伸缩振动有关（廖立兵，2010），$864cm^{-1}$ 吸收谱带主要是由 O—C—O 的弯曲振动引起（Stojkovikj et al.，2013）。$725cm^{-1}$ 吸收谱带可能与锰、碳酸根结合有关，（Silva et al.，2012）研究也证实，碳酸锰的红外谱图在 724cm^{-1} 处有明显的特征吸收带。

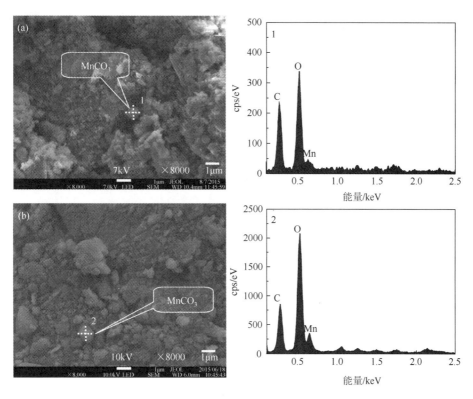

图 7-18　稳定固化前后电解锰渣的 SEM-EDS 图谱（a）CO_2 和 CaO 稳定固化电解锰渣；（b）CO_2 和 NaOH 稳定固化电解锰渣

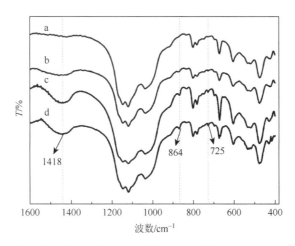

图 7-19　CO_2 和 CaO 稳定固化后的电解锰渣红外谱图（a：原样电解锰渣；b：稳定固化反应 4min；c：稳定固化反应 20min；d：稳定固化反应 30min）

7.2.5 锰的稳定固化机理

为进一步验证碱性试剂条件下，CO_2 对电解锰渣中可溶性锰稳定固化的实验结果。通过化学平衡原理对 CO_2 固定 Mn^{2+} 进行分析。在电解锰渣浆液中溶解的 CO_2 电离形成 CO_3^{2-}、HCO_3^+ 并产生 H^+，影响 $MnCO_3$ 的沉淀与溶解，该过程涉及以下平衡方程。

$$CO_2(g) \longleftrightarrow CO_2(aq)$$

依据亨利定律，平衡常数为

$$K_p = \frac{\alpha_{CO_2(aq)}}{p_{CO_2}} \tag{7-19}$$

渣浆中的 CO_2 与 H_2CO_3 之间的平衡反应：

$$CO_2(aq) + H_2O(l) \longleftrightarrow H_2CO_3(aq)$$

平衡常数为

$$K_{\alpha 0} = \frac{\alpha_{H_2CO_3}}{\alpha_{CO_2(aq)}} \tag{7-20}$$

H_2CO_3 的一级电离反应：

$$H_2CO_3(aq) \longleftrightarrow HCO_3^-(aq) + H^+(aq)$$

平衡常数为

$$K_{\alpha 1} = \frac{\alpha_{HCO_3^-(aq)} \cdot \alpha_{H^+(aq)}}{\alpha_{H_2CO_3(aq)}} \tag{7-21}$$

H_2CO_3 的二级电离反应：

$$HCO_3^-(aq) \longleftrightarrow CO_3^{2-}(aq) + H^+(aq)$$

平衡常数为

$$K_{\alpha 2} = \frac{\alpha_{CO_3^{2-}(aq)} \cdot \alpha_{H^+(aq)}}{\alpha_{HCO_3^-(aq)}} \tag{7-22}$$

在三相反应器中，渣浆中的可溶性 Mn 与 CO_3^{2-} 形成 $MnCO_3$ 沉淀。

$$CO_3^{2-}(aq) + Mn^{2+}(aq) \longleftrightarrow MnCO_3(s)$$

平衡常数为

$$K_{\alpha 3} = \frac{1}{\alpha_{CO_3^{2-}(aq)} \cdot \alpha_{Mn^{2+}(aq)}} = \frac{1}{K_s} \tag{7-23}$$

式中，α_B 为渣浆中 B 物质的活度，$\alpha_B = [B] \cdot \gamma_B$，[B] 为浆液中 B 物质的实际浓度，$mol \cdot L^{-1}$；$\gamma_B$ 为 B 物质的活度系数，γ_B 的计算依据 $\lg \gamma_i = -\dfrac{Az_i\sqrt{I}}{1 + \alpha_i B\sqrt{I}}$（钱会和马致远，2005）。$K_s$

为 $MnCO_3$ 的溶度积。$MnCO_3$ 沉淀的产生主要与浆液中 CO_3^{2-} 浓度有关，CO_3^{2-} 的形成与浆液的 pH 和 CO_2 分压有关。

由式（7-19）、式（7-17）、式（7-18）、式（7-22）联合得

$$K_p \cdot K_{\alpha 0} \cdot K_{\alpha 1} \cdot K_{\alpha 2} = \frac{\alpha_{CO_3^{2-}(aq)} \cdot \alpha_{H^+(aq)}^2}{p_{CO_2}} \Rightarrow \alpha_{CO_3^{2-}(aq)} = \frac{p_{CO_2} \cdot K_p \cdot K_{\alpha 0} \cdot K_{\alpha 1} \cdot K_{\alpha 2}}{\alpha_{H^+(aq)}^2} \quad (7-24)$$

将式（7-24）代入式（7-23）中得

$$K_s = \frac{p_{CO_2} \cdot K_p \cdot K_{\alpha 0} \cdot K_{\alpha 1} \cdot K_{\alpha 2} \cdot \alpha_{Mn^{2+}(aq)}}{\alpha_{H^+(aq)}^2} \quad (7-25)$$

将 $pH = -\lg\alpha_{H^+(aq)}$ 代入式（7-25）得

$$pH = -\frac{1}{2}\lg\frac{p_{CO_2} \cdot K_p \cdot K_{\alpha 0} \cdot K_{\alpha 1} \cdot K_{\alpha 2} \cdot \alpha_{Mn^{2+}(aq)}}{K_s}$$

$$pH = -\frac{1}{2}\left[\lg K_s - \lg(p_{CO_2} \cdot K_p \cdot K_{\alpha 0} \cdot K_{\alpha 1} \cdot K_{\alpha 2}) - \lg\alpha_{Mn^{2+}(aq)}\right] \quad (7-26)$$

通入反应体系中的 CO_2 纯度为 99.99%，且反应体系与大气相通，认为 $p_{CO_2} = 1.013MPa$。K_p、$K_{\alpha 0}$、$K_{\alpha 1}$、$K_{\alpha 2}$、K_s 等平衡常数是温度的函数，依据黄思静等给出的 25℃ CO_2 溶于水并电离的平衡常数（$K_p = 0.052$、$K_{\alpha 0} = 0.672$、$K_{\alpha 1} = 4.287 \times 10^{-7}$、$K_{\alpha 2} = 4.585 \times 10^{-11}$）和 25℃时 $MnCO_3$ 的 $K_s = 2.24 \times 10^{-11}$，由式（7-26）计算常温下（25℃）不同 pH 的 $\alpha_{Mn^{2+}(aq)}$ 值（表 7-1）。当浆液 pH 大于 6.5 时，电解锰渣浆液中可溶性 Mn 低于 $0.18mg \cdot L^{-1}$（以 $\alpha'_{Mn^{2+}(aq)}$ 计算）。实验过程中电解锰渣在 CaO 作用下 CO_2 碳化固定以后 pH 基本为 7，检测渣浆中可溶性锰浓度低于 $0.2mg \cdot L^{-1}$，电解锰渣中锰的固定率大于 99.99%；电解锰渣在 NaOH 作用下 CO_2 固定以后 pH 基本为 6.5，浆液中锰浓度为 $0.2mg \cdot L^{-1}$，电解锰渣锰固定率为 99.99%。

表 7-1　不同 pH 条件下 Mn 的溶解浓度

pH	$\alpha_{Mn^{2+}(aq)}$ /mol·L^{-1}	$\alpha'_{Mn^{2+}(aq)}$ /mg·L^{-1}
4	0.32	17677
5	0.0032	176.8
5.5	0.0003	17.7
6	0.00003	1.77
6.5	0.000003	0.18
7	0.0000003	0.018
8	0	0
9	0	0

7.2.6　CO_2 稳定固化对其他重金属和氨氮的影响

CaO 与电解锰渣质量比为 0.05，CO_2 流速为 $0.8L \cdot min^{-1}$ 稳定固化电解锰渣 20min 后

（锰固定率达到 99.99%）。原子吸收检测滤液中金属离子的浓度（表 7-2），与原样电解锰渣浸出液中金属离子的含量相比，电解锰渣中锰的浸出量由 1552.4mg·L^{-1} 减小到 0.2mg·L^{-1}，Cu、Zn 浸出浓度均有下降，且均低于 GB 8978—1996 排放要求。

表 7-2 CO$_2$ 稳定固化电解锰渣前后金属的浸出浓度 单位：mg·L^{-1}

项目	Ca	Mg	Na	K	Mn	Zn	Cu	Co
原电解锰渣	386.3	105	91.3	65	1552.4	0.35	0.09	0.13
CO$_2$ 稳定固化后	383.1	28.1	125.6	101.9	0.2	0.03	0.08	0
GB 8978—1996	—	—	—	—	5.0	5.0	2.0	—

注：一表示排放标准中未作要求。

图 7-20 表示 CaO 与电解锰渣质量比为 0.05，CO$_2$ 流速为 0.8L·min^{-1} 稳定固化电解锰渣过程中 NH$_4^+$-N 浓度的变化。在反应初始阶段（10min 之内），NH$_4^+$-N 浓度下降较快（由 2768mg·L^{-1} 降至 2383mg·L^{-1}），反应后期阶段变化不大。这主要是因为反应初期 pH 较高（大于 9）引起少量 NH$_4^+$-N 的逃逸。NaOH 与电解锰渣的质量比为 0.075 时，在反应前 10min 内，NH$_4^+$-N 逃逸量较高（浓度由 2768mg·L^{-1} 下降至 1803mg·L^{-1}），这主要是因为在反应初始阶段 NaOH 引起电解锰渣浆液的 pH 较 CaO 高（图 7-14）。综上可知，CaO 作用下，CO$_2$ 稳定固化电解锰渣引起 NH$_4^+$-N 的逃逸较少，对环境造成的影响较小。

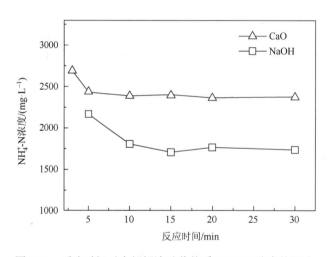

图 7-20 反应时间对电解锰渣矿浆体系 NH$_4^+$-N 浓度的影响

7.2.7 小结

本节研究了碱性试剂（NaOH、CaO）辅助作用下，CO$_2$ 对电解锰渣中可溶性 Mn 稳定固化的影响。具体结论如下。

（1）碱性试剂 CaO、NaOH 能够促进 CO$_2$ 稳定固化电解锰渣中的可溶性 Mn。在碱

性试剂和 CO_2 作用下，电解锰渣中矿物相$(NH_4)_2Mn(SO_4)_2·6H_2O$、$MnSO_4·H_2O$ 中的 Mn 转化为 $MnCO_3$ 沉淀物。当添加相同量的碱性试剂时，CaO 作用下 CO_2 对 Mn 的固定率要高于 NaOH，主要是因为 CaO 水解反应较温和，释放 OH^- 较缓慢，在大部分反应时间里产生的 pH 较 NaOH 高。热力学理论分析不同 pH 下 CO_2 固定 Mn^{2+} 的效果，与实验结果基本吻合。

（2）在 CaO 与电解锰渣质量比为 0.06，CO_2 流速为 $0.8L·min^{-1}$ 作用下，反应 20min 后电解锰渣中 Mn 的浸出浓度由 $1552.4mg·L^{-1}$ 减小到 $0.2mg·L^{-1}$，Cu、Zn 浸出浓度均有下降，且均低于污水排放标准（GB 8978—1996）的规定限值，同时反应后电解锰渣浆液的 pH 和 ORP 分别基本稳定为 7 和 320mV，有利于形成的锰碳酸盐矿物的稳定存在。

7.3　碳酸盐体系电解锰渣中石膏转变规律研究

国内外学者在电解锰渣处理处置方面已开展了大量研究工作（吴运东和李剑飞，2020）。填埋和无害化处理的核心在于防止电解锰渣中易迁移的氨氮以及包括锰在内的重金属元素进入环境（Wang et al.，2020），而要彻底解决电解锰渣污染问题必须实现其资源化利用。目前有关电解锰渣资源化利用成功的工业化案例还未见报道，主要原因是电解锰渣中含有大量的难溶硫酸盐，其中石膏是难溶硫酸盐的主要组分，占电解锰渣质量分数的 40%～60%（Shu et al.，2019）。电解锰渣中含有的石膏是导致电解锰渣制备出的建筑产品出现泛霜、开裂、破损等现象的主要原因。例如：采用电解锰渣制备免烧建材产品时，由于石膏溶解度大，制品受潮后，石膏晶体间结合力减弱，制品强度显著降低；另外，游离水可通过石膏制品的微裂缝和高孔隙进入制品内部，导致制品的强度和耐久性降低。电解锰渣制备玻璃、陶瓷等烧结制品时，石膏分解产生的 SO_2 容易导致制品产生气泡，影响产品质量。电解锰渣掺入水泥时，由于水泥产品标准要求 SO_3 含量必须低于 3.5%[《通用硅酸盐水泥》（GB 175—2007）]，过高含量的硫会降低水泥强度，增加凝结时间，造成水泥膨胀性裂缝；电解锰渣用于制备煅烧水泥时，石膏的分解会引起烧成系统结皮堵塞，直接影响水泥生产工艺及产品质量，用作土壤改良剂时因石膏含量高，易造成土壤板结。因此，开展电解锰渣中石膏去除研究，对电解锰渣的建材资源化高效利用具有十分重要的意义。

事实上，许多研究者在石膏去除方面开展了大量研究，其中宁夏天元锰业采用火法方法实现了电解锰渣中石膏的去除，石膏最终转变成 SO_2 和 CaO。刘佳（2009）利用磷石膏制备$(NH_4)_2SO_4$，硫酸根转化率达 97.01%。冯雅丽等（2012）采用 NH_4HCO_3 溶液，实现了石膏向 $CaCO_3$ 的转化，热解后可制备出高纯 CaO。梁亚琴等（2014）利用 NH_4Cl 的盐效应增加石膏的溶解度，提高石膏的浸出率。陈波等（2016）以 NH_3、CO_2 为原料，采用连续反应结晶法转化石膏制备 $CaCO_3$，Ca 转化率达 99.61%；陈红亮等（2017）采用 Na_2CO_3 和 NH_4HCO_3 对电解锰渣进行处理，实现了电解锰渣中锰的固定和石膏转化。杨晓红等（2021）采用 HCl 浸出电解锰渣中的石膏，浸出率可达 94.2%。因此，采用 NH_4HCO_3 与 NH_4Cl 铵盐体系对电解锰渣中石膏进行浸出，在理论上是可行的。

本节探究了 NH_4HCO_3 和 NH_4Cl 用量、浸出初始 pH、浸出时间、浸出温度对电解锰渣中石膏转变规律的影响。采用 XRD、SEM-EDS-Mapping、FT-IR、XRF 等现代分析手段，对浸出前后电解锰渣的基本理化特性、石膏转变规律进行了分析（曾一凡等，2022），研究成果将为电解锰渣的资源化利用提供理论和技术支持。

7.3.1　实验材料与方法

（1）实验材料。实验采用的电解锰渣来自广西壮族自治区某渣库，参照《工业固体废物采样制样技术规范》（HJ/T 20—1998）进行采样。电解锰渣样品均匀混合后，在 60℃下烘干至恒重，用研钵磨碎，过 60 目筛备用。

（2）实验方法。实验首先将备用的电解锰渣样品与蒸馏水按照不同固液比（1∶1 至 1∶8）配置于烧杯中，混合均匀后采用稀盐酸和稀氨水调节至不同的浸出初始 pH（5.5～10.5）。根据设定的实验方案，依次添加不同质量分数的 NH_4HCO_3（10%～70%）和 NH_4Cl（2.5%～12.5%），随后放置到设定温度（60～90℃）的水浴锅中进行加热，在相同转速下设定不同浸出时间（0～120min）。反应结束后进行固液分离，用超纯水洗涤浸出渣两次，在 60℃下进行干燥至恒重。

7.3.2　NH_4HCO_3 用量和初始 pH 影响

由图 7-21（a）可知，当 NH_4HCO_3 用量从电解锰渣质量分数的 10%增加到 70%，电解锰渣中石膏的浸出率呈现先上升后下降的趋势，而溶液 pH 持续上升。当 NH_4HCO_3 用量为电解锰渣质量分数的 40%时，石膏的浸出率高达 86.5%，继续增加 NH_4HCO_3 用量到 70%，石膏浸出率从 86.5%下降到 72.0%。其原因是 NH_4HCO_3 在水溶液中 HCO_3^- 易发生水解，且水解程度大于电离程度，溶液呈碱性。在 70℃下 NH_4HCO_3 受热分解释放 NH_3 和 CO_2，从而造成 NH_4HCO_3 的消耗。另外，随着 NH_4HCO_3 用量增加，浸出体系碱性增强，Mg^{2+} 活度提高（吴建锋等，2014；仵亚妮等，2011），水中 Mg^{2+} 结晶析出后会产生氢氧化镁[$Mg(OH)_2$]沉淀。大量研究表明，$Mg(OH)_2$ 会对 $CaCO_3$ 的结晶速率和表面形貌造成影响，导致 $CaCO_3$ 结晶速率下降（Hu et al.，2021），从而降低电解锰渣中石膏的浸出率。由图 7-21（b）可知，当 NH_4HCO_3 用量为电解锰渣质量分数的 40%，采用稀盐酸和稀氨水调节浸出初始 pH 从 5.5 到 7.5 时，石膏浸出率从 83.1%增加到 89.1%，当浸出初始 pH 从 7.5 增加到 10.5，石膏浸出率从 89.1%下降到 76.8%。其原因是在弱碱性条件下，Mg^{2+} 难形成抑制 $CaCO_3$ 结晶的 $Mg(OH)_2$ 沉淀，从而导致 $CaCO_3$ 结晶速率上升（Chen et al.，2020），石膏浸出率升高；在强碱性环境下，随着 Mg^{2+} 活度升高，$Mg(OH)_2$ 开始大量形成，大量 Mg^{2+} 进入 $CaCO_3$ 晶格，降低了 $CaCO_3$ 诱导结晶速率，导致石膏浸出率降低。因此，本研究选取 NH_4HCO_3 用量为电解锰渣质量分数的 40%，浸出初始 pH 为 7.5 作为最佳反应条件。

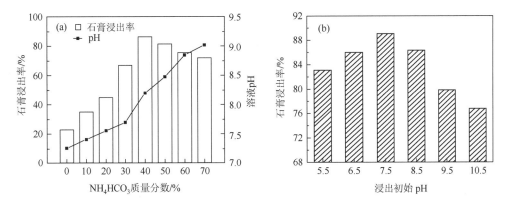

图 7-21 NH_4HCO_3 用量和浸出初始 pH 对石膏浸出率的影响：（a）浸出温度 70℃、电解锰渣与水固液比为 1：5、浸出初始 pH 为 8.5、浸出时间 120min；（b）浸出温度 70℃，电解锰渣与 NH_4HCO_3 与水质量比为 5：2：25，浸出时间 120min

7.3.3 NH_4Cl 用量和固液比影响

由图 7-22（a）可知，随着 NH_4Cl 浓度的增加，石膏浸出率逐渐增加。当 NH_4Cl 用量为电解锰渣质量分数的 7.5%时，石膏浸出率为 90.0%。当 NH_4Cl 用量增加到电解锰渣质量分数的 10%时，石膏浸出率开始缓慢下降至 88.07%。当 NH_4Cl 用量持续增加到 12.5%时，石膏浸出率降低到 84.3%。随着浸出体系中 NH_4Cl 浓度增加，溶液中的离子总浓度增加（田萍等，2012），由于盐效应作用，强电解质 NH_4Cl 增加了溶液的离子强度。在固定温度下，$CaSO_4 \cdot 2H_2O$ 的溶度积保持不变，溶液的离子强度增加，则相应的活度系数 $f(SO_4^{2-})$、$f(Ca^{2+})$ 和 $f(H_2O)_2$ 减小，溶液中 SO_4^{2-}、Ca^{2+}、H_2O 的浓度增加，作为盐试剂的 NH_4Cl 促进了电解锰渣中石膏的转化。此外，当 NH_4Cl 用量大于电解锰渣质量分数的 7.5%时，$CaSO_4 \cdot 2H_2O$ 的溶解度增大，石膏浸出速率下降，原因可能是 NH_4Cl 浓度提

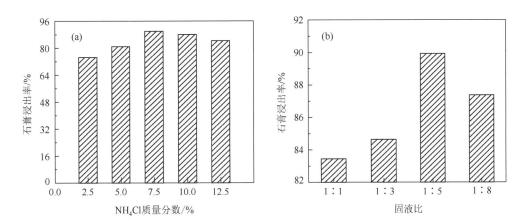

图 7-22 NH_4Cl 用量与固液比对石膏浸出率的影响：（a）浸出温度 70℃，电解锰渣与 NH_4HCO_3 与水质量比为 5：2：25，浸出时间 120min；（b）浸出温度 70℃，电解锰渣与 NH_4HCO_3 与 NH_4Cl 质量比为 20：8：1.5，浸出时间 120min

高后，溶液黏性增强，Cl⁻和NH₄⁺吸附在石膏表面，阻碍了未溶解的$CaSO_4·2H_2O$溶出；另一方面，随着溶液中NH₄Cl浓度的升高，由于同离子效应，溶液中SO_4^{2-}阻碍了$CaSO_4·2H_2O$的持续溶解。由图7-22（b）可知，当电解锰渣与水固液比从1：1增加到1：5时，石膏浸出率从83.4%增加到接近90.0%，当固液比增加至1：8，石膏浸出率下降。其原因是随着固液比的增加，溶液体系中的同离子效应减弱，降低了Cl⁻和NH₄⁺在石膏表面的吸附（蓝际荣等，2019）；此外，过高的固液比将产生大量的浸出液，导致浸出液处理成本提高。因此，本研究选取NH₄Cl用量为7.5%，固液比为1：5作为最佳反应条件。

7.3.4　反应温度和反应时间影响

由图7-23可知，当反应时间小于30min，反应温度在60～70℃时，石膏的浸出率与浸出温度呈正相关，且随着浸出时间增加而增加，这是因为浸出时间和浸出温度的增加提高了锰渣中$CaSO_4·2H_2O$的溶解度。当浸出时间超过30min后，浸出温度80℃和90℃条件下石膏浸出率逐渐下降，且石膏在浸出温度90℃下的浸出率低于80℃，这可能是由于高温加剧了HCO_3^-消耗，导致NH₄HCO₃与电解锰渣的反应减弱。而浸出温度在60℃和70℃时，石膏浸出率随着反应时间的增加而提高，反应120min时石膏的浸出率基本保持不变，其原因是电解锰渣在NH₄HCO₃与NH₄Cl铵盐体系下的化学反应已趋于平衡。当电解锰渣与NH₄HCO₃以及NH₄Cl质量比为20：8：1.5，电解锰渣与水固液比为1：5，浸出初始pH为7.5，浸出温度70℃，浸出时间为120min时，石膏的浸出率达到90%。

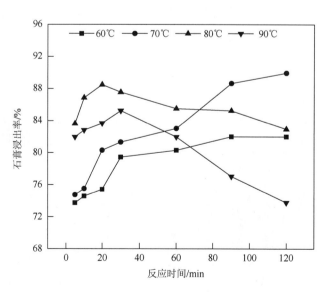

图7-23　浸出温度和浸出时间对石膏浸出率的影响（电解锰渣与NH₄HCO₃与NH₄Cl质量比为20：8：1.5，电解锰渣与水固液比为1：5，浸出初始pH为7.5）

7.3.5　电解锰渣中石膏转变规律

由表 7-3 可知，与原样电解锰渣相比，浸出电解锰渣中 SO_3 含量显著降低，SiO_2、CaO、MnO、Fe_2O_3、MgO、Al_2O_3 等金属氧化物含量增加。在最佳反应条件下（浸出锰渣 2#条件），采用 NH_4HCO_3 与 NH_4Cl 铵盐体系浸出得到的电解锰渣中 SO_3 含量从未浸出前的 30.3%下降到 3.19%，SiO_2、MnO、MgO、Al_2O_3 等金属氧化物的含量分别从未浸出前的 23.61%、7.45%、1.84%、2.56%上升到 32.42%、14.71%、4.12%、3.36%。事实上，电解锰渣中 SO_3 含量的降低以及 SiO_2、MnO、MgO、Al_2O_3 等金属氧化物含量的增加，能够提高电解锰渣在建材领域的掺入量，同时经过铵盐体系浸出得到的电解锰渣中含有大量氨氮，可作为土壤改良剂或者肥料。

表 7-3　不同条件下电解锰渣的化学成分及质量分数（%）

名称	SO_3	SiO_2	CaO	Fe_2O_3	MnO	Al_2O_3	MgO	Cl	Na_2O	其他
原样电解锰渣	30.3	23.61	21.71	10.55	7.45	2.56	1.84	0.03	0.10	1.85
浸出锰渣 1#	4.92	32.03	24.75	14.29	12.87	3.29	3.66	0.58	0.18	3.43
浸出锰渣 2#	3.19	32.42	24.04	13.86	14.71	3.36	4.12	0.23	0.20	3.87
浸出锰渣 3#	4.03	33.00	24.30	14.55	12.97	3.36	4.09	0.18	0.16	3.36
浸出锰渣 4#	6.08	32.07	23.21	14.21	12.68	3.36	4.08	0.58	0.17	3.56

注：浸出锰渣 1#：浸出温度 60℃；浸出锰渣 2#：浸出温度 70℃；浸出锰渣 3#：浸出温度 80℃；浸出锰渣 4#：浸出温度 90℃；反应条件：电解锰渣与 NH_4HCO_3 与 NH_4Cl 质量比为 20：8：1.5，浸出初始 pH 为 7.5，电解锰渣与水固液比为 1：5，浸出时间 120min。

由图 7-24（a）可知，原样电解锰渣中 S 主要以 $CaSO_4·2H_2O$ 存在；此外，电解锰渣中还含有大量 SiO_2 及少量 $Ca_2Mn_2(OH)_4Si_4O_{11}·2H_2O$、$Mg_{5.0}Al_6Fe_4Si_{2.5}Al_{1.5}O_{10}(OH)_8$、$KAl_3Si_3O_{10}(OH)_2$ 等。在浸出反应温度 60℃、70℃和 80℃条件下，原样电解锰渣中 $CaSO_4·2H_2O$ 特征峰消失，而 $CaCO_3$、SiO_2、$MnCO_3$ 以及 $Ca_2Mn_2(OH)_4Si_4O_{11}·2H_2O$ 等物相特征峰出现，这些特征峰在 60~80℃条件下未发生明显变化，说明在 60~80℃条件下 $CaSO_4·2H_2O$ 能够转化成 $CaCO_3$。当浸出温度达到 90℃时，浸出电解锰渣的 X 射线衍射图中出现了 $CaSO_4·2H_2O$ 特征峰，这说明高温不利于电解锰渣中转化，其原因可能是随着反应温度升高，溶液中的 NH_4HCO_3、$Ca(HCO_3)_2$、$Mg(HCO_3)_2$ 受热分解，溶液中 HCO_3^- 被消耗，从而抑制了 $CaSO_4·2H_2O$ 的转化。

由图 7-24（b）可知，原样电解锰渣在 3405cm⁻¹ 和 1622cm⁻¹ 附近可观察到 H_2O 的伸缩振动峰，说明原样电解锰渣中含有结晶水。处理后电解锰渣样品在 1417cm⁻¹ 和 872cm⁻¹ 附近出现了 CO_3^{2-} 的伸缩振动峰，说明处理后的电解锰渣中出现了 CO_3^{2-}。在 1124cm⁻¹、797cm⁻¹ 处分别出现了 SiO_2^{2-} 和 MnO_4^- 振动带，670cm⁻¹ 和 604cm⁻¹ 处观察到 SO_4^{2-} 伸缩振动峰，结合 XRD 分析可知原样电解锰渣中含有 SiO_2、锰盐以及硫酸盐。另外，随着浸出温度增加，在 670cm⁻¹ 和 604cm⁻¹ 处出现的 SO_4^{2-} 伸缩振动峰增强。由表 7-4 可知，随着浸出温度从 60℃升高到 90℃，浸出液中 Mg^{2+} 浓度呈现先上升后下降趋势。其原因是随着温度增加，溶液中的 HCO_3^- 与 Mg^{2+} 反应，降低了溶液中 Mg^{2+} 和 HCO_3^- 浓度。浸出液中 Mn^{2+}、Cu^{2+} 和 Zn^{2+} 的浓度上升，这说明在 NH_4HCO_3-NH_4Cl 体系下，锰渣中的 Mn^{2+}、Cu^{2+}、Zn^{2+} 和 Mg^{2+} 容易被浸出。

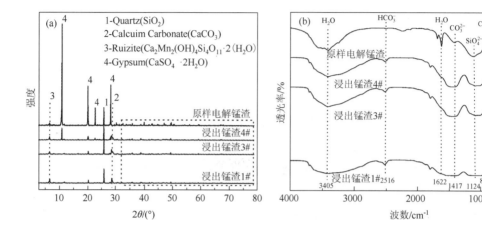

图 7-24 不同温度下浸出电解锰渣 XRD 和 FT-IR 分析（浸出锰渣 1#：浸出温度 60℃；浸出锰渣 2#：浸出温度 70℃；浸出锰渣 3#：浸出温度 80℃；浸出锰渣 4#：浸出温度 90℃；反应条件：电解锰渣与 NH_4HCO_3 与 NH_4Cl 质量比为 20：8：1.5，浸出初始 pH 为 7.5，电解锰渣与水固液比为 1：5，浸出时间 120min）

表 7-4 不同反应条件下浸出液中重金属浓度   单位：$mg \cdot L^{-1}$

名称	Mg^{2+}	Mn^{2+}	Pb^{2+}	Cr^{3+}	Cu^{2+}	Zn^{2+}
空白	275	222.9	0.323	0.78	0	0
浸出液 1#	187.2	3.57	0.249	0	0.057	0.166
浸出液 2#	209.1	5.4	0.519	0	0.408	0.118
浸出液 3#	148.2	21.69	0.088	0	1.042	0.299
浸出液 4#	144.5	26.89	0.188	0	1.527	0.394

注：浸出液 1#：浸出温度 60℃；浸出液 2#：浸出温度 70℃；浸出液 3#：浸出温度 80℃；浸出液 4#：浸出温度 90℃；反应条件：电解锰渣与 NH_4HCO_3 与 NH_4Cl 质量比为 20：8：1.5，浸出初始 pH 为 7.5，电解锰渣与水固液比为 1：5，浸出时间 120min。

由图 7-25 中 Mapping 图谱可知，图中代表 C、O、Ca 的颜色较深且分布较广，代表 Si 元素的颜色较深分布较为集中，而代表 Mg、Fe、S、Mn 元素的颜色分布较松散且较为均匀。说明 $CaCO_3$ 晶种表面附着有较多细小颗粒物，这些细小颗粒物是由 Fe、Mn、Mg、S 颗粒沉淀产生，产生的细小颗粒物会诱导 $CaCO_3$ 结晶，而铁离子和锰离子会提升 $CaCO_3$ 结晶速率（胡瑞柱等，2021）。由图 7-25 中 EDS 可知，与原样电解锰渣相比，处理后电解锰渣中 S 含量占比下降，Mn 含量占比提高。综上分析可知，采用 NH_4HCO_3 与 NH_4Cl 铵盐体系浸出电解锰渣可能发生的反应方程如下：

$$CaSO_4 \cdot 2H_2O(s) + NH_3 \cdot H_2O(aq) \longrightarrow Ca(OH)_2(s) + (NH_4)_2SO_4(aq) + H_2O(l) \quad (7\text{-}27)$$

$$CaSO_4 \cdot 2H_2O(s) \longrightarrow Ca^{2+}(aq) + SO_4^{2-}(aq) + H_2O(l) \quad (7\text{-}28)$$

$$Ca^{2+}(aq) + OH^-(aq) \longrightarrow Ca(OH)_2(s) \quad (7\text{-}29)$$

$$Ca^{2+}(aq) + CO_3^{2-}(aq) \longrightarrow CaCO_3(s) \tag{7-30}$$

$$MnSO_4(s) + OH^-(aq) \longrightarrow Mn(OH)_2(aq) + SO_4^{2-}(aq) \tag{7-31}$$

$$Mn(OH)_2(aq) + CO_3^{2-}(aq) \longrightarrow MnCO_3(s) + OH^-(aq) \tag{7-32}$$

$$CaSO_4 \cdot 2H_2O(s) + NH_4HCO_3(aq) \longrightarrow (NH_4)_2SO_4(aq) + CaCO_3(s) + CO_2(g) + H_2O(l) \tag{7-33}$$

$$NH_4^+(aq) + H_2O(aq) \longrightarrow NH_3 \cdot H_2O(aq) + H^+(aq) \tag{7-34}$$

$$HCO_3^-(aq) + H_2O(aq) \longrightarrow H_2CO_3(aq) + OH^-(aq) \tag{7-35}$$

$$HCO_3^-(aq) \longrightarrow CO_3^{2-}(aq) + H^+(aq) \tag{7-36}$$

$$CO_3^{2-}(aq) + H_2O(aq) \longrightarrow HCO_3^-(aq) + OH^-(aq) \tag{7-37}$$

$$NH_4HCO_3(aq) \xrightarrow{\Delta} NH_3(g) + CO_2(g) + H_2O(l) \tag{7-38}$$

$$CaSO_4 \cdot 2H_2O(s) + NH_4Cl(aq) \longrightarrow Ca^{2+}(aq) + Cl^-(aq) + NH_4^+(aq) + SO_4^{2-}(aq) + H_2O(l) \tag{7-39}$$

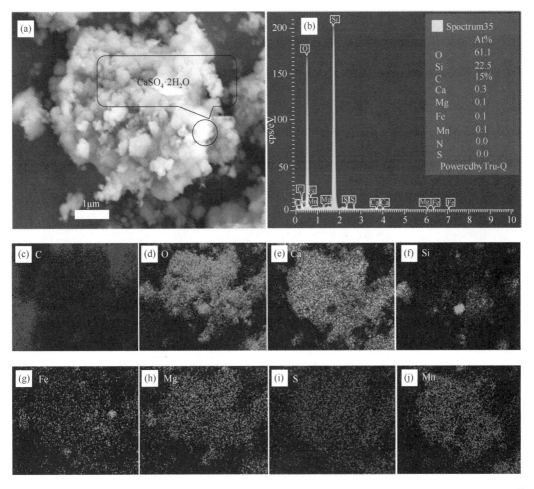

图 7-25　浸出锰渣 SEM、EDS、Mapping 图谱（a）SEM 图；（b）EDS 图；（c）～（j）：Mapping 图谱（电解锰渣∶NH₄HCO₃∶NH₄Cl 质量比为 20∶8∶1.5，浸出初始 pH 为 7.5，浸出温度 70℃，电解锰渣与水固液比为 1∶5，浸出时间 120min）

7.3.6　小结

本节开展了碳酸盐体系对电解锰渣中石膏转变规律的影响研究，得到的具体结论如下。

（1）当电解锰渣：NH_4HCO_3：NH_4Cl 质量比为 20：8：1.5、电解锰渣与水固液比为 1：5、浸出初始 pH 为 7.5、浸出温度 70℃、浸出时间 120min 时，石膏浸出率达到 90.0%，浸出电解锰渣主要物相含有 $CaCO_3$、SiO_2、$Ca_2Mn_2(OH)_4Si_4O_{11}\cdot 2H_2O$、$Mg_{5.0}A_{16}Fe_4Si_{2.5}Al_{1.5}O_{10}(OH)_8$ 以及 $KAl_3Si_3O_{10}(OH)_2$ 等，其中浸出电解锰渣中 MnO 含量由未浸出前的 7.45%提高到 14.71%。

（2）碳酸盐强化电解锰渣中石膏浸出机理表明，NH_4HCO_3 与电解锰渣中石膏反应转变成 $(NH_4)_2SO_4$ 和 $CaCO_3$，而 NH_4Cl 作为盐试剂可进一步促进石膏溶解，从而提高了电解锰渣中石膏浸出率。本研究成果为电解锰渣中硫酸盐的脱除提供了一种新的方法。

参 考 文 献

北京师范大学，华中师范大学，南京师范大学，2003. 无机化学[M]. 北京：高等教育出版社.
陈波，宋兴福，许妍霞，等，2016. 响应面法优化氨碳化-钙转化连续法制备碳酸钙工艺[J]. 无机盐工业，48（9）：18-22.
陈红亮，2016. 电解锰渣中锰稳定化与氨氮控制的方法研究[D]. 重庆：重庆大学.
陈红亮，龙黔，舒建成，等，2017. 碳酸盐对电解锰渣中可溶性锰固定和硫酸钙转化的研究[J]. 工业安全与环保，43（5）：81-84，89.
杜兵，周长波，曾鸣，等，2010. 回收电解锰渣中的可溶性锰[J]. 化工环保，30（6）：526-529.
冯雅丽，马玉文，李浩然，2012. 盐湖副产硫酸钙转化法制备高纯氧化钙[J]. 中南大学学报（自然科学版），43（8）：3309-3310.
国家环境保护总局，水和废水监测分析方法编委会，2002. 水和废水监测分析方法[M]. 北京：中国环境科学出版社.
胡瑞柱，黄廷林，刘泽男，2021. 碳酸钙诱结晶动力学影响因素研究[J]. 中国环境科学，41（8）：3584-3589.
黄思静，黄可可，张雪花，等，2009. 碳酸盐倒退溶解模式的化学热力学基础：与 CO_2 有关的溶解介质[J]. 成都理工大学学报：自然科学版，36（5）：457-464.
李焕利，李小明，陈敏，等，2009. 生物浸取电解锰渣中锰的研究[J]. 环境工程学报，3（9）：1667-1672.
梁亚琴，孙红娟，彭同江，2014. 氯化铵溶液浸取磷石膏中硫酸钙的实验研究[J]. 非金属矿，37（4）：4-5.
廖立兵，王丽娟，尹京武，等，2010. 矿物材料现代测试技术[M]. 北京：化学工业出版社.
刘佳，2009. 磷石膏制备硫酸铵的工艺研究[D]. 贵阳：贵州大学.
蓝际荣，孙燕，潘滢，等，2019. 球磨与助剂强化选择性回收电解锰渣中的锰[J]. 中国有色金属学报，29（8）：1749-1755.
钱会，马致远，2005. 水文地球化学[M]. 北京：地质出版社.
谭立群，杨娟，2021. 2021 年 1～2 月电解金属锰创新联盟运行简报[J]. 中国锰业，39（1）：68-69.
王瑞祥，赵鑫，李棉，等，2017. 铜冶炼炉渣浮选尾矿的硫酸浸出及动力学研究[J]. 金属矿山，12：5-6.
王智，孙军，钱觉时，等，2010. 电解锰渣中硫酸盐性质的研究[J]. 材料导报，24（10）：61-64.
吴建锋，宋谋胜，徐晓虹，等，2014. 电解锰渣的综合利用进展与研究展望[J]. 环境工程学报，8（7）：2645-2652.
吴运东，李剑飞，2020. 电解锰渣资源化综合利用[J]. 山东化工，49（16）：252-253.
仵亚妮，化全县，汤建伟，等，2011. 磷石膏制备碳酸钙晶须的工艺研究[J]. 化工矿物与加工，40（12）：18-22.
杨晓红，薛希仕，张露露，等，2021. 电解锰渣盐酸浸取钙的动力学研究[J]. 无机盐工业，53（1）：5-6.
曾一凡，舒建成，杨慧敏等，2022. 铵盐体系电解锰渣中石膏的转变规律[J]. 化工进展，41（9）：5115-5121.
中国锰业技术委员会，2021. 大变局下的电解金属锰企业救赎之路[J]. 中国锰业，39（1）：1-2.
中华人民共和国国家质量监督检验检疫总局，中国国家标准化管理委员会，2007. 通用硅酸盐水泥：GB 175-2007[S]. 北京：

中国标准出版社.

Bang J H，Kim W，Song K S，et al.，2014. Effect of experimental parameters on the carbonate mineralization with $CaSO_4·2H_2O$ using CO_2 microbubbles[J]. Chemical Engineering Journal，244：282-287.

Beaulieu E，Goddéris Y，Labat D，et al.，2011. Modeling of water-rock interaction in the Mackenzie basin：Competition between sulfuric and carbonic acids[J]. Chemical Geology，289（1）：114-123.

Caldeo V，McSweeney P，2012. Changes in oxidation-reduction potential during the simulated manufacture of different cheese varieties[J]. International Dairy Journal，25（1）：16-20.

Chen Q J，Ding W J，Sun H J，et al.，2020. Indirect mineral carbonation of phosphogypsum for CO_2 sequestration[J]. Energy，206：4-8.

Duan N，Fan W，Changbo Z，et al.，2010. Analysis of pollution materials generated from electrolytic manganese industries in China[J]. Resources，Conservation and Recycling，54（8）：506-511.

Dutré V，Vandecasteele C，1998. Immobilization mechanism of arsenic in waste solidified using cement and lime[J]. Environmental Science & Technology，32（18）：2782-2787.

GB 8978-1996. 中华人民共和国国家标准污水综合排放标准[S].

Guo G，Zhou Q，Ma L Q，2006. Availability and assessment of fixing additives for the in situ remediation of heavy metal contaminated soils：a review[J]. Environmental Monitoring and Assessment，116（1-3）：513-528.

Hu R Z，Huang T L，Wen G，et al.，2021. Pilot study on the softening rules and regulation of water at various hardness levels within a chemical crystallization circulating pellet fluidized bed system[J]. Journal of Water Process Engineering，41：102000

Huijgen W J，Witkamp G J，Comans R N，2005. Mineral CO_2 sequestration by steel slag carbonation[J]. Environmental science & technology，39（24）：9676-9682.

Jordens J，De Coker N，Gielen B，et al.，2015. Ultrasound precipitation of manganese carbonate：The effect of power and frequency on particle properties[J]. Ultrasonics Sonochemistry，26：64-72.

Jroundi F，Gonzalez-Muñoz M T，Garcia-Bueno A，et al.，2014. Consolidation of archaeological gypsum plaster by bacterial biomineralization of calcium carbonate[J]. Acta Biomaterialia，10（9）：3844-3854.

Kovtun M，Kearsley E P，Shekhovtsova J，2015. Chemical acceleration of a neutral granulated blast-furnace slag activated by sodium carbonate[J]. Cement and Concrete Research，72：1-9.

LeCount L J，Wells E C，Jamison T R，et al.，2016. Geochemical characterization of inorganic residues on plaster floors from a Maya palace complex at Actuncan，Belize[J]. Journal of Archaeological Science：Reports，5：453-464.

Mayoral M，Andrés J，Gimeno M，2013. Optimization of mineral carbonation process for CO_2 sequestration by lime-rich coal ashes[J]. Fuel，106：448-454.

Ouyang Y，Li Y，Li H，et al.，2008. Recovery of manganese from electrolytic manganese residue by different leaching techniques in the presence of accessory ingredients[J]. Rare Metal Materials and Engineering，372：603-608.

Schifano V，MacLeod C，Hadlow N，et al.，2007. Evaluation of quicklime mixing for the remediation of petroleum contaminated soils[J]. Journal of Hazardous Materials，141（2）：395-409.

Shi C，Wu Y，2008. Studies on some factors affecting CO_2 curing of lightweight concrete products[J]. Resources，Conservation and Recycling，52（8）：1087-1092.

Shi C，He F，Wu Y，2012. Effect of pre-conditioning on CO_2 curing of lightweight concrete blocks mixtures[J]. Construction and Building Materials，26（1）：257-267.

Shu J C，Chen M J，Wu H P，et al.，2019. An innovative method for synergistic stabilization/solidification of Mn^{2+}，NH_4^+-N，PO_4^{3-} and F-in electrolytic manganese residue and phosphogypsum[J]. Journal of Hazardous Materials，376：212-222.

Silva A M，Cunha E C，Silva F D，et al.，2012. Treatment of high-manganese mine water with limestone and sodium carbonate[J]. Journal of Cleaner Production，29：11-19.

Soroushian P，Won J P，Hassan M，2013. Durability and microstructure analysis of CO_2-cured cement-bonded wood particleboard[J]. Cement and Concrete Composites，41：34-44.

Stojkovikj S，Najdoski M，Koleva V，et al.，2013. Preparation of electrochromic thin films by transformation of manganese（II）carbonate[J]. Journal of Physics and Chemistry of Solids，74（10）：1433-1438.

Wang D Q，Wang Q，Xue J F，2020. Reuse of hazardous electrolytic manganese residue：Detailed extraction characterization and novel application as a cementitious material[J]. Resources，Conservation & Recycling，154：1-2.

Wu H，Wang S，2012. Impacts of operating parameters on oxidation–reduction potential and pretreatment efficacy in the pretreatment of printing and dyeing wastewater by Fenton process[J]. Journal of Hazardous Materials，243：86-94.

Xin B，Chen B，Duan N，et al.，2011. Extraction of manganese from electrolytic manganese residue by bioleaching[J]. Bioresource Technology，102（2）：1683-1687.

Zhan B，Poon C，Shi C，2013. CO_2 curing for improving the properties of concrete blocks containing recycled aggregates[J]. Cement and Concrete Composites，42：1-8.

Zhang W，Cheng C Y，2007. Manganese metallurgy review. Part II：Manganese separation and recovery from solution[J]. Hydrometallurgy，89（3）：160-177.

Zhou C，Wang J，Wang N，2013. Treating electrolytic manganese residue with alkaline additives for stabilizing manganese and removing ammonia[J]. The Korean Journal of Chemical Engineering，30（11）：2037-2042.